L’homme, témoin de la créativité du vivant

5-7, rue de l'École polytechnique, 75005 Paris

http://www.librairieharmattan.com
diffusion.harmattan@wanadoo.fr
harmattan1@wanadoo.fr

ISBN : 978-2-296-56671-2
EAN : 9782296566712

Michel Gaudichon

L'homme, témoin de la créativité du vivant

Essai

L'Harmattan

Biologie, Ecologie, Agronomie

Collection dirigée par Richard Moreau
professeur honoraire à l'Université de Paris XII,
et Claude Brezinski, professeur émérite à l'Université de Lille

Cette collection rassemble des synthèses, qui font le point des connaissances sur des situations ou des problèmes précis, des études approfondies exposant des hypothèses ou des enjeux autour de questions nouvelles ou cruciales pour l'avenir des milieux naturels et de l'homme, et des monographies. Elle est ouverte à tous les domaines des Sciences naturelles et de la Vie.

Dernières parutions

Bernard BOURGET, *Les Défis de l'Europe verte*, 2011.
André MARCHAND, *De l'agriculture d'antan à celle d'aujourd'hui. Les changements engendrés par les lois Pisani*, 2011.
André MARCHAND, *Filière viande. Propositions pour conjuguer une agriculture rentable et une nourriture saine*, 2011.
Guy JACQUES, *Virer de bord. Plaidoyer pour l'homme et la planète*, 2011.
Maurice BONNEAU, *La forêt de Guyane française*, 2010.
Michel GAUDICHON, *L'homme au miroir de la science*, 2010.
Jacques RISSE, *L'élevage français. Évolutions et perspectives*, 2010.
Louis TSAGUE ; *La Pollution due au transport urbain et aéroportuaire. Caractéristiques et méthodes de réduction*, 2009.
Marie-Françoise MAREIN, *L'agriculture dans la Grèce du IVe siècle avant J.C*, 2009.
Jean-Claude LACAZE, *Le christianisme face à la crise écologique mondiale*, 2009.
Michel BRAUD, *Paysans du monde. Parcours d'un agronome au service de la terre*, 2009.
Jean-Claude GALL, *Des premières bactéries à l'homme. L'histoire de nos origines*, 2009.
Groupe de Bellechasse, *L'Alimentation du monde et son avenir*, 2009.
Maurice BONNEAU, *Forestier dans le Haut Atlas. Maroc 1952-1956*, 2009.
Alain GIRET, *Le Quaternaire : climats et environnements*, 2009.
René LETOLLE, *La Mer d'Aral*, 2008.
René JACQUOT, *Souvenirs d'un forestier français au Maroc (1952-1968)*, 2008.
Bonaventure DOSSOU-YOVO, *L'Accès aux ressources biologiques dans les rapports Nord-Sud. Jeux, enjeux et perspectives de la protection internationale des savoirs autochtones*, 2008.

à mes petites-filles chéries, Suzie et Lola.

Sommaire général

Intentions

Prologue

Chapitre 1 - Et l'homme créa la biologie

Chapitre 2 - La biologie, science unitaire du vivant

Chapitre 3 - La dynamique du vivant

Chapitre 4 - Le propre de l'être organisé : la vie sociale des cellules

Épilogue

Table

Lexique

Remerciements

Intentions

Les yeux furent, jusqu'au XVIIe siècle, les premiers outils du biologiste. Mais, déjà, ils contemplaient un spectacle immense, que les mains commençaient à toucher, à fouiller et à ordonner selon des critères propres à la pensée. Puis, deux avancées technologiques ont élargi encore le champ de l'observation et de l'intervention. Au XVIIe siècle, grâce à l'invention du microscope, le biologiste a découvert le monde de l'infiniment petit, peuplé de microbes et de cellules à noyau. Au XXe siècle, toutes les ressources des technologies de pointe, notamment en matière d'imagerie et d'analyse biochimique, furent sollicitées. Grâce à l'invention des appareils de plongée, le monde étrange des êtres marins peuplant les grands fonds obscurs s'est illuminé sous les faisceaux des projecteurs.

L'essor de la chimie à partir du XIXe siècle et de la biochimie au XXe siècle s'est accompagné de l'éclosion d'un vocabulaire, d'une syntaxe et de représentations graphiques originales. Jusqu'alors, la biologie s'écrivait simplement avec des mots. Si le langage verbal ne suffit plus, il permet cependant d'exposer avec une rigueur suffisante les notions de base. Par exemple, chaque fois que cela est possible, je garderai les noms des substances intervenant dans les réactions chimiques au lieu de leurs symboles chimiques. Il faudra pourtant aller un peu plus loin, car la biochimie est par excellence le domaine de la complexité. J'ai pris le parti de montrer comment on peut assembler pas à pas, à la façon d'un Meccano, les molécules organiques à partir de leurs éléments carbonés, afin de soulager autant que possible la compréhension et la mémoire. Car il n'est pas nécessaire, pour comprendre les principes de la biochimie, d'entrer dans le détail des innombrables combinaisons moléculaires offertes par cette chimie du carbone dont tout organisme vivant dérive.

Il n'est pas non plus nécessaire d'utiliser le dernier modèle à la mode pour rendre compte des choses et des événements qui composent la chimie et la biologie. Mais qu'appelle-t-on « modèle » ? Ce mot désigne, dans le cadre des sciences expérimentales, deux entités différentes. La première est le « modèle expérimental » : une espèce vivante devenue matériel d'étude et ayant parfois, de ce fait, atteint la célébrité. C'est le cas par exemple de la mouche du vinaigre (*Drosophila melanogaster*) et du colibacille (*Escherichia coli*). La seconde entité est le « modèle théorique », une représentation mentale globalisante de la réalité exprimée à travers une langue et des graphismes qui lui sont propres tel le « modèle de l'atome d'hydrogène ». De plus, les modèles scientifiques s'emboîtent en fonction de leur degré de généralité (par exemple, le « modèle de l'atome d'hydrogène » s'inscrit dans le « modèle de l'atome ») et se succèdent en fonction de l'état des connaissances ; ainsi, on a substitué au « modèle planétaire de l'atome », qui prévalait au début du XXe siècle, un modèle plus « mathématique » intégrant les acquis de la mécanique quantique. Or, il se trouve que le modèle planétaire, beaucoup plus accessible à l'entendement, suffit à rendre compte d'une grande partie des objets et des phénomènes de la biologie. Au risque de paraître archaïque, je m'y tiendrai. D'une façon plus générale, je choisirai toujours le moyen le plus économique d'aborder les principaux sujets sans trahir l'exactitude des faits d'expérience. Des notions théoriques élémentaires pourront aider à éclairer tel ou tel sujet ; elles seront présentées au fur et à mesure qu'il en sera besoin.

Trois thèmes seront examinés de façon un peu plus détaillée dans la mesure où ils donnent les clés de la fabuleuse aventure du vivant.

En premier lieu, la capacité de rétrocontrôle entre l'ADN porteur du programme et les protéines qui l'exécutent explique le pouvoir d'auto-organisation propre à tout être vivant.

En deuxième lieu, la prouesse consistant à casser les molécules d'eau, inaugurée par les *bactéries bleues* (appelées communément « algues bleues »), a mis l'énergie solaire à la disposition de tous les êtres vivants. C'est la *photosynthèse*, reprise et améliorée par les végétaux il y a un milliard d'années. La libération subséquente de l'oxygène dans l'eau puis dans l'air a permis l'essor de la vie animale il y a un demi-milliard d'années. Un exposé, même sommaire, de la photosynthèse requiert un complément théorique annexe.

Enfin, l'acquisition de la vie sociale des myriades de cellules qui composent une plante à fleurs ou un mammifère pose le problème fascinant de la formation d'un organisme, animal ou végétal, à partir d'une cellule unique issue de la reproduction sexuée. C'est la question de l'embryogénèse.

Il ne sera sans doute pas inutile de rappeler ce truisme que les sciences expérimentales, aussi pointues soient-elles, reposent sur le socle de résultats expérimentaux. En conséquence, pour chacun des thèmes fondamentaux, un aperçu de la méthode expérimentale utilisée sera présenté, aux moindres frais intellectuels. Elle pourra servir de tremplin pour une recherche personnelle plus approfondie sur tel ou tel sujet. À l'inverse, le lecteur pourra toujours sauter un paragraphe qui lui paraîtrait rebutant... Il pourra par exemple sauter le dernier des trois niveaux de complexité jalonnant l'exposé du mécanisme particulièrement complexe de la photosynthèse, tout en sachant que ce niveau peut inciter lui-même à pénétrer dans un domaine d'exploration plus pointu, celui des chercheurs...

Par rapport aux langues vernaculaires, les langues scientifiques présentent le double avantage de la rigueur et de l'universalité ; elles sont donc, en principe, accessibles à tous ceux qui s'en donnent les moyens. En principe seulement, car l'accroissement explosif des connaissances dans tous les domaines scientifiques interdit en pratique d'assimiler la complexification concomitante des langues chargées de les exprimer. On en est au point que la spécialisation croissante du savoir conduit à un isolement croissant des spécialistes dans des spécialités de plus en plus étroites. C'est le paradoxe d'un universel qui fragmente au lieu d'unir. Et le commun des mortels, dans tout cela ? Comment ne serait-il pas tenté de renoncer à s'approprier une partie du savoir scientifique, d'abandonner la science aux scientifiques, la biologie aux biologistes ? Si l'idéal d'universalité du siècle des Lumières est devenu évidemment obsolète, si les nouvelles fractures du savoir impliquées par la spécialisation scientifique sont hélas irréversibles, la vulgarisation des connaissances à des degrés divers me semble incontournable si l'on veut préserver l'indispensable unité de la condition humaine. Cet ouvrage n'est qu'une modeste page de cet ambitieux projet.

Prologue

« Homo sapiens » en quête de ses origines

L'homme n'est présent sur Terre que depuis peu. Encore faut-il s'entendre sur ce que l'on désigne par « l'homme ». *Homo sapiens*, notre espèce, a été précédé par d'autres hommes dont certaines sont nos ancêtres directs : *Homo sapiens* est un élément du rameau humain, lui-même apparenté aux grands singes. Il est donc bien difficile de situer chronologiquement le début du l'hominisation, et par conséquent d'évaluer la durée de ce processus sur le chemin du rameau humain. Nous ne donnerons qu'un ordre de grandeur : le million d'années. Or, les premiers êtres vivants, dont nous sommes, au bout du compte, des descendants, sont apparus il y a quatre milliards d'années environ. La présence humaine sur la scène de la vie ne figure donc qu'un très bref instant.

Conscient de la durée, l'homme se distingue, semble-t-il, des innombrables espèces vivantes qui l'accompagnent ou qui l'ont précédé par sa capacité à scruter son passé pour y rechercher ses racines. L'outil du langage, support principal de la mémoire, lui permet d'explorer et de transmettre. Dans les civilisations de tradition orale, la parole perpétue le culte des ancêtres. Puis l'écriture vint affermir la mémoire. Ainsi l'évangile selon Matthieu débute-t-il par l'énumération des quarante-deux générations qui conduisent d'Abraham au Christ : en l'occurrence, la mémoire des ancêtres se nourrit d'imaginaire... Le récent engouement pour les recherches généalogiques, favorisé par les commodités de la microinformatique, repose sur la consultation des archives municipales ou paroissiales, fiables au moins pour l'ascendance féminine ; l'arbre généalogique reconstitué souffre, du côté des mâles, des incertitudes portant sur la paternité biologique, les documents ignorant le fantôme du père naturel. Depuis quelques siècles, l'« homme scientifique » entreprend de porter sa quête jusqu'aux sources de la vie.

Naître et donner naissance dans l'espace d'une génération et coexister avec d'autres générations plus anciennes ou plus jeunes, nous en faisons l'expérience. C'est ainsi que, sous nos yeux, l'homme perpétue sa nature, un constat qui, appliqué rétroactivement, valide la recherche des ancêtres. Sur ce point, il y a consensus, tant qu'on élude la question de l'Origine, sur laquelle s'affrontent deux avis radicalement opposés. Pour les uns, Dieu a créé l'homme, doté d'emblée de tous ses attributs. Rien, dans les représentations picturales, ne distingue Adam et Ève des couples modernes. Cette conception créationniste de l'origine de l'homme a prévalu dans le monde occidental jusqu'au XIXe siècle. Cependant, quelques simples faits d'observation pouvaient susciter le trouble. « Dieu, que les grands singes nous ressemblent ! Et combien la reproduction des animaux familiers renvoie l'image de la nôtre ! » À partir du XIXe siècle, la découverte d'hommes fossiles datés, différant d'autant plus de l'homme moderne qu'ils étaient plus anciens, suggéra qu'*Homo sapiens* aurait pu être précédé par des espèces humaines plus primitives auxquelles il serait affilié. Un concept qui prit toute sa consistance dans le cadre de la théorie de l'évolution développée par Charles Darwin au milieu du XIXe siècle.

Toutes les espèces, actuelles ou éteintes, s'inscrivent au sein d'un même arbre généalogique et dérivent d'un ancêtre commun. L'homme ne fait pas exception. La révolution du transformisme (ou évolutionnisme) l'incita à chercher ses origines bien au-delà de son espèce, dans un lointain passé.

Cent cinquante ans seulement après la publication de *L'Origine des espèces* de Charles Darwin, l'histoire naturelle donne à contempler le fabuleux spectacle de la vie, qui se déroule sur quatre milliards d'années. Les témoins – à savoir les fossiles – en sont conservés dans les roches formées à partir des sédiments qui se sont déposés à la surface de la terre, dans l'eau ou à l'air libre ; ces roches sédimentaires forment des couches superposées dont les plus profondes sont les plus anciennes.

Les premiers indices d'une vie sur Terre trouvés dans des roches sédimentaires sont d'une part des molécules organiques dont l'origine biologique est probable, d'autre part des microsphères de quelques micromètres de diamètre et des filaments cloisonnés, qu'on interprète comme les fantômes de cellules bactériennes. On ne peut guère espérer mieux, vu le grand âge des sédiments et la faible probabilité de fossilisation d'organismes aussi fragiles. Quoi qu'il en soit, il est généralement admis que c'est un peuple de *bactéries* qui inaugura la présence de la vie ici-bas. Elles proliféraient en milieu aquatique, sans qu'il fût besoin de beaucoup d'eau pour les accueillir. D'où tiraient-elles l'énergie nécessaire à leur activité et à la synthèse de leurs biomolécules ? Point de respiration en l'absence d'oxygène et, faute d'appareil chlorophyllien, point de photosynthèse permettant d'accumuler l'énergie solaire dans les biomolécules carbonées. Les bactéries se procuraient de l'énergie en oxydant des substances minérales, comme les sulfures contenus dans les effluves telluriques. Actuellement, d'étranges écosystèmes prospèrent dans l'obscurité des abysses, là où des émanations volcaniques, les « fumeurs noirs », s'échappent du plancher océanique. Leur économie est nourrie par l'activité chimique de bactéries, qui accumulent l'énergie des sulfures, comme le faisaient les bactéries des premiers temps.

Il y a plus de trois milliards d'années apparaissent dans les roches sédimentaires de petits édifices à structure lamellaire appelés stromatolithes, qui se forment encore dans les mers actuelles, par exemple dans la région de Perth sur la côte occidentale de l'Australie. Il s'agit de la signature sédimentaire d'organismes microscopiques, des bactéries bleues, inventeurs de la *photosynthèse,* ce processus biochimique consistant à convertir l'énergie solaire en une énergie chimique accumulée dans les substances organiques carbonées. Ce fut un événement capital, qui procura une manne nouvelle aux convives des communautés bactériennes primordiales. Du point de vue des échanges gazeux, la photosynthèse est une sorte de respiration inversée : elle consomme du dioxyde de carbone et rejette du dioxygène. Le dioxygène dégagé par les bactéries bleues a d'abord été piégé dans l'oxydation rubéfiante du fer (un phénomène qui s'apparente à la rouille) inclus dans les sédiments marins. Vers deux milliards d'années, la rubéfaction des sédiments par les oxydes de fer a gagné les dépôts terrestres ; dès cette époque, l'accumulation de « couches rouges » continentales témoigne d'une libération du dioxygène dans l'atmosphère.

Le saut évolutif suivant fut l'émergence, vers cet âge charnière de deux milliards d'années, de la « cellule à noyau », ou cellule *eucaryote* (du grec *eu*, bien, et *karuon*, noyau) Par opposition, la cellule bactérienne est dite *procaryote* (de *pro*, avant). Le témoignage paléontologique est discret : de rares microfossiles attribués à des fantômes de cellules dont la taille, de l'ordre du centième de millimètre en dimension linéaire, est environ dix fois plus grande que celle des cellules bactériennes. La cellule eucaryote deviendra l'unité morphologique universelle des champignons, des végétaux et des animaux.

A l'aube du dernier milliard d'années, l'évolution s'emballe en milieu aquatique. Des organismes végétaux et des organismes animaux, d'abord formés d'une ou de quelques cellules, se différencient dans une relation trophique de mangés à mangeurs. Les premiers prennent le relais de la production primaire de substances organiques par photosynthèse, les seconds exploitent l'énergie chimique de ces dernières en les oxydant grâce au dioxygène maintenant présent dans le milieu : ils respirent ! Il s'établit ainsi, d'emblée, une complémentarité écologique entre vie végétale et vie animale ainsi qu'entre les êtres vivants pris dans leur ensemble et le milieu où ils prospèrent. Ils forment les communautés d'êtres vivants autour desquelles s'organisent les écosystèmes tels que l'étang ou la forêt.

Les premiers et rares fossiles d'animaux pluricellulaires clairement identifiables surgissent il y a huit cent millions d'années : il s'agit de vers, d'animaux apparentés aux coraux, d'animaux apparentés aux oursins. Ils sont formés de nombreuses cellules, agencées en tissus et organes spécialisés : l'état pluricellulaire s'accompagne d'une division du travail entre les cellules qui, en se spécialisant, se différencient morphologiquement et physiologiquement. L'activité cellulaire comporte désormais deux volets : l'activité privée, en quelque sorte les « tâches de ménage », et l'activité sociale, au service de l'organisme. Ces *Métazoaires* (du grec *zôon*, animal) s'opposent aux animaux unicellulaires, ou *Protozoaires*, de même que, dans le règne végétal, les *Métaphytes* (du grec *phuton*, végétal) s'opposent aux *Protophytes.*

Dès la période cambrienne, qui inaugure l'ère primaire, il y a un peu moins de six cents millions d'années environ, abondent les traces d'une faune diversifiée. Cette soudaine profusion tient d'une part à ce que beaucoup d'animaux étaient alors pourvus d'une carapace (comme les Trilobites) ou d'une coquille (comme les Mollusques gastéropodes) plus propice à la fossilisation que les parties molles du corps et, d'autre part, à un réel essor, considérable et rapide, des « êtres organisés » (c'est-à-dire constitués d'organes). C'est ce qu'on a appelé l'« explosion cambrienne », illustrée à travers le monde par de riches écosystèmes. Des indices morphologiques ont permis, dans certains cas, d'attribuer tel ou tel régime alimentaire à telle ou telle espèce. Au sommet de la chaîne alimentaire étaient des prédateurs. On n'a pas retrouvé de végétaux verts à l'autre bout de la chaîne, mais nul doute que la production primaire reposait pour l'essentiel sur l'activité d'algues vertes. Dès lors, les végétaux (des algues) et les animaux se diversifièrent en milieu marin : les coraux constructeurs de récifs, les poissons, animaux à squelette, les crustacés, animaux à carapace, et tant d'autres. Continûment des espèces disparaissaient, remplacées par d'autres.

Puis se produisit, au cours de l'ère primaire, la « sortie des eaux ». Ce n'était pas une mince affaire de se tenir dans l'air sans le secours de la poussée d'Archimède et de protéger son corps contre la perte d'eau par évaporation. L'installation des plantes (le mot fait allusion à leur ancrage dans le sol), dans leur double fonction de producteurs primaires et de créateurs de paysage, permit la venue des animaux. Les premiers à tenter l'aventure furent des « animaux à pattes articulées » : scorpions et araignées, suivis des insectes. Plus tard, ils furent rejoints par les amphibiens, issus de certains poissons. Ceux-ci doivent leur nom à leur double vie, terrestre déjà, aquatique encore pour leur reproduction, leurs œufs – des cellules nues – ne pouvant se développer que dans l'eau. Les représentants actuels des Amphibiens sont les grenouilles, les crapauds, les tritons et les salamandres. Toujours à l'ère primaire, les Reptiles, complètement adaptés à la vie en milieu terrestre, « naquirent » de certains amphibiens. Les écailles qui recouvraient leur peau les protégeaient de la perte d'eau et leurs œufs complexes à coquille, du même type que l'œuf de poule, étaient aptes à se développer au contact de l'air.

Pour le grand public, l'ère secondaire est l'« ère des dinosaures », ces animaux fabuleux qui habitaient tous les milieux : la plupart vivaient sur le sol, mais d'autres, les « reptiles volants », s'en étaient affranchis, et d'autres enfin étaient retournés à la vie aquatique tout en venant respirer en surface, l'air étant beaucoup plus riche en oxygène que l'eau. L'extinction des dinosaures à la fin de l'ère secondaire laissa le champ libre pour l'extension des mammifères, des animaux velus dont les femelles abritent leurs petits dans leur ventre avant de les nourrir du lait de leurs mamelles. Les mammifères étaient nés au début de l'ère secondaire d'ancêtres reptiliens, mais ils ne prirent leur essor qu'à l'ère tertiaire, souvent qualifiée d'« ère des mammifères » par opposition à l'« ère des dinosaures » qui l'avait précédée. Les mammifères se sont, comme auparavant les dinosaures, adaptés à tous les milieux : terrestre, aérien (avec les chauves-souris), et aquatique (par exemple les cétacés). Enfin, les oiseaux, maîtres des airs, sont issus des dinosaures. Ils partagent le ciel avec les insectes, petits mais innombrables, d'origine plus ancienne (de grandes libellules volaient déjà dans les forêts carbonifères). Les insectes sont omniprésents sur terre et en eau douce. Seul le milieu marin leur échappe.

L'homme actuel, ce mammifère bipède à gros cerveau, est, nous l'avons dit, entré en scène très tard dans la saga du vivant. Il en est la seule espèce ayant pu goûter au fruit de la connaissance. Son penchant prométhéen l'a conduit à s'interroger sur lui-même, à constater qu'il était nu et qu'il détenait pourtant un pouvoir inégalé sur son environnement. Au-delà de lui-même, il s'est mis en perspective par rapport aux sources lointaines du vivant. Ainsi fonda-t-il la biologie, la plus récente des sciences expérimentales.

Comment *Homo sapiens* a-t-il pris le pouvoir ici-bas, avec cette accélération fulgurante qui marque ce début de millénaire, tant sur le plan de la connaissance que sur celui de l'action, la première apparaissant comme le facteur principal d'amplification de la seconde ? Et comment, en créant la science biologique, s'est-il emparé du mystère de ses origines en le reportant, loin en amont, sur le mystère de l'origine du vivant ? La question principale n'est plus de comprendre comment Dieu *modela l'homme à partir de la glaise du sol*, mais comment le Vivant a pu émerger de la « glaise de l'Inerte », il y a quatre milliards d'années. On n'en sait encore presque rien. Par contre, la biologie déchiffre de mieux en mieux l'histoire de la vie.

1

Et l'homme créa la biologie...

Chapitre 1

Quand le concept de filiation anéantit les fantasmes
de la génération spontanée

Quand le mâle et la femelle se disputent les mérites
de la génération

Quand l'œuf et le germe évoquent, jusqu'au XIXe siècle,
une auberge espagnole

Dès le stade chasseur-cueilleur, l'homme devait savoir distinguer les animaux qu'il pouvait chasser de ceux qu'il était préférable d'éviter, les plantes comestibles ou médicinales des plantes vénéneuses ou dépourvues de valeur alimentaire ou curative. Lorsqu'il devint sédentaire, il dut choisir les espèces animales et végétales se prêtant à la domestication, et en sélectionner les meilleurs sujets par la pratique de l'élevage ou/et de la culture : il commençait à concurrencer la sélection naturelle... Tels furent les premiers pas, empiriques, de la zoologie et de la botanique.

Dans les grandes civilisations antiques, déjà affranchies de l'économie de survie, des intellectuels se mirent à regarder et penser leur environnement en d'autres termes que « source de nourriture ». A côté des philosophes, des poètes, des mathématiciens, il y eut les observateurs de la nature, dont le plus important fut Aristote (IVe siècle av. J.C.). Le tableau de Raphaël, *L'École d'Athènes*, représente Platon et Aristote côte à côte, le premier montrant le ciel de son index levé, le second orientant la paume de sa main vers la terre : Platon privilégie le monde des idées, Aristote le monde du réel. Aristote entreprit d'inventorier les formes animales, de les classer selon différents critères (plus ou moins fiables), et de comparer leur constitution organe par organe. Il est le fondateur de la *systématique*, que l'on appelle encore *taxonomie* ou *taxinomie*, et de l'anatomie. L'œuvre naturaliste d'Aristote est immense : les neuf livres de l'*Histoire des animaux* inaugurent l'histoire naturelle. Parmi les autres savants de l'Antiquité qui s'intéressèrent aux êtres vivants, Pline l'Ancien (premier siècle de notre ère) s'affirme comme l'égal d'Aristote par sa monumentale *Histoire naturelle*.

Les œuvres d'Aristote et de Pline signent de grands moments de l'histoire de la connaissance du vivant, restés en Europe sans prolongement majeur pendant plus d'un millénaire. Il fallut attendre la Renaissance pour que cette histoire se réactivât en un prodigieux essor, cette fois ininterrompu, fondé sur la quête de la preuve. Les naturalistes poursuivirent le travail d'inventaire des êtres vivants, d'abord avec l'œil comme seul instrument, puis avec des microscopes de plus en plus puissants. Simultanément, ils ajoutèrent l'expérimentation à l'observation. La biologie trouve sa pleine cohérence dans le concept d'unité du vivant, qui prit corps au cours des quatre derniers siècles, par avancées successives.

1.1. Quand le concept de filiation anéantit les fantasmes de la génération spontanée

Redi a commencé. Le XVIIe siècle n'a rien, en ce genre, de plus beau que les admirables expériences de Redi sur la génération des insectes. Personne n'ose dire, depuis Redi, que les insectes viennent de génération spontanée.
On le disait encore, il y a quelques années, des vers parasites : depuis M. Van Beneden, on ne le dit plus.
On le disait, il y a quelques jours à peine, des infusoires : depuis M. Balbiani on ne le dit plus.
On ne le dit plus du tout, et pour aucun animal, depuis M. Pasteur.
M. Pasteur a vidé la question [...].
La génération spontanée n'est donc pas.

Flourens

Une lecture littérale de la Bible et du Coran, à laquelle beaucoup de croyants se réfèrent encore, enseigne que Dieu créa en quelques jours, par la puissance de son Verbe, l'univers et, séparément, l'homme. Les penseurs grecs avaient une idée plus concrète et moins philosophique de la manière dont naissent les êtres vivants ; toute matière en putréfaction est source de vie animale. En quelque sorte, la vie émerge de la mort.

L'idée de la Création selon les religions du Livre et l'idée que les Grecs se faisaient de la nature imprégnèrent la pensée naturaliste naissante au XVIIe siècle, et traînaient encore ici ou là au moins jusqu'au XVIIIe siècle, y compris dans l'esprit de savants distingués, comme Buffon, pour qui la chaleur suffisait à modeler et à animer la matière organique en formes vivantes différenciées selon leur espèce.

De la même façon que nous pouvons faire des moules par lesquels nous donnons à l'extérieur des corps telle figure qu'il nous plaît, supposons que la Nature puisse faire des moules par lesquels elle donne non seulement la figure extérieure, mais la forme intérieure, ne seroit-ce pas un moyen par lequel la reproduction pourroit être opérée ? (*Histoire naturelle, générale et particulière,* tome I, p. 34.)

Buffon limitait la création *de novo* des formes vivantes à « une première fois ». Après quoi, chaque individu transmet à ses descendants les caractères propres à son espèce en se reproduisant. Plus précisément, c'est une copie du « moule originel », élaborée à partir des molécules nourricières excédentaires que le géniteur fait passer à sa descendance par l'intermédiaire de la semence.

Ainsi, pour Buffon, chaque espèce créée par génération spontanée se perpétue ensuite par filiation, de génération en génération, selon un mode passablement flou de « transmission du moule originel ». Si étrange qu'elle puisse paraître, cette théorie de la création et de la perpétuation du moule avait au moins le mérite d'une cohérence interne…

*

Par ses travaux sur la « mouche bleue de la viande », en 1668, Redi a inauguré la réfutation de la génération spontanée. Il a prouvé que, contrairement à la croyance généralement répandue, de la viande mise à putréfier dans un bocal fermé par une feuille de papier n'engendre pas d'asticots alors que, dans un flacon préparé de la même façon mais laissé ouvert, des asticots apparaissent au bout de quelques jours. Redi n'allait pas tarder à découvrir les coupables : des œufs déposés par les mouches sur cette nourriture aussi riche qu'appétissante et libérant à l'éclosion les asticots, la bouche plongée directement dans leur assiette. Se fondant sur l'ordre chronologique régulier des deux événements, Redi supputa l'existence d'un possible lien de cause à effet entre la ponte et l'apparition des asticots. Pour en apporter la preuve, il pensa compléter l'observation par l'expérimentation. Si les mouches sont empêchées de pondre sur la viande, les asticots ne s'y développent pas. Mais il suffit que les mouches soient autorisées à le faire pour que les asticots apparaissent. Redi avait inventé l'*expérience témoin*, indispensable à la preuve d'une relation de cause à effet. N'est-ce pas, encore, l'expérience témoin que l'on utilise pour déterminer – et mesurer à l'aide de l'outil statistique – l'efficacité d'une molécule lors d'un essai thérapeutique sur l'être humain, en désignant « à l'aveugle » un lot de personnes ne recevant qu'un placebo au lieu de cette molécule ? Redi devait encore réfuter l'objection que si la viande restait stérile, c'était peut-être par défaut d'aération. Il le fit en remplaçant le papier par une gaze, sans que le résultat de l'expérience en fût modifié. Rusticité des moyens : Redi utilisait « un matériel de laboratoire tout simple », en l'occurrence des objets de la vie de tous les jours. Les premiers expérimentateurs bricolaient leurs accessoires : un siècle après Redi, Lazzaro Spallanzani allait élucider le mécanisme de la reproduction des batraciens en habillant des crapauds mâles avec des caleçons tenus par des bretelles, comme le fit avant lui René Antoine Ferchault de Réaumur, mais sans succès… Avec le développement des moyens techniques, les expérimentateurs imaginèrent et réalisèrent des dispositifs de plus en plus sophistiqués.

*

Avec l'introduction de la méthode expérimentale, l'histoire naturelle devenait science naturelle. Elle n'a pas surgi brusquement de la pensée de Redi ; elle eut en effet des précurseurs talentueux, comme le mathématicien arabe Alhazen (XIe siècle), qui démontra expérimentalement que ce n'est pas l'œil qui « éclaire » l'objet en y projetant des « rayons visuels », comme on le croyait communément à cette époque et depuis l'Antiquité, mais qu'au contraire, c'est les rayons lumineux émanant de l'objet, éclairé par une source lumineuse, qui viennent frapper l'œil. Mais de tels travaux, aussi brillants fussent-ils, restaient sans suite alors qu'à partir du XVIIe siècle, la méthode expérimentale devint normative dans l'étude du vivant. L'invention du microscope (des microscopes, de plus en plus performants), donnant accès à l'invisible, fut une étape majeure dans la progression du savoir. Dès la seconde moitié du XVIIe siècle, les naturalistes disposaient du microscope optique, constitué d'une ou plusieurs lentilles. Le grand pionnier fut Antoine van Leeuwenhoek (1632-1723), drapier de profession mais observateur de vocation, qui, à partir de 1674, se mit à explorer le microcosme. Il taillait lui-même des lentilles d'une exceptionnelle qualité dont il se servait pour regarder, au gré des occasions, tout objet, inerte ou animé, trop petit pour être identifié ou analysé à l'œil nu. Il découvrit l'univers des « animalcules », dont personne n'avait jusqu'alors soupçonné l'existence : de tout petits animaux ou de tout petits végétaux pullulaient dans une simple goutte d'eau de mare, une infusion limpide abandonnée à l'air se troublait en quelques jours en raison de l'apparition, en son sein, apparemment spontanée, d'animaux microscopiques qu'on appela communément « infusoires ».

*

La controverse entre « spontanistes » et « antispontanistes » reprit de plus belle jusqu'au jour où *« M. Pasteur vida la question »,* au milieu du XIXe siècle. Est-ce que la réfutation de la génération spontanée obtenue grâce aux expériences de Redi sur la reproduction de la mouche bleue de la viande devait être étendue à tous les êtres vivants, quelle que fût leur taille, ou bien ne valait-elle que pour les asticots et autres bestioles visibles à l'œil nu ? La question était plus difficile à trancher, pour des raisons purement techniques. Comment, par exemple, trouver une gaze suffisamment fine, que les germes microscopiques ne puissent traverser ? Les deux principaux protagonistes de cette dispute furent John Needham et Lazzaro Spallanzani, qui obtinrent des résultats contradictoires en utilisant des protocoles expérimentaux voisins.

Dans un « jus de mouton » stérilisé par chauffage puis isolé de l'air, Needham voyait apparaître des animalcules, résultat en faveur de la génération spontanée. Mais Spallanzani, reprenant l'expérience en chauffant et en isolant mieux la fiole contenant le milieu de culture, observa que ce dernier restait stérile, résultat en défaveur de la génération spontanée. N'ayant pas, à l'époque, les moyens d'aller plus loin dans l'analyse, chacun campa sur ses positions.

*

L'étape suivante est associée à la découverte des microbes, ces cellules procaryotes que l'on nomme, depuis Ferdinand Cohn, « bactéries ». Leeuwenhoek les avait entrevues, mais il fallut attendre, au milieu du XIXe siècle, une augmentation notable du pouvoir de résolution du microscope pour qu'on pût distinguer les formes diversifiées des bactéries. L'ordre de grandeur des animalcules et des végétaux microscopiques est de 10 μm (dix micromètres) ; l'ordre de grandeur des bactéries est de 1 μm. Il semble que la première observation d'une bactérie revienne à Louis Davaine : en 1850, il décrit des petits corps filiformes dans le sang d'un mouton atteint de la maladie du charbon. D'une façon générale, les chercheurs, souvent des médecins, s'intéressèrent en premier lieu aux bactéries pathogènes. Deux grands noms émergent de cette traque effervescente qui eut lieu dans la seconde moitié du XIXe siècle ; Robert Koch découvre le bacille du charbon, puis le bacille de la tuberculose, qui porte son nom (le mot « bacille » désigne une forme en bâtonnet) ; Louis Pasteur découvre le *staphylocoque doré* dans le pus d'un furoncle et le *streptocoque* responsable de la fièvre puerpérale (la racine « coque » désigne les bactéries de forme arrondie).

Le génie de Louis Pasteur se manifesta pleinement dans sa réfutation de la génération spontanée des microbes. Aucun superlatif qualifiant les talents d'expérimentateur de Louis Pasteur n'est immérité. Acuité du sens de l'observation, rigueur scientifique, inventivité expérimentale, toutes ces qualités atteignaient chez lui un niveau exceptionnel. Sens de l'observation ? Pasteur fut chimiste avant de devenir biologiste. Il travaillait sur l'acide tartrique, susceptible de précipiter sous forme de cristaux blancs de tartrate qui, par exemple, peuvent se déposent sur le fond d'une bouteille de vin. L'acide tartrique a la propriété, en solution, de dévier le plan de polarisation de la lumière. Or il en existe deux types, selon qu'ils le dévient à droite ou à gauche. Pasteur cherchait la correspondance morphologique de cette propriété en triant une population de cristaux. Il put séparer deux groupes de cristaux différant par un détail morphologique qui leur conférait une symétrie en miroir (figure 1A). Ingéniosité expérimentale ? Il suffira pour s'en convaincre d'examiner l'un de ses montages expérimentaux (figure 1B).

A Sel d'acide lactique : les deux familles de cristaux

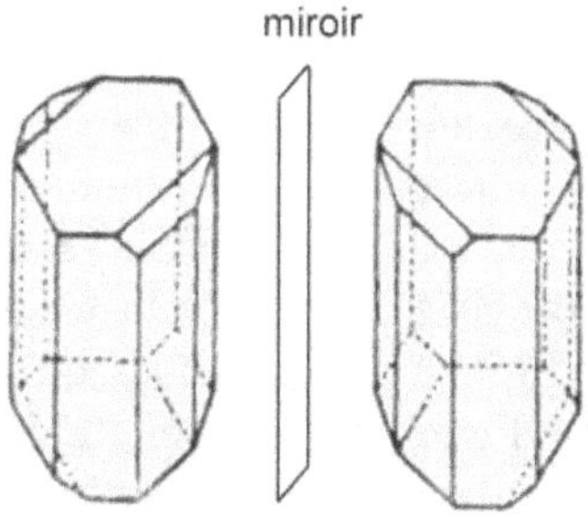

B Le protocole de l'expérience du ballon à col de cygne

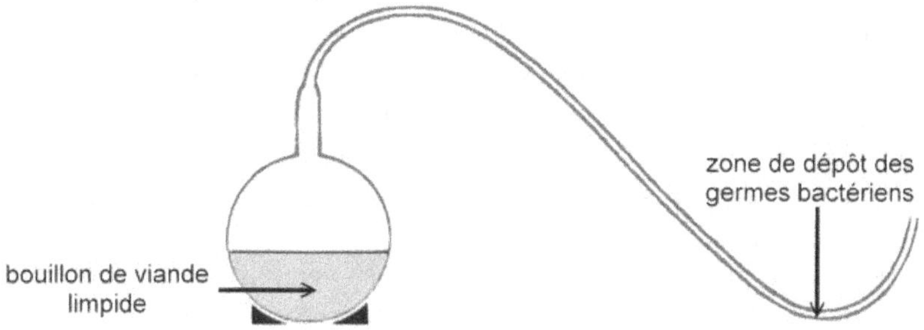

FIGURE 1. LE GENIE OUVRIER DE PASTEUR

A. Tartrate : les deux familles de cristaux.
Les cristaux des deux familles sont entre eux comme un objet et son image vus à travers un miroir.

B. Montage de l'expérience du ballon à col de cygne.
Après avoir introduit un bouillon de viande dans un ballon à long col, Pasteur assouplit ce dernier à la flamme pour lui donner une forme sinueuse, après quoi il stérilise le bouillon en le chauffant jusqu'à ce que de la vapeur d'eau sorte à l'orifice du tube. Au refroidissement, de l'air est aspiré dans le tube, d'abord rapidement alors que les parois sont encore chaudes, puis de plus en plus lentement. Bien qu'il soit constamment aéré, le bouillon reste limpide, c'est-à-dire stérile, aussi longtemps qu'on laisse le dispositif en l'état. L'air n'a donc pas de « force germinative » intrinsèque, le bouillon non plus.
Mais si l'on coupe le col au ras du ballon, le bouillon finit par se troubler : des bactéries y sont apparues. L'air contient donc des « particules » susceptibles d'engendrer des bactéries dans le bouillon.
Mais que sont devenus ces germes lors de leur passage dans le col au cours du refroidissement, et qui ne sont pas arrivés au contact du bouillon ? Ce dernier se trouble si l'on renverse précautionneusement le ballon de façon à mettre le bouillon au contact de la région infléchie du col (flèche). Les poussières de l'air qui s'y étaient déposées contenaient donc les germes bactériens.

Pasteur apporta une réponse décisive au problème de la génération en démontrant la *continuité vitale*. Il se heurta encore au scepticisme de plusieurs de ses confrères, mais, à la fin des années 1860, l'affaire de la génération spontanée était définitivement réglée. Les « bestiaux, les bestioles, les bêtes sauvages », les plantes et les microbes… et l'homme, tous les êtres sans exception, perpétuent leur espèce par l'intermédiaire de « germes » vivants. Bref, la génération spontanée n'existe pas : seule la vie a le pouvoir de donner la vie ; elle est reproductible. Il existe deux modes de reproduction. L'un est aisément observable dans l'eau d'un aquarium peuplé d'infusoires ou, avec un microscope performant, dans un bouillon contaminé par des bactéries. On y voit, avec une fréquence régulière, tel infusoire ou telle bactérie se scinder en deux : 1 donne 2, puis 4 puis 8... C'est ce qu'on appelle la *division binaire*, un mode de reproduction très efficace et très rapide lorsque les conditions du milieu sont optimales. Ce procédé est également à l'œuvre dans le bouturage et le marcottage des plantes, ainsi que dans le bourgeonnement et la fragmentation des organismes des animaux primitifs : éponges, anémones de mer, coraux, certains vers marins. Chez les mammifères, dont l'espèce humaine, les « jumeaux vrais » sont issus d'une multiplication de ce type. Cela reste exceptionnel, en attendant le clonage...

L'autre mode de reproduction implique – dans sa version la plus fréquente – la rencontre de deux partenaires, un mâle et une femelle, qui engendrent ensemble un descendant. C'est la *reproduction sexuée*. Par différence, le premier mode de reproduction est appelé *multiplication asexuée*. La reproduction sexuée n'est pas en soi une multiplication puisque, dans son résultat, 1 plus 1 donnent 1. Ce n'est que la pluralité des descendants issus d'un couple qui lui confère l'aptitude à augmenter les individus d'une génération (du latin *generare,* engendrer) à la suivante, que chaque acte reproducteur soit réitéré (comme dans le cas de la procréation humaine) ou lui-même pluriel (par exemple dans le cas des « faux jumeaux »).

La reproduction sexuée est un phénomène d'une grande complexité, dont le mécanisme a suscité bien des controverses sur le thème du mécanisme de la « génération » comme l'on disait alors.

1.2. Quand le mâle et la femelle se disputent le mérite de la génération

Avant même que la querelle de la génération spontanée ne fût classée, il en surgissait une autre parmi les tenants de la continuité vitale à propos de la source biologique de la génération. Ainsi, les crapauds de Spallanzani étaient-ils engendrés par les œufs, dont chaque femelle pond un grand nombre à chaque saison de reproduction, ou bien l'étaient-ils par ce léger nuage blanc que le mâle émettait au moment de la ponte, à la façon d'un « jet de fumée de pipe », selon l'expression d'une assistante de Réaumur, qui, la première, observa le phénomène ? Les œufs des amphibiens ont un diamètre de taille millimétrique. On y observe aisément leur transformation progressive en embryons, suivie de l'éclosion des têtards. De plus, d'innombrables espèces, aquatiques et terrestres, pondent des œufs, plus ou moins gros, mais le plus souvent visibles à l'œil nu. Que dire, par contre, de cette substance homogène que les mâles répandent sur les œufs, que l'on appelle *laitance* chez les poissons parce qu'elle évoque le lait qui se disperse en un nuage dans l'eau ? Ou de la « liqueur mâle », équivalant à la laitance, éjaculée dans les voies génitales femelles chez les espèces à fécondation interne ? On ne s'étonnera donc pas que, dès le XVIIe siècle, l'œuf fût désigné, seul, comme l'élément primordial de la génération. L'anatomiste Marcello Malpighi et l'entomologiste Jan Swammerdam furent à cette époque les principaux « ovistes » de renom. Par ailleurs, l'anatomiste Regnerus de Graaf avait découvert le processus de la reproduction des mammifères en expérimentant chez la lapine. Au moment de l'ovulation, l'ovaire expulse dans la trompe de petits corps sphériques de 0,2 mm de diamètre, qu'on appelle aujourd'hui *ovocytes* (du latin *ovum,* œuf, et du grec *kutos*, cellule). Fécondés par les spermatozoïdes dès la sortie de l'ovaire, les ovocytes devenus « œufs fécondés » ou *zygotes* (du grec *zugos*, couple) descendent dans les voies génitales, s'implantent dans la paroi de l'utérus, et y engendrent des embryons. Mais j'anticipe...Grâce à la découverte de De Graaf, la théorie oviste pouvait être étendue aux animaux *vivipares*. Elle n'était pas réservée aux seuls *ovipares*.

L'opinion se renversa lorsque, en 1677, la liqueur mâle provenant de divers mammifères s'anima de spermatozoïdes nageurs sous le microscope de Leeuwenhoek ; elle cessa d'être considérée comme une substance anonyme : elle avait reçu la vie. Le *spermatozoïde* (baptisé « animalcule »), doué de motilité et par conséquent de vie animale, fut interprété par Leeuwenhoek comme étant l'élément déterminant de la génération. La théorie « animalculiste » de la génération concurrençait désormais la théorie oviste.

Retour du balancier avec la découverte, en 1740, par le biologiste Charles Bonnet, de la reproduction parthénogénétique des pucerons. On a beaucoup étudié la biologie de ces insectes apparentés aux punaises, en raison notamment de leur capacité de nuisance dans le domaine de l'agriculture, et élucidé le cycle vital des espèces les plus nuisibles. Le phylloxera est de celles-là. Comme la presque totalité des animaux, les pucerons se reproduisent par voie sexuée. L'accouplement des mâles et des femelles a lieu à la fin de l'été, et les œufs fécondés pondus sous terre passent l'hiver en état de vie ralentie. Au printemps, les œufs éclosent, libérant les femelles fondatrices de la nouvelle et copieuse génération. En observant attentivement un cerisier vulnérable au puceron noir, au moment où ses feuilles se développent, peu après la floraison, on peut y repérer l'apparition discrète et éparse des femelles fondatrices. Si on n'en débarrasse pas l'arbre immédiatement par un traitement approprié, il se couvrira bientôt de pucerons noirs. La fondatrice ne s'accouple pas – il n'y a pas de mâles au printemps – mais ses œufs vierges ne s'en développent pas moins dans son corps en bébés femelles dont elle accouchera : à cette période de l'année les pucerons sont vivipares. Les bébés, devenus adultes, feront comme leur mère, si bien que la feuille où la fondatrice avait élu domicile devient rapidement noire à sa face inférieure. On reconnaît les différentes générations à la taille des individus. Bonnet, qui ne connaissait pas le mécanisme de la reproduction sexuée (les travaux décisifs de Spallanzani sur la reproduction des crapauds datent de 1777), a démontré, en isolant les femelles parthénogénétiques, que les œufs des pucerons sont capables de se développer en l'absence de mâles, d'où un regain de vigueur de la théorie oviste.

Cependant, Spallanzani avait prouvé que, quel que fût l'acteur principal, mâle ou femelle, les crapauds doivent être deux pour se reproduire. Quel pouvait être le rôle du faire-valoir ? Les chercheurs ne disposaient encore ni des connaissances théoriques ni des moyens techniques qui leur eussent permis de formuler autre chose que des hypothèses creuses. Plutôt que de ne rien dire, on avançait, pour l'œuf, le rôle plus ou moins passif de « réceptacle » du spermatozoïde ou, pour le spermatozoïde, le pouvoir d'exhaler des vapeurs plus ou moins odorantes ayant le pouvoir « d'animer » l'œuf.

*

Que son rôle fût actif ou passif, l'œuf se retrouvait au centre du problème de la génération. Il portait en germe un nouvel individu. Le problème de la structure intime du germe vint au premier plan.

1.3. Quand l'œuf et le germe évoquent, jusqu'au XIX*e* *siècle, une auberge espagnole*

L'ambiguïté de la notion de germe ressort bien de cette définition qu'en donne le Petit Larousse : *« stade simple et primitif de tout être vivant ».* Que signifie « simple » ? Que signifie « primitif » ? A vrai dire, le germe n'était guère plus, à l'origine, qu'une entité biologique abstraite dont la nature demeurait largement hypothétique, à quelques exceptions près, comme le germe de la graine ou le germe de l'œuf d'oiseau.

Commençons par la graine des plantes à fleurs. De taille très variable, millimétrique à pluri-centimétrique, les graines présentent des traits d'organisation qui leur sont communs et qu'une simple loupe, voire l'observation directe, suffit souvent à révéler. Prenez le temps de faire gonfler un haricot pendant quelques heures, puis d'en enlever le tégument, d'écarter les deux gros cotylédons qui s'affrontent par leurs plans médians, et vous découvrirez grandeur nature un germe organisé, avec une racine embryonnaire, les deux premières feuilles déjà formées et repliées l'une sur l'autre, cachant une pointe minuscule, la gemmule, à l'origine de la quasi-totalité de l'appareil aérien, avec ses feuilles, ses fleurs puis ses fruits. Toutes les plantes à fleurs, depuis les plus modestes jusqu'aux grands arbres, se développent ainsi, à partir d'une plante en miniature, qui émerge de l'enveloppe de la graine lors de sa germination. Le germe inclus dans la graine est un objet tangible, strictement spécifique des végétaux supérieurs par son organisation (figure 2).

Il existe pourtant des équivalents analogiques de la graine dans le règne animal, l'œuf d'insecte et l'œuf d'oiseau :
– même forme générale arrondie (qui a élevé des phasmes, ces insectes en forme de bâtonnet, et recueilli leurs œufs, a remarqué que ceux-ci ressemblent à s'y méprendre à des graines) ;
– même complexité de l'organisation centrée sur le germe, avec une enveloppe isolante et solide, des réserves nutritives abondantes que l'embryon issu du germe consommera jusqu'à ce qu'il ait acquis son autonomie trophique, c'est-à-dire son aptitude à se nourrir seul ;
– même état léthargique maintenu tant que ne sont pas remplies les conditions requises pour que le germe puisse reprendre son développement. Des conditions parfois faciles à satisfaire : il suffit de mettre l'œuf d'oiseau en couveuse à 40 °C ou d'humidifier la graine de haricot pour que le développement reprenne. Mais beaucoup de graines, beaucoup d'œufs d'insectes, sont plus réticents : les « œufs d'hiver » des pucerons, les graines de pommier ne se réveillent qu'après avoir subi l'action du froid hivernal.

On reconnaît clairement des équivalences fonctionnelles entre les éléments structuraux d'un œuf (par exemple l'œuf d'oiseau) et ceux d'une graine (par exemple la graine de haricot) (figure 2) :
– rôle protecteur de la coquille de l'œuf, et du tégument de la graine ;
– rôle nourricier du blanc et du jaune de l'œuf, et des cotylédons de la graine ;
– équivalence de la petite tache circulaire, appelée *cicatricule*, qui se détache par sa teinte plus claire à la surface du jaune de l'œuf, et de l'embryon végétal.

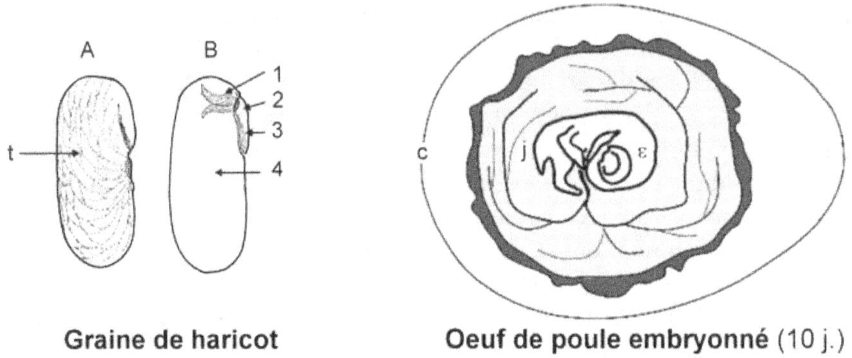

FIGURE 2. GRAINE DE HARICOT ET ŒUF DE POULE

Si on enlève l'enveloppe protectrice – ou *tégument* (t) – d'une graine de haricot (A), on découvre deux masses blanches accolées l'une à l'autre par leur plan médian, les *cotylédons*, gorgés de réserves. En les séparant, le *germe* – encore appelé *plantule* - apparaît couché sur l'un d'eux. Il comprend :
– la tige embryonnaire (2) portant deux feuilles embryonnaires (1), qui s'étalent dès la sortie de terre ;
– la racine embryonnaire (3) ;
– l'un des deux cotylédons (4).

Si on casse la coquille (**c**) d'un œuf de poule à 10 jours d'incubation, apparaît un embryon (**ε**) attaché par des vaisseaux au jaune (**j**) de l'œuf, dont il se nourrit. Cet embryon provient d'un germe qui se présente, dans l'œuf qui vient d'être fécondé, comme une petite tache blanchâtre à la surface du jaune : la *cicatricule*.

Il n'est pas besoin d'être un biologiste averti pour remarquer que ces ressemblances, liées au mode de vie, ont quelque chose de superficiel. L'embryon de la graine et l'embryon de l'œuf n'ont rien de commun sur le plan de l'organisation générale. Et l'embryon de l'œuf d'oiseau ne ressemble guère plus à l'embryon de l'œuf d'insecte. Il est clair que la graine, l'œuf d'insecte et l'œuf d'oiseau sont des réalisations indépendantes, qui ne se ressemblent que dans la mesure où elles sont soumises aux mêmes contraintes écologiques pesant sur la reproduction en milieu terrestre ; on dit qu'elles sont *convergentes*. Quant au mot « germe » (synonyme selon les cas d'embryon ou de précurseur de l'embryon), on le retiendra à ce stade de la réflexion tant il est évocateur, et parce qu'il a nourri les querelles des premiers biologistes. Mais on voit bien que son contenu sémantique est scientifiquement flou.

Les biologistes des XVIIe et XVIIIe siècles, qui avaient pu observer des germes organisés, étaient confrontés au problème, alors insoluble, de leur genèse. Ils en étaient réduits aux hypothèses, et se regroupaient en deux écoles de pensée ayant en commun le concept de *préformation* des germes. Les uns défendaient la théorie de l'« emboîtement des générations », les autres la théorie de la « dissémination ». Nicolas de Malebranche croyait à la préexistence – c'est-à-dire à l'emboîtement, créé dès l'origine – des générations. Si les différentes parties d'une plante sont déjà préfigurées dans l'embryon végétal, pourquoi l'embryon d'un arbre ne contiendrait-il pas l'infinité des arbres à venir ?

Le germe d'un arbre ne contient pas seulement l'arbre dont il est la semence, mais aussi un très grand nombre d'autres semences, qui peuvent toutes renfermer dans elles-mêmes de nouveaux arbres et de nouvelles semences d'arbres ; lesquelles conserveront peut-être encore, dans une petitesse incompréhensible, d'autres arbres et d'autres semences et aussi fécondes que les premières, et ainsi à l'infini...

Voilà ce qu'écrivait Malebranche dans *De la recherche de la vérité,* en 1674, c'est-à-dire au moment même où Leeuwenhoek découvrait ce nouveau monde habité par des êtres infiniment petits. Il venait d'observer les globules du sang. Parlant de la « petitesse incompréhensible » des semences, Malebranche avait-il connaissance des travaux de Leeuwenhoek prouvant l'existence de corps invisibles à l'œil nu, ou laissait-il simplement vagabonder son imagination ? Quoi qu'il en soit, la prise de conscience que le monde immédiatement visible ne contient pas la totalité des êtres vivants dilatait sans mesure l'imagination des biologistes et des philosophes. Pourquoi des instruments plus perfectionnés ne leur permettraient-ils pas, bientôt, de trouver des êtres toujours plus petits ?

Cette fenêtre ouverte sur un infiniment petit qui n'avait peut-être pas d'horizon allait inspirer Pascal dans sa vision des « univers emboîtés ». Malebranche et certains des biologistes « préformationnistes » se contentaient d'emboîter les générations de germes, chez toute espèce animale ou végétale, à la façon de « la Vache qui rit » sur le couvercle de la fameuse boîte de crème de gruyère ou à la façon des poupées russes. Ceux des ovistes et des animalculistes qui adhéraient à cette théorie des *générations emboîtées* logeaient les générations de germes respectivement dans les œufs et les animalcules de la semence mâle. Sous sa forme la plus radicale, la théorie de l'emboîtement postulait que la première créature génitrice portait en elle un germe à son image, dont devait naître un second géniteur de la même espèce que son père ou sa mère, et ainsi par récurrence jusqu'à la fin des temps...

Ceux des préformationnistes à qui l'emboîtement donnait le vertige de l'abîme ont proposé la théorie alternative de la *dissémination*, certes plus sage sur le plan de la morphologie, mais extravagante sur celui du mode de la transmission. Les germes sont partout dans l'environnement, voltigent dans l'air ou patientent dans le sol, attendant l'occasion d'investir un organisme d'accueil conforme à leur nature, familier à leur espèce. Les germes envahissent leur hôte par l'air inspiré ou les aliments ingérés et vont se loger dans l'organe de la reproduction : l'ovaire pour les ovistes, le testicule pour les animalculistes. Les plus pessimistes des tenants de la dissémination pensaient qu'une espèce pouvait disparaître par épuisement du stock de germes…

Voilà donc quatre théories de la génération (deux fois deux) qui ont tenu le haut du pavé chez les naturalistes du XVIIIe siècle, quatre théories excluant toute possibilité d'évolution des espèces puisque le patron de chaque forme du vivant était achevé dès l'origine, dès la Création. Deux objections de simple bon sens auraient dû faire douter les biologistes de l'époque de la validité des deux hypothèses fondamentales. Premièrement, s'il est vrai qu'un géniteur d'une espèce donnée produit toujours des rejetons de la même espèce, qu'un chat donne toujours un chat, la reproduction réserve une gamme infinie de variations individuelles sur ce thème commun de l'espèce, variations que l'hypothèse de la préformation n'explique pas. A moins que le Créateur n'ait prévu dès l'origine toute la gamme des pelages des chats… Deuxièmement, si chaque individu issu de la reproduction dispose de son propre assemblage de caractères individuels, qui fait son identité, cette combinaison n'est pas totalement aléatoire et, si l'on connaît les parents, on voit bien que tel caractère lui vient de sa mère, tel autre de son père. Ainsi en est-il du pelage des chats. L'hypothèse d'un seul géniteur principal, le père ou la mère selon la théorie, n'explique pas la parité statistique de la transmission des caractères entre l'apport paternel et l'apport maternel.

*

Il faudra attendre le milieu du XIXe siècle pour que la *théorie cellulaire*, et ses développements ultérieurs tels que la découverte des chromosomes, rendent caduque la querelle des machistes et des féministes ainsi que le présupposé de la préformation, et résolve enfin le problème de la génération. La solution réside dans le mécanisme cellulaire de la reproduction sexuée. Sous sa forme la plus élémentaire, le germe est la cellule-œuf – le zygote – qui résulte de la fécondation de l'*ovule* (gamète femelle) par le *spermatozoïde* (gamète mâle). En attendant, une nouvelle querelle en « isme » allait, cent cinquante ans durant, remuer le monde des naturalistes, la controverse du fixisme et du transformisme. Elle s'achèvera en faveur du transformisme avec la publication par Charles Darwin, en 1859, de *L'Origine des espèces*. Dès lors, les sciences naturelles unifiées devenaient la *biologie* (du grec *bios,* vie, et *logos*, discours).

2

La biologie, science unitaire du vivant

Chapitre 2

Tout ce qui vit est fait de cellules partageant le même plan d'organisation : l'unité structurale du vivant

Toute cellule élabore des biomolécules géantes inconnues dans le règne minéral : l'unité chimique du vivant

Des classifications fixistes à l'arbre de la vie : l'unité d'origine du vivant

La première impression qui se dégage du spectacle du vivant est la diversité : diversité des tailles, des formes, des manières de vivre. De plus, un peuple d'êtres vivants minuscules est resté longtemps ignoré, les propriétés physiques de l'œil humain imposant une limite à son pouvoir séparateur : il peut à peine distinguer deux points séparés d'un demi-millimètre. Or les structures les plus fines du vivant sont à l'échelle du micromètre (µm). Au XVIIe siècle, l'invention du microscope ouvrait le champ du regard humain sur l'« infiniment petit », de même que l'invention de la lunette astronomique et du télescope l'ouvrait sur l'« infiniment grand ».

En 1665, le botaniste et physicien Robert Hooke (1635-1703) découvrit sous le microscope la structure alvéolaire du liège (figure 3) et nomma *cellula* (« petite chambre ») chacun de ses éléments. Mais, le liège étant un tissu mort, Hooke voyait des cellules vides.

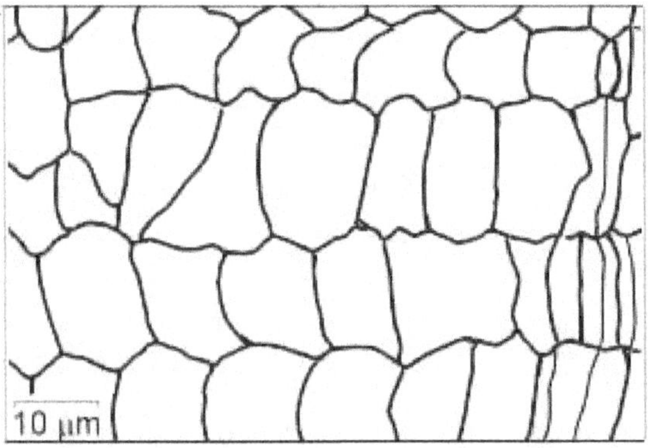

FIGURE 3. LE LIEGE, OBSERVE AU MICROSCOPE

Le liège est formé de cellules jointives, dont on ne voit que le squelette. En effet, le contenu cellulaire a disparu, remplacé par de l'air. Ces particularités expliquent la fonction d'isolation remplie par le liège, tissu périphérique des troncs et des branches, pour lesquels il forme un manchon protecteur.

2.1. Tout ce qui vit est fait de cellules partageant le même plan général d'organisation : l'unité structurale du vivant

Le grand pionnier de l'observation microscopique fut Leeuwenhoek, dont il a déjà été question dans le premier chapitre. Par sa curiosité d'esprit et sa patience, il ouvrit deux siècles de découvertes tous azimuts sur la structure intime des êtres vivants qui, tous, du plus petit au plus grand, apparaissaient formés de toutes petites unités morphologiques : les cellules. Si la découverte initiale portait sur des cellules végétales, c'est parce que leur forme est soulignée par une paroi squelettique, que n'ont pas les cellules animales. Les tailles les plus communes des cellules se situent entre 10 et 20 µm en dimension linéaire.

Cependant, on ne comprit la portée des observations accumulées pendant cette période qu'au terme d'une lente maturation de la pensée scientifique, qui se concrétisa en 1839 par l'énoncé de la *théorie cellulaire,* dû à Mathias-Jacob Schleiden (1804-1881) et Theodor Schwann (1810-1882) :

Tout organisme, animal ou végétal, est constitué de cellules.

En 1858, Rudolf Virchow compléta la théorie cellulaire :

Toute cellule provient d'une cellule préexistante.
(Omnis cellula e cellula.)

La figure 4, qui met en parallèle deux cellules des plus banales, l'une prélevée sur un organe végétal et l'autre dans la bouche, montre une structure de base identique. Dans les deux cas, la cellule est constituée d'un *cytoplasme* incluant un *noyau.* La *membrane plasmique* qui la délimite n'a pu être observée dans son épaisseur que grâce au microscope électronique. Chez les végétaux, la membrane plasmique est elle-même entourée de cette paroi que Hooke avait observée sur le liège.

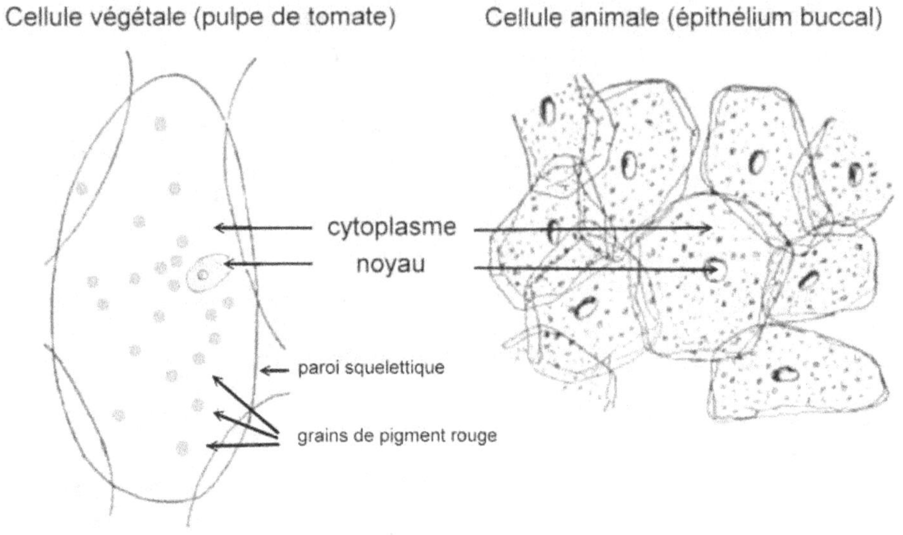

La membrane plasmique est trop fine pour être vue au microscope optique

FIGURE 4. DUALITE CYTOPLASME-NOYAU REVELEE PAR LE MICROSCOPE

Il suffit de gratter la pulpe de tomate ou l'intérieur de la bouche, d'étaler sur une lame dans une goutte d'eau la substance obtenue, et de recouvrir d'une lamelle.
Le noyau apparaît brillant dans le cytoplasme. On peut y observer 1 ou 2 nucléoles, plus réfringents.
La cellule de la pulpe de tomate contient de nombreux grains de pigment rouge.

*

Les développements de la théorie cellulaire ouvraient des perspectives dans tous les domaines. Dans la seconde moitié du XIXe siècle eurent lieu :
– la découverte par Oscar Hertwig, lors de ses travaux sur la fécondation de l'œuf d'oursin, de la fusion du noyau mâle – apporté par le spermatozoïde – et du noyau femelle – apporté par l'ovule ;
– la découverte (dans les cellules en train de se diviser) des *chromosomes* et de leurs remarquables caractéristiques , à savoir, pour une espèce donnée, que leur nombre est strictement déterminé, que chacun est identifiable par sa forme particulière (figure 5), qu'ils se transmettent avec une rigueur mathématique lors de la division cellulaire ;
– la découverte que le spermatozoïde et l'ovule participent en parité à la constitution du *caryotype*, c'est-à-dire du stock chromosomique du zygote.
La figure 5 montre les 46 chromosomes du caryotype humain masculin, tels qu'on peut les observer dans un globule blanc en train de se diviser, juste avant qu'ils se séparent en deux lots identiques.

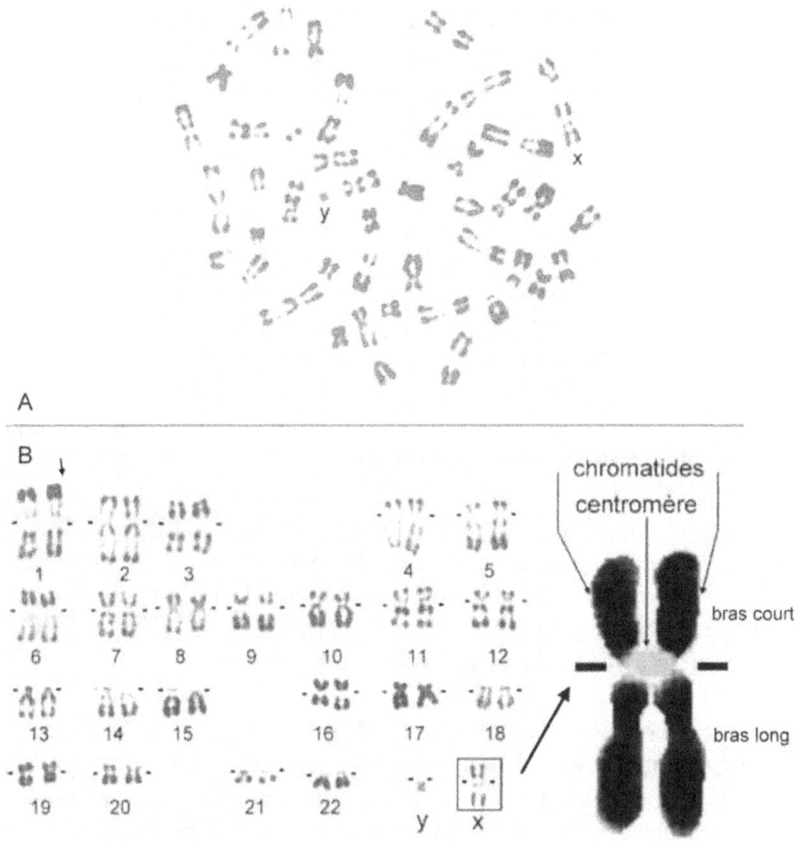

FIGURE 5. LES 46 CHROMOSOMES HUMAINS (SEXE MASCULIN)

Chaque chromosome apparaît formé de deux filaments, appelés *chromatides*, reliés par un *centromère* (indiqué par les repères horizontaux). On l'identifie par sa taille et la position du centromère sur les chromatides, qu'il divise en deux bras.

Disposés en vrac sur l'image brute (A), les chromosomes sont regroupés (B) en 23 paires en fonction de leur ressemblance morphologique. Les chromosomes d'une même paire sont dits *homologues*. Chaque paire reçoit un numéro, de 1 à 22. Les chromosomes « liés au sexe », appelés X et Y, font exception chez l'homme à la règle d'*homologie*. Chez la femme au contraire, dont le caryotype comporte 2 chromosomes X, la règle d'homologie morphologique s'étend aussi aux chromosomes sexuels.

Le microscope électronique, qui « éclaire » les objets avec un faisceau d'électrons de longueur d'onde plus courte que le faisceau lumineux utilisé pour la microscopie optique – ce qui lui confère un meilleur pouvoir de résolution – a révélé la structure complexe du cytoplasme, caractérisée par l'abondance de membranes (intracellulaires et péricellulaire), se présentant les unes sous forme d'un réseau, les autres sous forme d'*organites* (ou *organelles*) de forme et de taille définies (figure 6).

Il existe de grandes similitudes concernant les infrastructures membranaires cytoplasmiques entre les cellules animale et végétale ; la principale différence concerne l'existence d'organites propres à la cellule végétale : les plastes, notamment les chloroplastes (acteurs de la photosynthèse). L'abondance et la diversité de ces membranes biologiques suggèrent une activité biologique intense, comme le transfert de substances à l'intérieur de la cellule ainsi qu'entre la cellule et son milieu, ou la réalisation de réactions chimiques. De plus, les membranes closes, simples ou doubles, délimitent des compartiments spécialisés, comme les *mitochondries* (qui mettent de l'énergie à disposition de l'activité chimique cellulaire, appelée *métabolisme*) ou le réseau membranaire, ou le corps de Golgi à fonction sécrétrice. La grande surface développée par les biomembranes est propice aux échanges entre les différents compartiments, ainsi qu'entre le cytoplasme et son milieu.

Le film huileux de teinte irisée qui se forme spontanément à la surface de l'eau de mer où se sont déversés des hydrocarbures évoque la nature chimique et le comportement des substances membranaires. Comme les hydrocarbures, elles ont beaucoup plus d'affinités entre elles qu'elles n'en ont pour l'eau, si bien qu'elles ont une propension naturelle à se regrouper au sein d'un milieu aqueux. Or le cytoplasme est une phase aqueuse, de même que les cavités de la plupart des organites cytoplasmiques. Les constituants des membranes sont des corps gras – ou *lipides* –, plus précisément des lipides phosphorés – ou *phospholipides* –, qui présentent la particularité de n'être que partiellement hydrophobes. *In vitro*, ils se constituent spontanément en un film formé de deux couches moléculaires qui mettent leur partie hydrophile vers les phases aqueuses et leur partie hydrophobe en vis-à-vis. Au microscope électronique, une biomembrane apparaît formée de trois couches : deux couches sombres représentant les deux régions hydrophobes encadrant une couche claire représentant les deux régions hydrophiles en vis-à-vis. Les biomembranes ont une certaine fluidité, assez comparable à celle de l'huile, qui se fige à basse température mais qui se fluidifie lorsque la température augmente. Cette propriété est biologiquement importante car elle confère une mobilité aux nombreuses protéines insérées dans la biomembrane, qualifiée pour cela de *mosaïque fluide*.

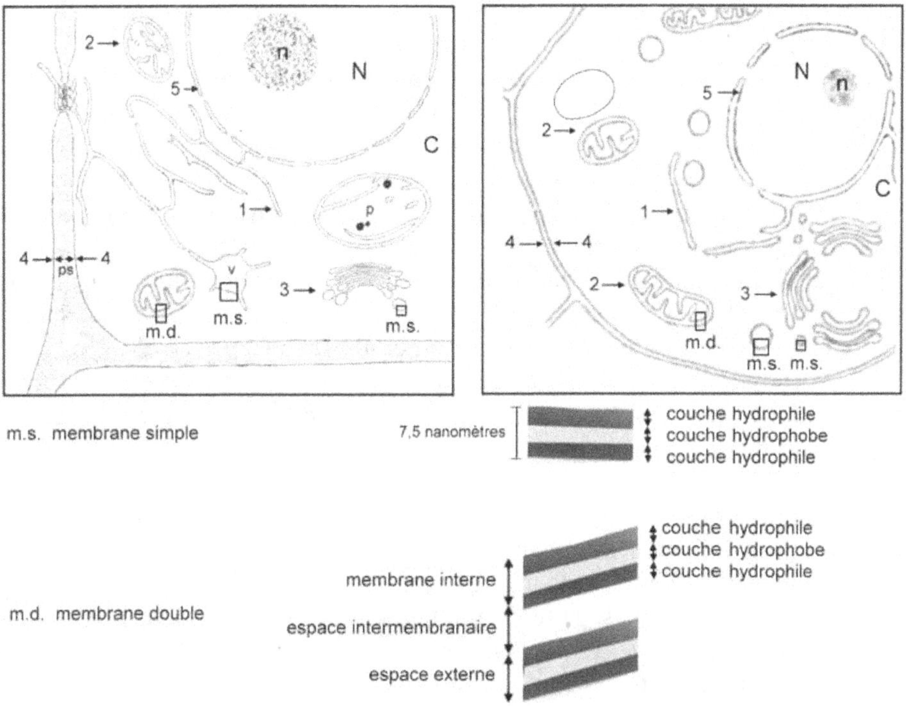

FIGURE 6. LES INFRASTRUCTURES MEMBRANAIRES

Les infrastructures membranaires communes aux cellules animales et végétales

1 : *réticulum endoplasmique* : un réseau membranaire délimitant des cavités où circulent diverses substances.
2 : *mitochondries*, à membrane double ; pourvoyeuses de l'énergie utilisée par la cellule.
3 : *corps de Golgi*, à membrane simple ; site de sécrétion de différentes substances.
4 : *membrane plasmique*, simple, délimitant le *cytoplasme* (C).
5 : *membrane nucléaire* double, délimitant le *noyau* (N). Ce dernier, dépourvu d'infrastructures membranaires, renferme un ou deux *nucléoles* (n).

Les infrastructures propres aux cellules végétales

v : *vacuole*, à membrane simple. Dans la cellule adulte une grande vacuole remplie de liquide occupe la région centrale, refoulant le cytoplasme proprement dit contre la paroi.
p : *proplaste*, à membrane double. Les proplastes sont les précurseurs des plastes, dont les plus remarquables sont les *chloroplastes*, siège de la photosynthèse. Les petits grains noirs sont de l'amidon.
Toutes ces membranes ont la même constitution chimique de base. Il s'agit d'un « film » continu de molécules lipidiques phosphorées, disposées parallèlement entre elles et perpendiculairement à la surface de la membrane. D'un point de vue biochimique, chaque membrane peut être définie comme un *film phospholipidique*.

Le contraste est saisissant entre la profusion des informations recueillies sur le cytoplasme et la pauvreté (on peut même dire l'indigence) de celles recueillies sur le noyau lors des premières observations en microscopie électronique, à partir des années 1930. Mis à part un ou deux *nucléoles* (visibles déjà en microscopie optique), le microscope électronique révélait seulement des amas non structurés d'une substance « opaque aux électrons », la *chromatine*. Il n'apportait pas, non plus, d'information supplémentaire significative sur l'étonnante transformation de la chromatine, au moment de la division cellulaire, en un nombre défini de chromosomes morphologiquement distincts les uns des autres. La mise au point, dans les années 1970, de techniques de dissociation partielle de l'architecture chromosomique, permit de séparer les deux composantes fondamentales du chromosome : le fantôme effiloché de la charpente chromosomique – reconnaissable à ses deux chromatides reliées par un centromère – autour duquel s'est largement répandu en multiples méandres un très long filament (figure 7).

La chromatine d'une cellule observée en dehors des périodes de division, improprement qualifiée de « cellule au repos », est la trame des constituants inextricablement mêlés de la totalité des chromosomes devenus indistincts. Leur composante structurale est faite de protéines, et leur composante filamenteuse consiste, pour chacun d'eux, en une immense molécule d'ADN (de longueur millimétrique), identifiée comme le support des caractères héréditaires. Nous y reviendrons.

*

Les cellules bactériennes occupent une place à part au sein du monde vivant, leur organisation étant beaucoup plus simple que celle des cellules animales ou végétales. Leur chromatine est constituée d'un seul « chromosome », réduit à un filament circulaire pelotonné, libre dans le cytoplasme, qui leur vaut le statut de Procaryotes.

La simplicité de la structure nucléaire n'est pas le seul caractère primitif des bactéries. Elles sont dépourvues de membranes intracytoplasmiques simples (comme le réticulum endoplasmique) ou doubles (comme celles qui délimitent les mitochondries et les chloroplastes). La taille micrométrique des bactéries, du même ordre de grandeur que celle des mitochondries et des chloroplastes, est compatible avec la théorie selon laquelle ces organites auraient pour origine d'anciennes bactéries annexées par les ancêtres des cellules eucaryotes.

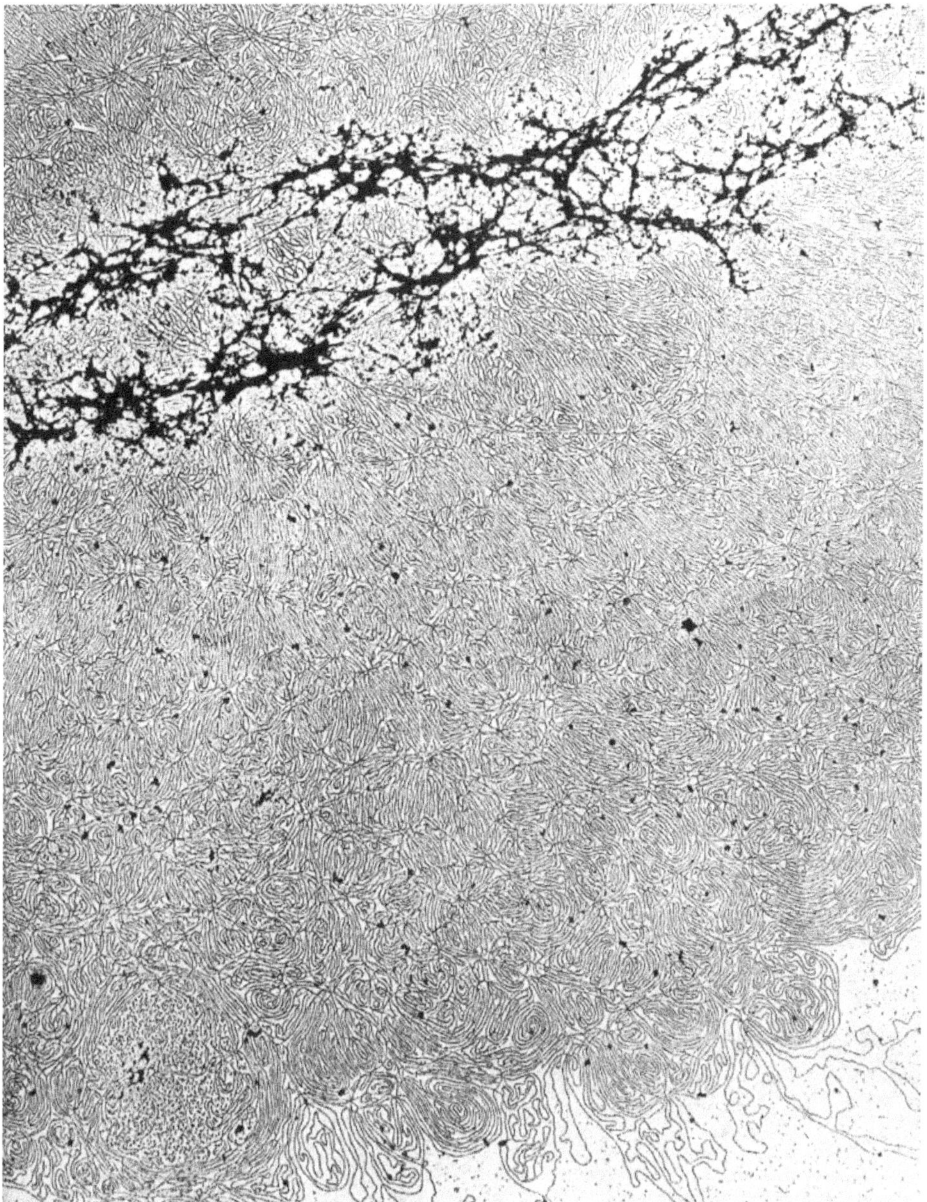

FIGURE 7. ELECTRONOGRAPHIE DE CHROMOSOME PARTIELLEMENT DISSOCIE

*

La « réussite » de la cellule eucaryote, construite sur la base d'une compartimentation noyau/cytoplasme et pourvue d'une compartimentation intra-cytoplasmique, consacra un succès évolutif décisif. Tout en conservant son identité fondamentale, elle se diversifia en une multitude de formes différentes, solitaires ou sociales.

Déjà chez la plupart des cellules-organismes, l'orientation dans le sens de la vie animale ou de la vie végétale est acquise. Dans le petit monde de la mare (figure 8), des animaux unicellulaires (comme la *paramécie*) nagent activement grâce à un revêtement de cils vibratiles, tout en se déformant pour s'insinuer entre les filaments d'algues vertes unicellulaires (comme la *spirogyre*). Ils traversent en un instant le champ du microscope ou s'attardent longuement à la surface d'une bulle d'air. L'activité de la paramécie contraste avec l'apparente inertie des algues unicellulaires qu'elle côtoie (comme les *clostéries* ou les *chlorelles*), pourvues d'un gros chloroplaste. La paramécie est microphage ; elle entraîne dans un courant d'eau au fond de son entonnoir buccal ses proies minuscules (des bactéries), comme le ferait une infime baleine. D'autres sont des prédateurs. Je me souviens d'un film de J. Dragesco que je passais à mes élèves, sur le *dileptus*. On y voit ce gros cilié glouton parcourant le champ du microscope, capturant des *colpodes* à l'aide de sa trompe agile, et les engloutissant sans relâche par sa bouche cellulaire. D'autres encore sont des parasites, comme le *trypanosome*, agent de la maladie du sommeil, ou l'*hématozoaire*, agent du paludisme, dont on connaît les ravages.

Lorsqu'une paramécie ou une clostérie se divise, les cellules-filles se séparent. Ainsi, les eucaryotes unicellulaires se multiplient en se divisant, comme le font les bactéries. Quant aux quelques cellules du filament de spirogyre, qui représente un stade archaïque de la vie pluricellulaire, elles sont issues d'un même zygote, se divisent de la même façon que la clostérie, mais restent unies (sans se différencier), au lieu de se séparer.

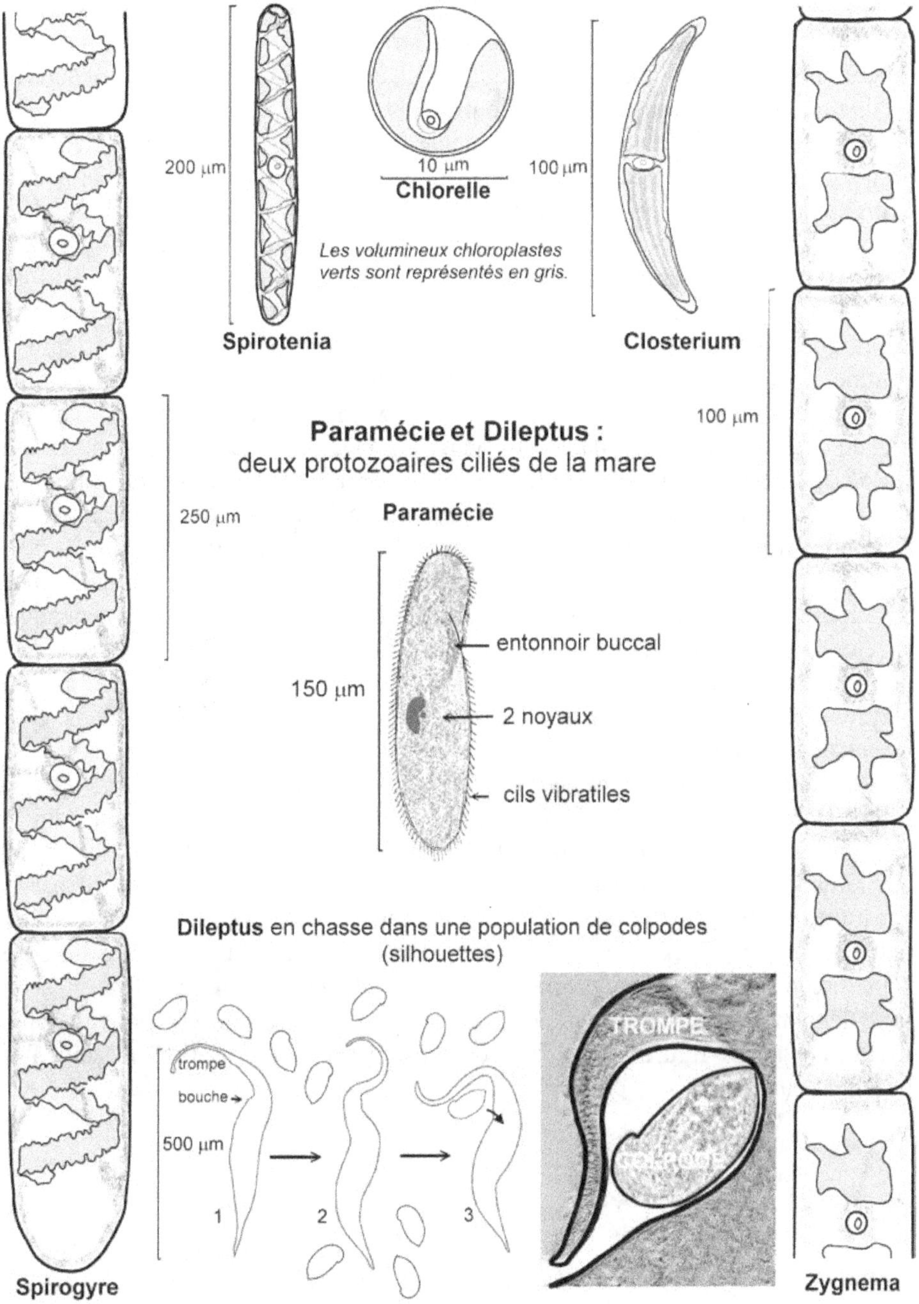

FIGURE 8. LE PETIT PEUPLE DE LA MARE

Chez les végétaux et les animaux pluricellulaires d'un statut plus élevé, les cellules issues d'un zygote se différencient morphologiquement et fonctionnellement au sein de l'organisme et y coordonnent une « activité sociale » qui vient s'ajouter à la « vie privée » : la division du travail caractérise la vie des cellules intégrées, qui s'agencent en *tissus* différents. La « science du tissu » – ou *histologie* (du grec *histos*, tissu) – prolonge la science de la cellule - ou *cytologie* (du grec *kutos*, cavité). Les tissus eux-mêmes s'assemblent en structures d'ordre supérieur : les *organes*, dont l'étude relève de l'*anatomie*. Nous appellerons « êtres organisés » les végétaux et les animaux qui en disposent. Mais les animaux supérieurs (« animaux à coquille » comme l'escargot, « animaux à carapace » comme le crabe, « animaux à vertèbres » comme le cheval) sont « organisés » de façon plus complexe que les plantes. C'est pourquoi il est plus facile de présenter la division du travail dans un organe végétal plutôt que dans un organe animal. Soit l'exemple d'une feuille verte (figure 9), dont l'activité principale est la photosynthèse, sur laquelle nous aurons l'occasion de revenir longuement. Il ne s'agit ici que de camper les différents tissus du limbe (à l'exclusion des vaisseaux des nervures), pour montrer leurs participations respectives à la photosynthèse, dont l'acteur principal est le tissu chlorophyllien. La photosynthèse implique des échanges gazeux avec le milieu ; pour ce faire, le limbe se suffit à lui-même. Elle implique aussi des échanges d'eau et de substances dissoutes, qui sont assurés par les vaisseaux des nervures. Ils ne sont pas pris en compte dans cette présentation non exhaustive.

Chez les animaux, notamment chez les plus évolués d'entre eux, les types de cellules sont beaucoup plus nombreux. L'un d'entre eux, le *neurone*, qui se singularise par son implication centrale dans le comportement, est à cet égard emblématique de la vie animale. C'est à la fois une cellule ordinaire par sa constitution duale cytoplasme/noyau commune à toute cellule, et une cellule remarquable par ses dimensions, sa forme, sa structure, sa physiologie, signature d'une vie « professionnelle » d'exception. La présentation en a été faite dans mon précédent ouvrage, *L'homme au miroir de la science*, édité chez L'Harmattan. La figure 10 ne fait qu'en esquisser l'organisation au sein d'un tissu nerveux.

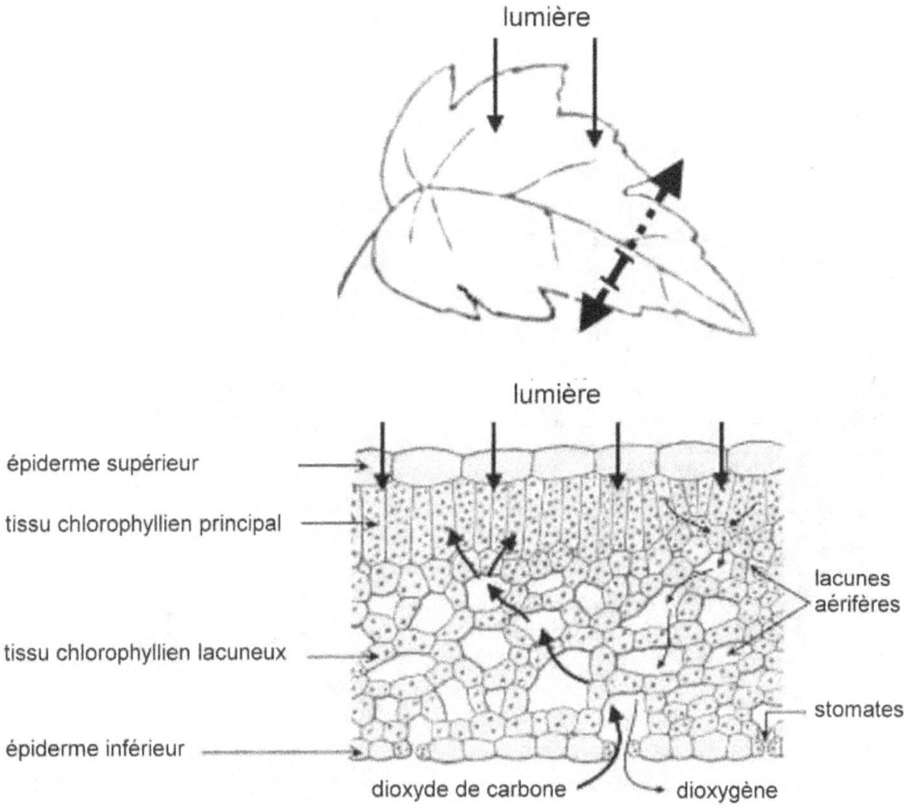

Les points noirs figurent les chloroplastes.
Les noyaux ne sont pas représentés.

FIGURE 9. LA SPECIALISATION CELLULAIRE DANS UN LIMBE FOLIAIRE

Le tissu chlorophyllien principal est localisé sous l'épiderme supérieur, couche de cellules protectrice et transparente traversée par la lumière. La partie inférieure du limbe est occupée par un tissu lâche qui ménage entre les cellules de vastes lacunes pleines d'air formant une sorte d'atmosphère intérieure. L'air des lacunes communique avec l'air extérieur par les stomates, qui criblent l'épiderme inférieur. Le dioxyde de carbone, substrat de la photosynthèse, diffuse dans les lacunes jusqu'aux cellules chlorophylliennes, tandis que le dioxygène produit par la photosynthèse diffuse en sens inverse vers l'extérieur.

Ainsi, l'organisation du limbe optimise les échanges indispensables à la photosynthèse, tout en limitant les pertes d'eau. Orientées vers la lumière, les cellules chlorophylliennes effectuent leurs échanges gazeux sur l'autre face, protégée de l'insolation.

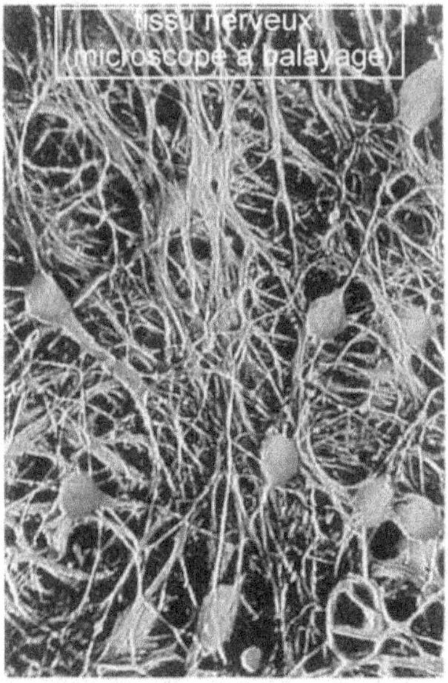

D'après *Biologie Terminale D* (Bordas, 1989)

Nam : neurone-amont

Nav-1 et Nav-2 : neurones-aval

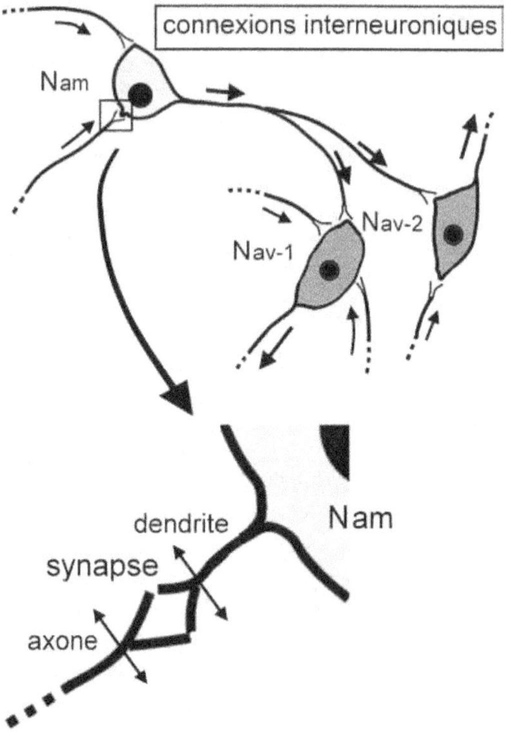

Si la morphologie des neurones et la topographie de leurs interconnexions sont ici fantaisistes, le principe de la structure fondamentale du tissu nerveux est correcte.

FIGURE 10. RAPPEL DE L'ORGANISATION DU TISSU NERVEUX

Rappelons que les neurones sont des cellules qui élaborent, conduisent et transmettent le message nerveux, par le moyen d'une impulsion électrochimique – le *potentiel d'action* – qui parcourt l'*axone*. Les neurones sont câblés entre eux et à d'autres types de cellules, comme la cellule musculaire. Chacun élabore ses propres potentiels d'action, qui aboutissent dans la *terminaison axonique*, localisée dans la *synapse*, où la transmission est assurée par un *neurotransmetteur*. Ce dernier fonctionne comme un signal chimique qui, détecté par une antenne collectrice – une *dendrite* –, stimule la cellule suivante. De plus, des collatérales peuvent distribuer les potentiels d'action d'un neurone-amont, par la voie de *collatérales*, à plusieurs neurones-aval qui réagissent soit en effectuant la transmission, soit en la bloquant : non seulement la transmission du message nerveux est polarisée, mais elle est aussi aiguillée. Il résulte de la complexité de ce dispositif une infinie richesse d'expression du message nerveux. En contrepartie d'une organisation et d'une fonction hors du commun, le neurone a perdu la capacité de se multiplier par division binaire.

2.2. Toute cellule élabore des biomolécules géantes inconnues dans le règne minéral : l'unité chimique du vivant.

La chimie organique s'enracine dans la chimie minérale : il n'y a pas d'atomes propres au vivant. Grands consommateurs de substances chimiques, les êtres vivants doivent donc faire leur marché au sein du règne minéral et en extraire ses atomes de prédilection, comme l'hydrogène, l'oxygène, l'azote, le carbone, le phosphore, le soufre. Or les trois derniers sont minoritaires par rapport à l'aluminium et au silicium qui, au contraire, abondent dans les roches. Les roches carbonées (charbon et pétrole), accumulées dans le sous-sol de certaines régions, sont des « roches rapportées » issues de l'activité passée d'êtres vivants : plantes terrestres (comme les fougères) pour le charbon, algues planctoniques marines pour le pétrole.

Plusieurs molécules minérales sont essentielles à la vie. Constituant majoritaire de tout organisme en état de vie active, l'eau intervient aussi en tant que substrat – on dit aussi *réactant* – ou produit dans les réactions biochimiques. Enfin, elle est le vecteur indispensable des substances absorbées ou produites par les êtres vivants. Les animaux ont aussi un besoin impérieux d'oxygène (gazeux ou dissous dans l'eau), les végétaux de sels d'azote, de phosphore et de potassium. Quant au gaz carbonique, puisé par les végétaux, il est la source universelle des atomes de carbone dont les êtres vivants font la trame de leurs biomolécules.

Deux problèmes de terminologie doivent être d'ores et déjà éclaircis.

1. Concernant la dénomination des atomes et des molécules.
Le gaz carbonique est une molécule composée d'un atome de carbone et de deux atomes d'oxygène, d'où son nom savant de *dioxyde de carbone*, popularisé par la diffusion médiatique de l'écologie.
L'oxygène que les animaux respirent (dans l'eau ou dans l'air), est une molécule composée de deux atomes d'oxygène. Le nom savant de *dioxygène* permet donc de distinguer cet oxygène moléculaire – qui existe à l'état libre – de l'oxygène atomique – qui n'existe qu'à l'état combiné.

2. Concernant l'habillage électronique des noyaux atomiques : orbites et orbitales.
Dans le « modèle planétaire », qui fut élaboré à la fin du XIXe siècle, les électrons sont représentés comme des satellites gravitant autour du noyau sur des orbites plus ou moins éloignées de lui. Ce modèle est périmé. On répartit maintenant les électrons dans des *orbitales*, qui sont d'une tout autre nature que les orbites, malgré la racine commune de leur nom. Les orbitales sont des sortes d'« objets mathématiques » susceptibles d'accueillir, lorsqu'ils ne sont pas « vides », un ou deux électrons. Nous ne retiendrons de ce modèle que cette notion de « structure d'accueil des électrons ». Pour le reste, le modèle planétaire, bien que simpliste, nous suffira.

Pour aider à comprendre (1)

L'atome : modèle planétaire

Les atomes majeurs du vivant sont, par ordre de taille croissante, l'hydrogène, le carbone, l'azote et l'oxygène.

L'atome d'hydrogène est le plus simple. Il comporte un noyau composé d'une seule particule – un *proton* – autour duquel « gravite » un *électron* sur une « orbite » 100 000 fois plus volumineuse que le noyau. Le volume de l'atome est donc occupé essentiellement... par du vide !
Le proton et l'électron portent des charges électriques unitaires de signes opposés : le proton est chargé positivement et l'électron négativement. L'atome d'hydrogène, comme tout atome, est donc, dans sa globalité, électriquement neutre. Ainsi s'explique ce paradoxe que les corps macroscopiques, constitués d'atomes porteurs de charges électriques, n'en sont pas moins électriquement neutres. Certains phénomènes peuvent cependant y révéler l'électricité sous-jacente ; c'est ainsi que les cheveux se dressent sur la tête dans un environnement électrisé...
À la parité électrique des deux constituants de l'atome d'hydrogène s'oppose une forte disparité de leurs masses : la masse de l'électron est négligeable devant celle du proton.

Les autres atomes, tous plus gros que l'atome d'hydrogène, possèdent deux catégories de composants nucléaires : les protons et les *neutrons*. Contrairement à ce que pourrait laisser croire le choix des exemples (carbone, azote, oxygène), ils ne sont pas nécessairement en nombre égal. Un proton et un neutron ont sensiblement la même masse. Le neutron se distingue seulement du proton par sa neutralité électrique.
Les électrons, en nombre égal au nombre des protons, sont maintenant répartis sur deux couches. La couche interne, qui équivaut à la couche unique de l'atome d'hydrogène, comporte deux électrons. Le nombre d'électrons de la couche périphérique varie selon l'atome considéré.

Un électron n'est pas indéfectiblement attaché à son atome. Ainsi, celui de l'atome d'hydrogène peut s'en échapper sous l'effet d'une stimulation et trouver dans un autre atome la compagnie d'un électron complémentaire ; il laisse alors un noyau chargé électriquement : l'*ion positif* H^+. Il arrive aussi que cet électron épouse *in situ* l'électron d'un autre atome dans une orbitale commune, une association, appelée *liaison covalente,* qui unit deux atomes. L'électron tient sa réactivité, responsable des propriétés chimiques de l'atome d'hydrogène, de son statut de célibataire dans une orbitale disponible pour deux. Un électron réactif est appelé *électron de valence.*
Soit maintenant le cas du carbone. Seule la couche périphérique, appelée *couche de valence*, est réactive, par ses quatre électrons de valence occupant les quatre orbitales. L'atome de carbone peut ainsi effectuer quatre liaisons covalentes. Il n'y a que trois électrons de valence dans l'atome d'azote et deux dans l'atome d'oxygène.

L'atome d'hydrogène mesure 100 picomètres de diamètre et son noyau 100 000 fois moins.
Si l'atome mesurait 1 mètre, son noyau mesurerait 1/100 de millimètre et son électron quasiment rien...
Si l'atome pesait 1 kilo, son noyau péserait 999,7 grammes, soit près de 2 000 fois la masse de l'électron.

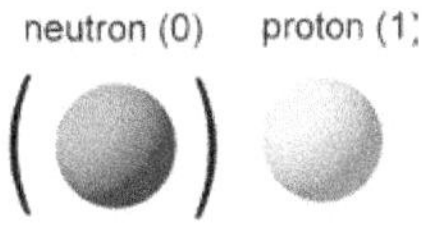

L'atome d'hydrogène

nombre de masse → $^{1}_{1}\mathrm{H}$ ← **symbole**
nombre de charge →

Le **nombre de charge** est égal au nombre de protons. Il définit le *numéro atomique* de l'atome.
Le **nombre de masse** est égal à la somme des protons et des neutrons.

L'atome de carbone

nombre de masse → $^{12}_{6}\mathrm{C}$ ← **symbole**
nombre de charge →

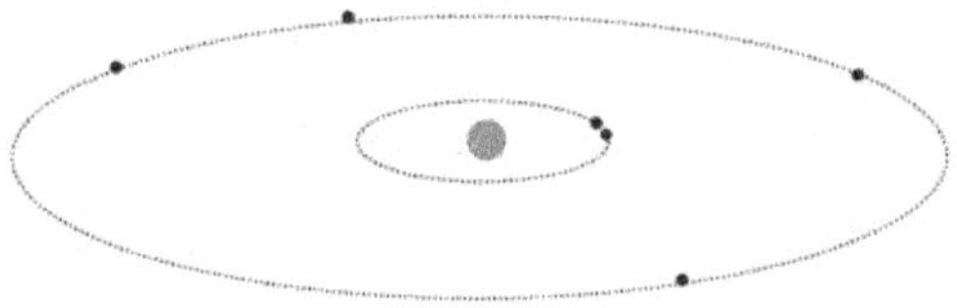

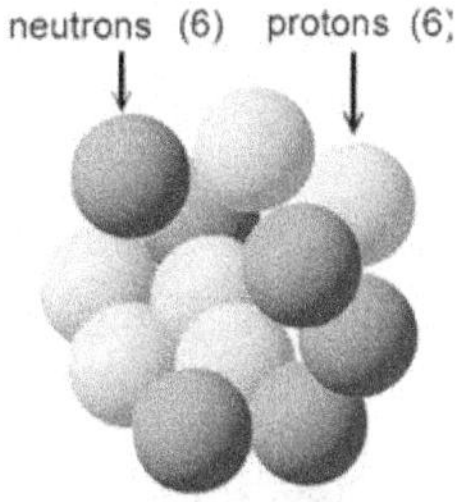

L'atome d'azote

$^{14}_{7}\mathrm{N}$

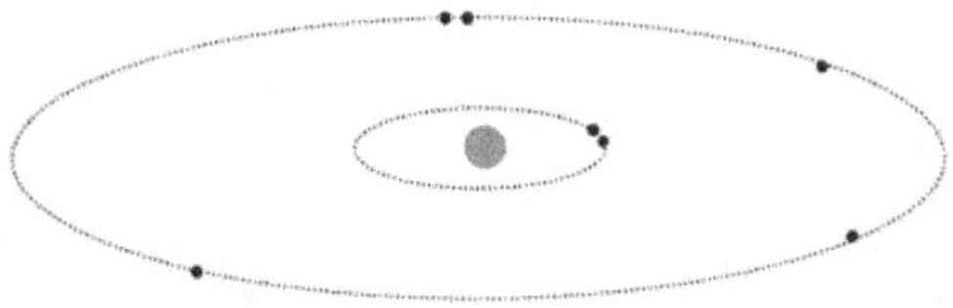

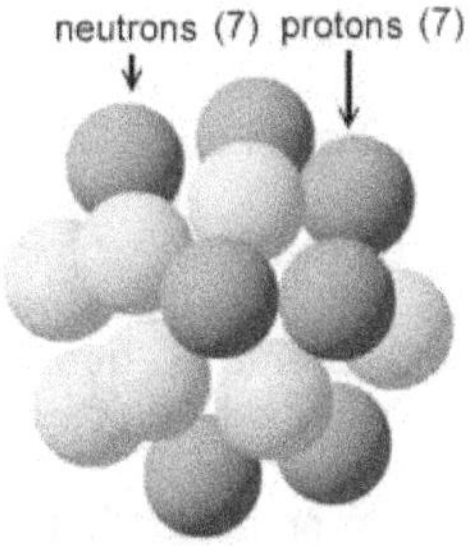

L'atome d'oxygène

$^{16}_{8}\mathrm{O}$

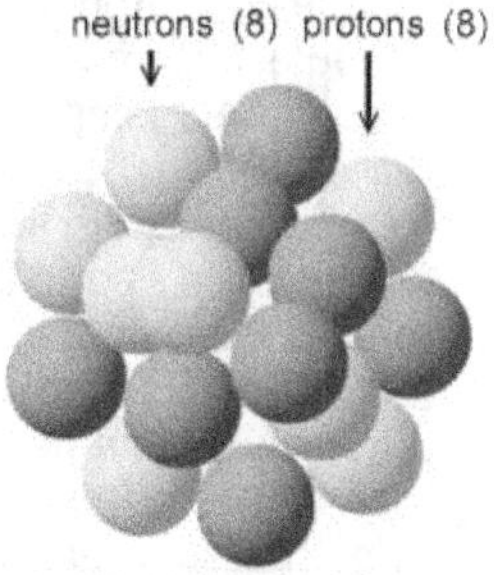

Les groupes de deux électrons sont ceux dont les orbitales sont saturées alors que les électrons célibataires occupent des orbitales différentes.
Ainsi, dans le cas du carbone, il y a une orbitale saturée sur l'"orbite" interne et quatre orbitales insaturées sur l'"orbite" externe. Après avoir remplacé le mot "orbite" par le mot "couche", je peux assumer cette représentation hasardeuse entre le modèle planétaire, suggestif mais périmé, et le modèle, abstrait et cependant réaliste, des orbitales...
Dans le cas de l'azote, la couche externe ne contient qu'une orbitale saturée.

Pour aider à comprendre (2)

Les molécules minérales

Le *Petit Larousse* définit la molécule comme *la plus petite portion d'un corps pur présent à l'état libre.* L'épithète « minérales » s'applique aux molécules qui peuvent être produites sans le secours des êtres vivants. On n'ergotera pas sur les limites. Je m'en tiendrai aux composés moléculaires des quatre atomes majeurs constitutifs de la matière vivante, précédemment présentés.

La molécule de *dioxygène* (O_2) se forme par deux liaisons covalentes : la mise en commun de deux électrons pour chaque atome stabilise la couche périphérique à huit électrons.
Le dioxygène, qu'il soit à l'état gazeux ou à l'état dissous, est l'oxydant indispensable à la respiration des animaux, cette « combustion lente » qui fournit aux organismes l'énergie dont ils ont besoin, sans qu'ils aient pour autant à s'enflammer...

La molécule de *diazote* (N_2) se forme selon le même mécanisme que le dioxygène, avec trois liaisons covalentes au lieu de deux.
À la différence de la molécule de dioxygène, la molécule de diazote est peu réactive (du grec *zot*, « doué de vie », et *a,* privatif). Seules des bactéries sont capables de l'assimiler.
La plupart des êtres vivants ne peuvent utiliser que l'azote de sels minéraux, comme les nitrates, ou l'azote organique.

La molécule de *dioxyde de carbone* (CO_2) comporte un atome de carbone lié par deux liaisons covalentes à deux atomes d'oxygène.
Présente en quantité infime dans l'air et dans l'eau, elle n'en est pas moins la source universelle du carbone pour la biosphère.

La molécule d'*eau* (H_2O) comporte aussi trois atomes, un atome d'oxygène, uni à deux atomes d'hydrogène par deux liaisons covalentes.
L'eau est à la fois bain et breuvage, gîte et couvert, pour les cellules des êtres vivants.
Liquide aux températures compatibles avec la vie active, l'eau est, sous cette forme, le milieu de vie indispensable pour toute cellule et pour d'innombrables espèces animales et végétales. Elle fut aussi, il y a quelques milliards d'années, le milieu de gestation de la vie. Mais l'eau n'est pas que milieu d'immersion. Elle participe directement aux processus vitaux. Tout être vivant consomme de l'eau, et la soif est plus impérieuse encore que la faim. De plus, en tant que milieu solvant, l'eau contient les solutés dont les êtres vivants se nourrissent. Enfin, en tant que milieu réactif, l'eau engage sa médiation dans les réactions biochimiques.
C'est de sa qualité de *molécule polaire*, caractérisée par une distribution polarisée de ses électrons, que l'eau tient l'essentiel de son rôle biologique.

Le dioxygène (O_2)

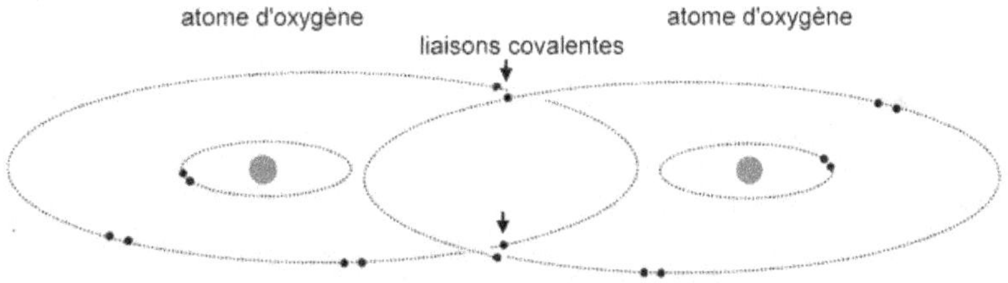

Deux représentations symboliques de la molécule de dioxygène

Les symboles des atomes sont figurés en lieu et place des noyaux. Les points représentent les électrons, et les deux paires d'électrons associés au trait horizontal représentent les deux liaisons covalentes.

O_2

On affecte à chaque symbole atomique le nombre d'atomes constitutifs de la molécule.

Le dioxyde de carbone (CO_2)

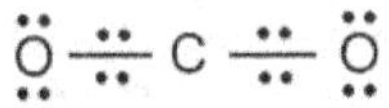

CO_2

L'eau (H_2O)

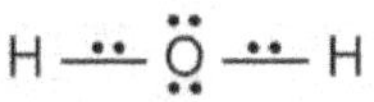

H_2O

L'atome d'oxygène est relié à chaque atome d'hydrogène par une *liaison covalente*.

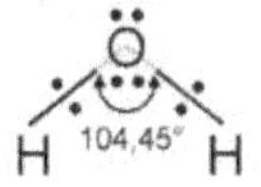

Appliquée aux cristaux de glace, la technique de diffractométrie aux rayons X (DXR) a révélé la géométrie des molécules d'eau.

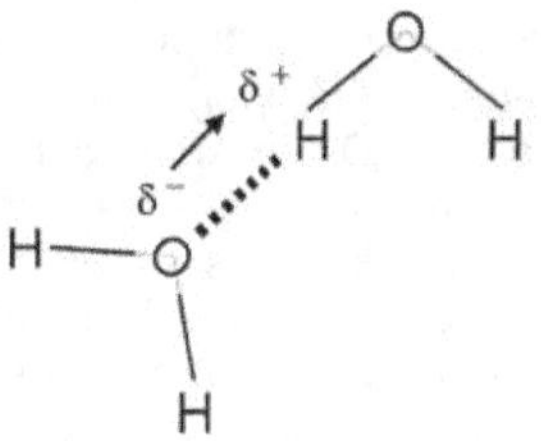

Porteuse d'une charge électrique inférieure à l'unité, (symbole δ), les molécules d'eau peuvent établir entre elles des charges électrostatiques, appelées *liaisons hydrogène* parce qu'elles impliquent toujours, au pôle électropositif, un atome d'hydrogène.
Ces liaisons sont beaucoup plus labiles que les liaisons covalentes : l'agitation thermique suffit à les faire et à les défaire.

Pour aider à comprendre (3)

Le Meccano de la chimie du carbone

Les données de ces deux pages ont pour seul objectif de faire entrevoir les mécanismes élémentaires du « montage » des biomolécules.

I. Comment « monter » une chaîne carbonée ?
En mettant chacun en commun un électron célibataire (a), deux atomes de carbone s'en trouvent unis par une liaison covalente (b). Il reste, pour chaque atome, trois électrons célibataires disponibles pour trois autres liaisons covalentes pouvant impliquer différents atomes, comme l'oxygène ou l'hydrogène. Une chaîne ne comprenant que du carbone et de l'hydrogène est un *hydrocarbure*, comme l'*éthane* (C_2H_6).

II. Comment « monter » une chaîne glucidique, par exemple l'amidon ?
L'amidon est un exemple de chaîne à deux niveaux de complexité.
Le premier niveau consiste en l'assemblage hexagonal de cinq atomes de carbone plus un atome d'oxygène, à partir duquel se construit le glucose. Un sixième atome de carbone « pointe » hors du cycle. Les six atomes de carbone sont « décorés » de groupements hydroxyle (OH) hautement réactifs. L'ose est le motif élémentaire – ou *monomère* – de la chaîne glucidique – ou *polymère* – constitutive de l'amidon.. Deux oses s'attachent par *liaison osidique* ① avec élimination d'une molécule d'eau ②. Il en résulte un « pont oxygène » entre les deux oses. Un polymère comme l'amidon, construit par enchaînement de monomères identiques – en l'occurrence le glucose –, est un *copolymère.*

III. Comment « monter » un filament protéique ?
Une protéine est un polymère dont les monomères sont des *acides aminés*, formés d'un radical ® sur lequel sont branchées une fonction acide et une fonction amine. Mais il existe vingt acides aminés, qui diffèrent par leurs radicaux, sur les plans de l'encombrement, des propriétés chimiques et de l'affinité pour l'eau. Un échantillon de ces radicaux donne une idée de cette diversité. Deux acides aminés s'attachent par *liaison peptidique* ① avec départ d'une molécule d'eau ②. Il en résulte un groupe de quatre atomes (CONH) dont l'enchaînement forme l'axe du filament protéique, auquel sont attachés les radicaux ®. Chaque protéine est spécifiée par une *séquence* particulière de radicaux ® dont les exemplaires sont puisés dans la collection des « vingt briques » de la vie. Les protéines sont des *hétéropolymères.*
Il en est de même des *acides nucléiques* (ADN et ARN), dont la séquence est construite avec seulement quatre catégories de monomères – les *nucléotides* –, des molécules complexes qui ne diffèrent entre elles que par des détails. Comme pour les éléments d'un langage, il n'existe qu'une relation fortuite – c'est-à-dire un *code* – entre ce que sont les nucléotides et ce qu'ils représentent, à la différence des acides aminés pour qui existe un rapport direct et nécessaire de cause à effet entre structure chimique et fonction.

I.

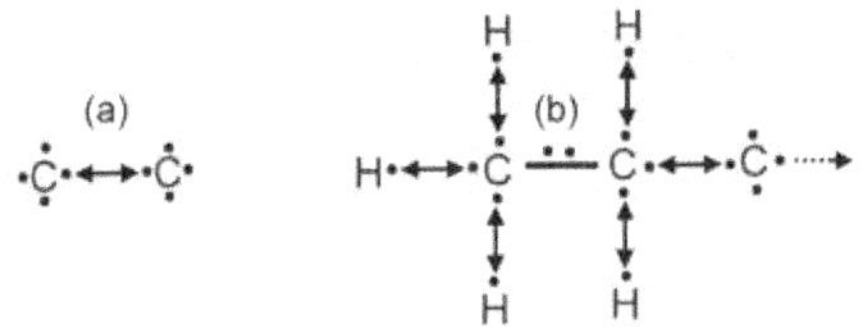

Le principe de l'enchaînement des atomes de carbone

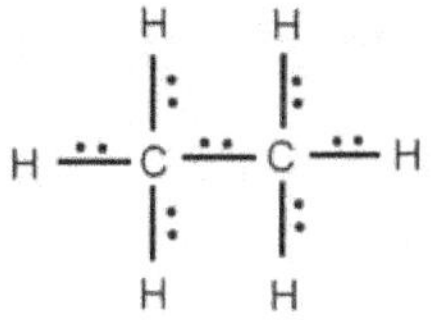

L'exemple de l'éthane (C_2H_6)

II. Glucose et amidon

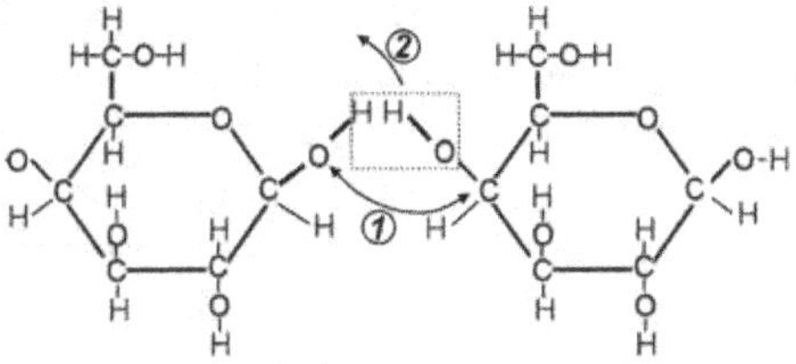

Deux molécules de glucose

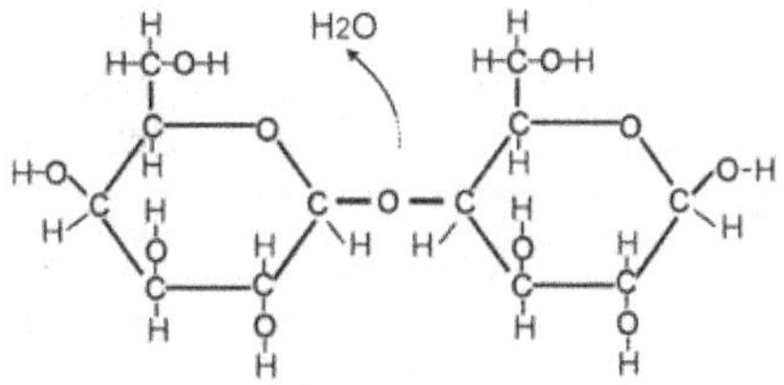

La liaison osidique

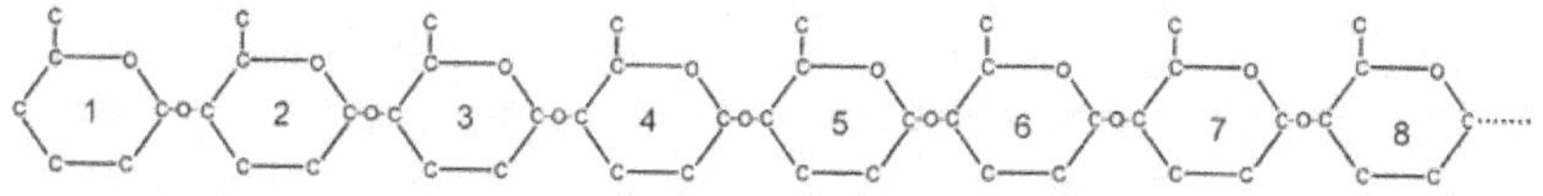

L'amidon : un polymère du glucose

III. Acides aminés et protéine

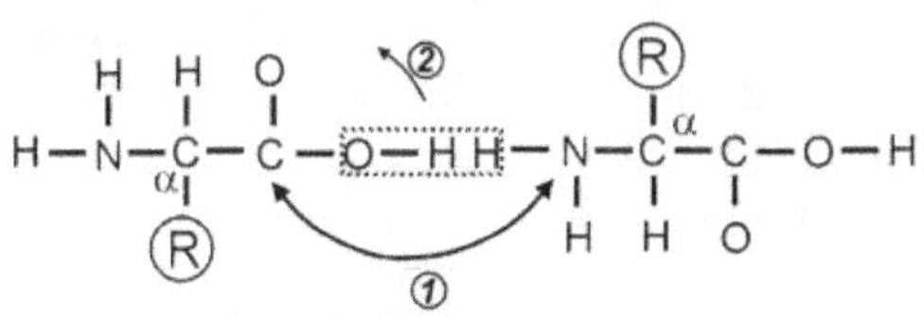

Deux acides aminés

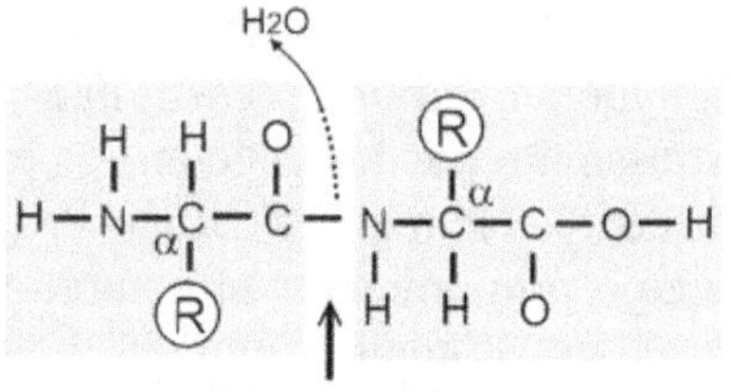

La liaison peptidique

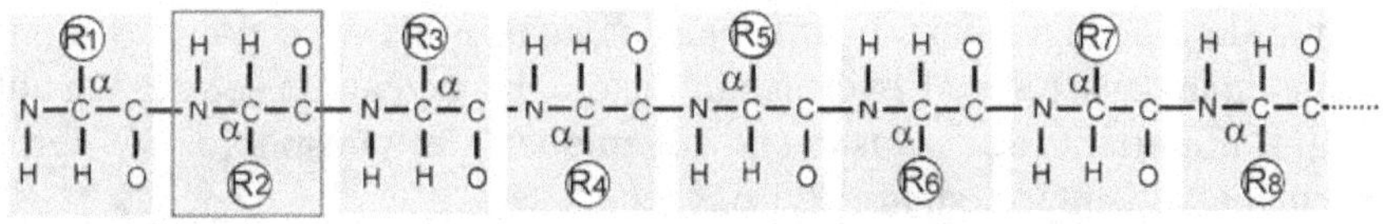

La protéine : un polymère d'acides aminés

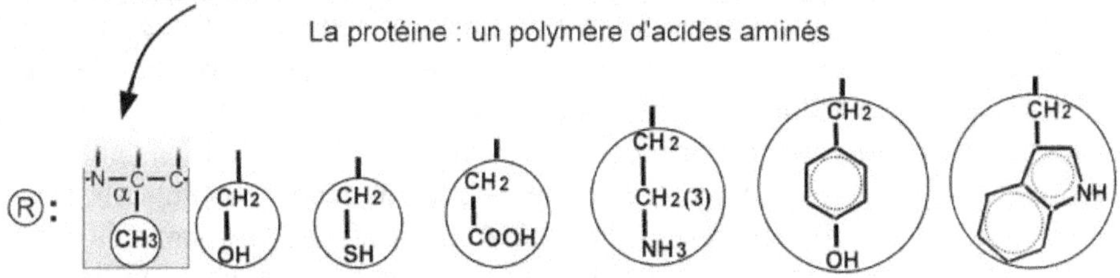

Quelques-unes des vingt "briques du vivant"

Le radical Ⓡ est branché sur le carbone α de l'acide aminé.

2.2.1. Omniprésence du carbone dans la chimie du vivant

Des juments, des étalons et des hongres avaient été brûlés jusqu'aux os, et de la fumée s'élevait encore des carcasses noircies comme des branches d'arbre.

Patricia Cornwell, *Combustion.*

Cette mort ardente décrite par Patricia Cornwell libère le carbone masqué dans la substance des êtres vivants et le restitue au monde minéral. Tout être vivant, animal, végétal, bactérie, est susceptible de brûler ; tout être vivant est susceptible de se transformer en charbon, s'il subit une combustion incomplète par insuffisance d'oxygène. En termes de chimie, la combustion s'interprète comme une oxydation des molécules, en l'occurrence des biomolécules. Si cette oxydation va jusqu'à son terme, elle produit du dioxyde de carbone, de la vapeur d'eau et des cendres. C'est en cas de pénurie d'oxygène qu'elle libère du carbone pur. La braise du feu de cheminée, et parfois la viande qu'on y fait griller, sont des produits de la carbonisation. En continuant à se consumer en présence d'oxygène, les braises se transforment en cendres minérales.

La dégradation oxydative des biomolécules conduit donc toujours à la libération, soit de carbone pur, soit de dioxyde de carbone. On conçoit que l'édification des biomolécules relève du mécanisme inverse. Mais seul le dioxyde de carbone présent dans le milieu, à l'état gazeux ou à l'état dissous, est assimilé par les végétaux : ceux-ci en extraient les atomes de carbone, qui forment la charpente de toutes les biomolécules. Les atomes de carbone doivent ce rôle primordial de structuration des biomolécules à leur aptitude à se lier entre eux en chaînes plus ou moins longues, parfois gigantesques, ouvertes ou bouclées, linéaires ou ramifiées, selon le procédé de la liaison covalente. En effet, grâce à ses quatre électrons de valence, chaque atome de carbone est susceptible de s'engager dans quatre liaisons covalentes avec d'autres atomes de carbone, mais aussi avec l'hydrogène, l'azote, l'oxygène, le soufre. Un autre constituant important des substances organiques, le phosphore, s'y greffe indirectement par l'intermédiaire de l'oxygène.

La chimie du carbone, c'est un jeu de construction riche d'une infinité de combinaisons moléculaires possibles montées à partir du carbone ; elles sont décrites dans une branche de la chimie appelée *chimie organique*, dont les développements emplissent de gros, de très gros traités. Mais il ne faut jamais perdre de vue que la chimie organique obéit, au même titre que la *chimie minérale*, aux lois fondamentales de la *chimie générale*. Il s'agit des mêmes atomes, qui se lient entre eux selon les mêmes procédés. De ce point de vue, il n'y a pas une chimie qui soit strictement propre au vivant. Mais ce dernier se singularise par ses molécules carbonées géantes qui le constituent ou qui lui servent d'outils (voir *Le Meccano de la chimie du carbone)*.

L'image du collier de perles rend compte assez fidèlement de la façon dont se construit une macromolécule biologique, à ceci près que les perles biologiques – ou *monomères* – fournissent le fil qui les unit. Les « colliers biologiques » sont donc des *polymères* (du grec *polu*, plusieurs, et *meros*, partie, élément).

Un *glucide* résulte de l'enchaînement du même motif. C'est le cas de l'amidon, formé molécules de glucose. Un tel collier dont les perles sont de même taille et de même couleur est un *copolymère*. Deux molécules de glucose s'accrochent par une liaison covalente, avec élimination d'une molécule d'eau ; un atome d'oxygène les unit alors. À l'inverse, lorsqu'elles se séparent, elles consomment une molécule d'eau. La scission d'un polymère glucidique en ses monomères est donc une *hydrolyse* (de *hudôr,* eau, et *lusis,* dissolution).

Problème de terminologie.
Le mot *ose* est à la fois le nom générique de la catégorie des sucres élémentaires, et le suffixe qui les désigne individuellement comme « sucres » (c'est-à-dire des glucides solubles dans l'eau et porteurs de propriété édulcorante): le *glucose*, le *galactose,* le *fructose* sont des oses et des sucres. L'ambiguïté tient à l'existence de sucres dimères, comme le *maltose* (sucre de malt), composé de deux molécules de glucose, le *lactose* (sucre de lait), composé d'une molécule de glucose et d'une molécule de galactose, le saccharose (le « sucre ordinaire ») composé d'une molécule de glucose et d'une molécule de fructose.
Le suffixe *oside* désigne tous les glucides composés de plusieurs oses, depuis les diosides jusqu'aux polyosides.

D'autres polymères – *les hétéropolymères* –, formés de perles de taille et de couleurs différentes, sont les grandes « créations chimiques » du vivant, en ce sens qu'ils diffèrent tous par une distribution « personnalisée » des perles le long du fil. Mais des créations que le vivant se réserve de « cloner » à son gré en autant d'exemplaires Les deux grandes catégories d'hétéropolymères du vivant sont les *protéines* et les *acides nucléiques*.

Une protéine (figure 11) est formée de l'enchaînement linéaire de monomères, les *acides aminés*, formés d'un radical ® sur lequel sont branchées une fonction acide et d'une fonction basique – appelée *amine*. Deux acides aminés s'accrochent par une liaison covalente, dite *peptidique*, avec élimination d'une molécule d'eau. Il en résulte un groupement de quatre atomes qui établit un pont entre deux radicaux ® consécutifs. La suite de ces groupements forme le fil du collier, auquel sont appendues les « briques du vivant », dont il existe vingt sortes En se séparant, deux acides aminés consomment une molécule d'eau. La scission d'une protéine en ses monomères est donc aussi une hydrolyse.

Une molécule de protéine se décrit selon plusieurs niveaux de structure
La *structure primaire* (I) correspond à la séquence personnalisée des acides aminés. Les contraintes de liaison imposent une conformation en ligne brisée de la chaîne linéaire, dont l'image planaire ci-contre ne donne qu'une représentation approchée.

La *structure secondaire* (II) est une configuration spatiale périodique affectant tout ou partie de la molécule. Il en existe deux grandes catégories : la structure hélicoïdale (IIa) et la structure en feuillet plissé (IIb). La première implique une seule molécule alors que la seconde en implique deux. Il s'agit dans les deux cas de liaisons hydrogène, respectivement entre différentes parties de la chaîne et entre les deux chaînes d'un feuillet, qui en assurent la cohésion. Une traction modérée suffit à rompre ces liaisons faibles. Lorsqu'elle cesse, la structure secondaire se reconstitue spontanément.

Les structures d'ordre supérieur (III et IV) sont éminemment variables selon les types de protéines.
Commençons par la *structure quaternaire* (IV), qui prédomine chez les scléroprotéines. Il s'agit de configurations tridimensionnelles obtenues par l'association de plusieurs chaînes protéiques. Dans le cas de la *kératine,* trois chaînes se torsadent à la façon d'une corde et les brins torsadés s'associent eux-mêmes en câbles appelés microfibrilles. Parce qu'elle est stabilisée par des liaisons hydrogène, qui peuvent être transitoirement rompues par traction, chaque chaîne hélicoïdale est légèrement extensible.
Constituant majeur de la soie, la *fibroïne* y est associée à d'autres protéines. Ses propriétés mécaniques exceptionnelles sont dues à l'empilement des feuillets plissés qui caractérisent sa structure secondaire. La fibroïne est très résistante à l'étirement (direction a), en raison de la forte cohésion de chaque chaîne due essentiellement à la suite des liaisons covalentes. Par contre, selon le plan ab, les chaînes sont maintenues entre elles par des liaisons hydrogène plus faibles. Enfin, selon le plan bc, c'est des liaisons encore plus faibles – appelées *liaisons de Van der Waals* – qui solidarisent les radicaux R (elles n'ont pas été figurées sur les schémas ci-contre). Il en résulte que la soie est très flexible selon les directions b et c perpendiculaires à la direction a.

La structure tertiaire (III) caractérise les *protéines globulaires*, opérateurs chimiques du métabolisme, dont la chaîne d'acides aminés s'enroule en un peloton d'apparence irrégulière. La *iota-carraghénase* (de son diminutif : *iotase,* à cause à de la lettre grecque *iota*), prise comme exemple, est une *enzyme* qui hydrolyse des osides sulfatés présents dans la paroi squelettique des cellules de certaines algues rouges : les carraghénanes. Sa configuration est stabilisée par des liaisons de toutes sortes et des sections en hélice ou en feuillet plissé. Le peloton formé par le filament protéique replié irrégulièrement sur lui-même délimite à sa surface une cavité – le *site actif* – où s'effectue l'opération chimique, en l'occurrence l'hydrolyse de l'oside: l'enzyme est un *biocatalyseur.* La morphologie du site actif est complémentaire de celle de son *substrat*, à savoir la molécule ou partie de molécule dont l'enzyme catalyse la transformation. En conséquence, la iotase hydrolyse les carraghénanes et rien d'autre. C'est une illustration de la spécialisation fonctionnelle des outils du métabolisme.

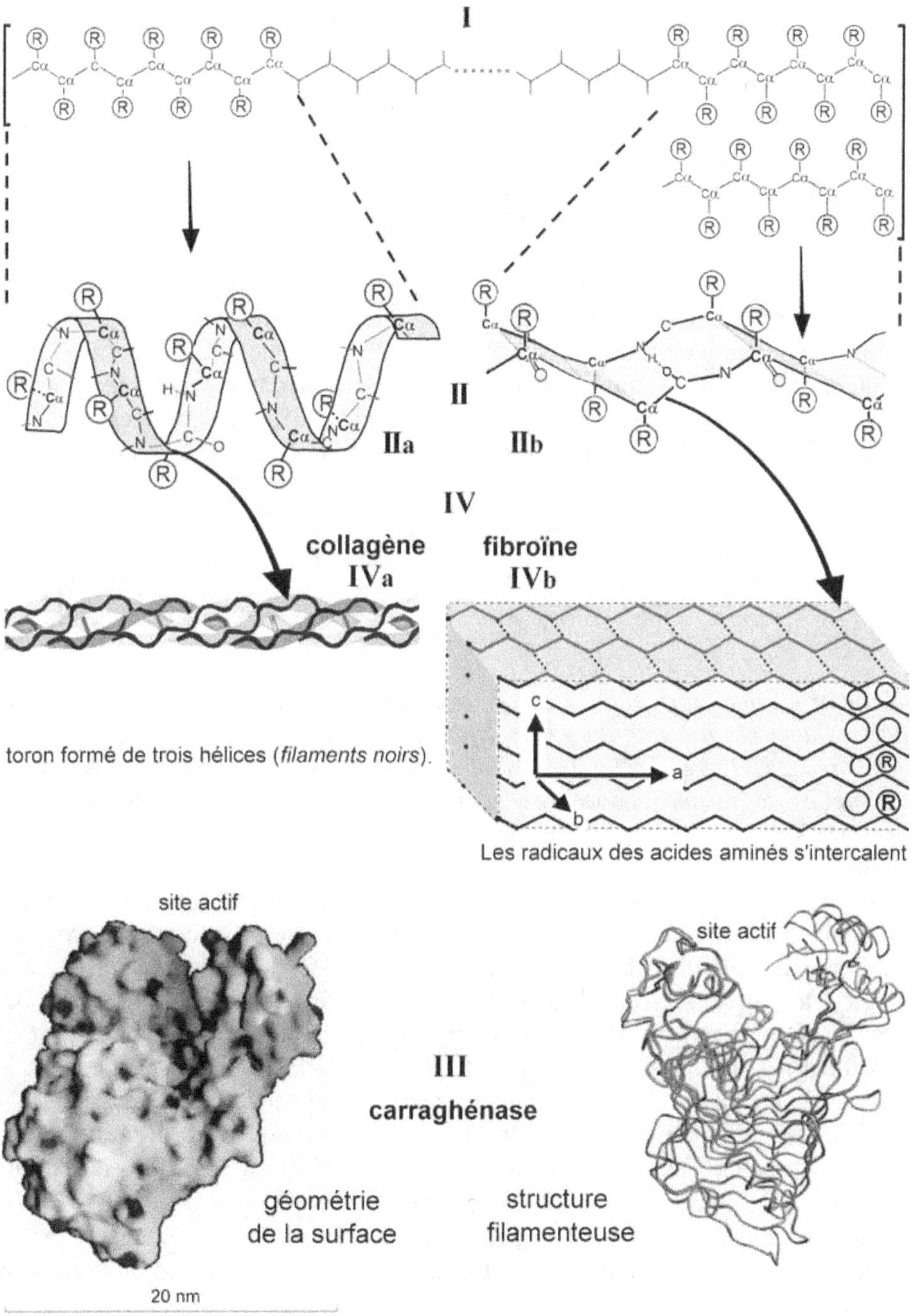

FIGURE 11. LA STRUCTURE DES PROTEINES

2.2.2. Les protéines, matériaux et outils « à tout faire » de la cellule

Les protéines de tous les êtres vivants sont constituées à partir d'une collection de vingt acides aminés. Tous partagent un motif invariant constitué d'une fonction acide et d'une fonction amine, mais chacun se distingue par un radical (encore nommé résidu (R)) qui lui est propre. La planche illustrée consacrée au *Meccano du carbone* (cf. *Pour aider à comprendre (3))* donne un aperçu suffisant de la diversité des acides aminés, construits pourtant sur une structure de base commune. Nous désignerons les acides aminés par les symboles de leurs radicaux (ou résidus) R1, R2... R20. À chaque numéro d'ordre le long de ce filament correspond un acide aminé défini, dont la cellule contient plusieurs exemplaires. Il se constitue ainsi une *séquence* d'acides aminés propre à chaque protéine. Les protéines diffèrent entre elles par le nombre d'acides aminés constitutifs et leur distribution dans la séquence.

Numéro d'ordre dans la séquence	*1 2 3 4 5 100*
Protéine 1	R3 – R5 – R9 – R18 – R5– –R15
Protéine 2	R1 – R4 – R8 – R20 – R9– –R3

*

N'importe quel fabricant de cordes sait que le meilleur moyen de faire de solides amarres à l'aide de faibles filaments est d'en former des faisceaux, de les torsader, de réunir les torons obtenus et de les torsader à nouveau, de réunir et de tordre encore et encore. (*Structure et action des protéines*, R.E. Dickerson et I. Geis, Ediscience Paris 1972)

Les poils et les plumes, la laine, doivent leurs propriétés physiques à une protéine fibreuse : la *kératine* (du grec *keratos*, corne). Cette même protéine, densément accumulée dans la matière cornée, confère une grande rigidité aux ongles, aux griffes et aux sabots. La peau doit au *collagène* sa remarquable résistance à l'étirement. La soie, produite par les insectes et les araignées, est un excellent matériau pour le gilet pare-balles, en raison de la résistance et de la souplesse que lui confère la *fibroïne*. Elle a heureusement d'autres usages…
La kératine, le collagène, la fibroïne sont des *scléroprotéines* (du grec *sklêros*, dur), molécules fibreuses démesurément allongées au sens de la chimie ordinaire : une molécule de collagène, qui mesure 0,25 µm, équivaut à 2 500 molécules d'eau mises bout à bout ! Les fibres protéiques élémentaires se groupent en édifices complexes dont l'agencement varie d'une scléroprotéine à l'autre (figure 11).

Chez les végétaux, ce n'est pas des protéines qui ont un rôle structurant, mais des glucides localisés dans la paroi cellulaire, principalement la *cellulose* et la *lignine*. La cellulose abonde dans la paroi des cellules végétales vivantes. Les cellules du limbe foliaire, par exemple, ont leur paroi armée de fibres cellulosiques, emballées dans une matrice contenant une autre catégorie de polymères glucidiques, les *composés pectiques*, ces substances qui prennent en gelée lorsqu'on cuit des confitures. La cellulose est aussi le constituant principal des fibres de coton. Quant à la lignine, beaucoup plus rigide que la cellulose, elle confère au bois ses propriétés mécaniques ; elle imprègne la paroi des vaisseaux conducteurs de sève (dominants dans le « bois de printemps ») et des fibres à rôle de soutien (dominantes dans le « bois d'automne ») Fibres et vaisseaux sont des cellules mortes.

La paroi cellulaire de certaines algues rouges contient des osides soufrés qui leur sont propres : les *carraghénanes*. On s'en servira ci-dessous comme exemple pour expliquer le mode d'action des enzymes.

*

Les protéines globulaires sont les agents du métabolisme, chacune étant spécialisée dans l'exécution d'une tâche plus ou moins étroite que lui confèrent sa morphologie et sa réactivité chimique. L'éventail des tâches à accomplir étant très large, les protéines globulaires sont aussi nombreuses que variées.

La figure 11 propose deux modèles morphologiques d'une protéine, la *iotase*, une enzyme qui hydrolyse les carraghénanes. Le modèle en chaîne continue dessine le peloton, apparemment quelconque, formé par la succession des groupes CONH. Le modèle topographique représente la surface de la protéine ; la tonalité variable des gris indique une répartition inégale des charges électrostatiques portées par certains acides aminés. Ce modèle est intéressant d'un point de vue fonctionnel car c'est par sa surface que la protéine interagit avec son substrat spécifique : les molécules de carraghénanes. La forme extérieure de la protéine ménage une étroite gouttière – le site actif – où se loge la partie terminale de la molécule en voie d'hydrolyse. À la complémentarité morphologique entre site actif et substrat s'ajoute une complémentarité fonctionnelle : des liaisons s'établissent entre certains acides aminés du site actif et quelques groupements fonctionnels des oses du substrat. Dans le cas de la iotase, un effet immédiat de cette interaction est le resserrement de la gouttière, laquelle se referme en tunnel sur les oses. Puis s'effectue la coupure d'un pont oxygène sous l'action d'un petit nombre d'acides aminés du site actif fonctionnant comme *intermédiaires réactionnels* : ils « prêtent » des protons ou des électrons dans d'infimes opérations intermédiaires dont la succession conduit à l'hydrolyse de la liaison osidique, avant de les récupérer. Cette réaction se réalise spontanément, à condition que la chaleur du milieu réactionnel, où elle puise une *énergie d'activation*, soit suffisante. Or le seuil d'énergie d'activation n'est pas atteint aux températures compatibles avec la vie (la température de l'eau de mer dans ce cas particulier). En favorisant les contacts entre les molécules impliquées et en intervenant dans le mécanisme intime de la réaction, la protéine provoque l'abaissement du seuil d'énergie d'activation. Ce faisant, elle *catalyse* la réaction. D'une façon générale, les réactions biochimiques sont catalysées par des *enzymes*, et une enzyme qui catalyse une hydrolyse est une *hydrolase* ; la iotase en est une.

Certains se souviendront du temps où des « enzymes gloutons » (des hydrolases) étaient incorporés (ils étaient encore du genre masculin) aux lessives. Cette image était, hélas, utilisée aussi dans l'enseignement ; une image accrocheuse mais trompeuse. En effet, l'enzyme ne se précipite pas sur son repas, mais entre passivement en contact avec lui au hasard des collisions moléculaires ; il lui arrive de lâcher sa « proie » avant de l'avoir découpée ; enfin, au lieu d'engloutir les produits de sa « digestion », elle les régurgite. L'enzyme n'a donc pas d'« intérêt matériel » dans la réaction chimique : elle n'apparaît ni dans les réactants ni dans les produits de la réaction. Pour être discret, son rôle n'en est pas moins, nous l'avons vu, indispensable au déroulement de la réaction. L'activité enzymatique obéit donc aux lois de la cinétique chimique, qui intègrent la statistique des collisions entre molécules. Dans la fenêtre des températures compatibles avec la vie, un échauffement de l'environnement cellulaire accroît l'intensité de l'agitation moléculaire et, de ce fait, active la réaction. Mais si la température augmente encore, la chaleur provoque la rupture des liaisons qui maintiennent l'architecture tridimensionnelle de l'enzyme, conduisant à sa *dénaturation*. Il existe pour chaque enzyme, une température optimale d'activité.

Chez l'homme par exemple, les cellules « se sentent bien » au voisinage de 37° C. Quand elles sont confrontées aux températures de la fièvre, leur métabolisme s'accroît : le cœur bat plus vite, le cerveau s'emballe.

Les modalités de l'activité enzymatique diffèrent selon que le substrat se trouve sous la forme de molécules dissoutes ou sous la forme d'un corps solide volumineux (un géant pluri-micrométrique pour l'enzyme...). Le premier cas est illustré, par exemple, par le liquide intestinal où sont dispersés des solutés organiques que les sucs digestifs ont en charge de couper, comme le lactose ou le saccharose, issus directement des aliments, ou le maltose, un terme intermédiaire de la digestion de l'amidon. L'enzyme entre en contact avec la totalité de cette molécule beaucoup plus petite qu'elle. Par contre, l'attaque enzymatique d'un « gros » grain d'amidon ou d'une vaste paroi squelettique de cellules végétales implique une « stratégie d'approche » : sous quel angle attaquer le monstre infra-millimétrique et les macromolécules qui le constituent ? Par la surface ou par un bout ? L'attaque des parois cellulaires des algues rouges par les bactéries marines qui s'en nourrissent illustre cette situation. Par exemple, la iotase, à côté d'autres carraghénases, « grignote » leurs cibles moléculaires en s'attachant à leur extrémité (figure 12).

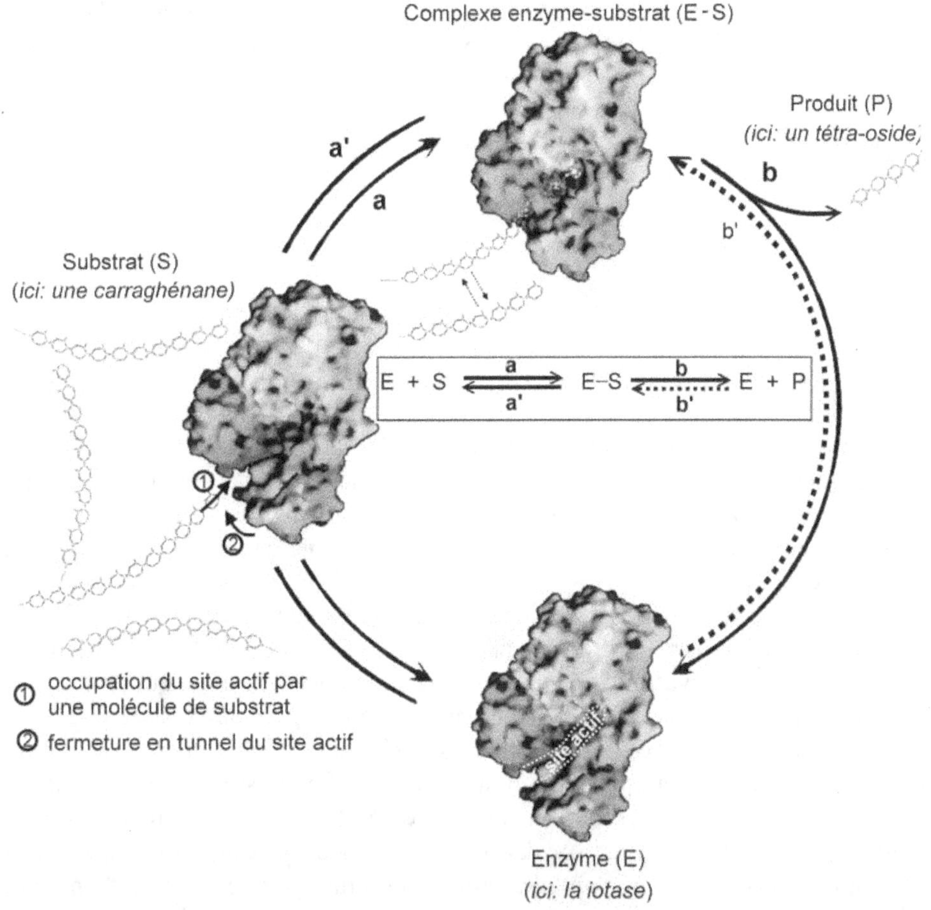

La fixation du substrat sur le site actif (**a**) est réversible (**a'**). Par contre, la réaction enzymatique (**b**), qui consiste à découper un morceau de quatre monomères, est irréversible, c'est-à-dire que la réaction reverse (**b'**) est négligeable.

Le nombre de cycles effectué en une seconde est le *nombre de rotation*.

FIGURE 12. CINETIQUE DE L'ACTIVITE ENZYMATIQUE

*

Une voie métabolique comporte généralement plusieurs réactions, mobilisant autant d'enzymes spécialisées. Un exemple simple est la digestion de l'amidon dans le tube digestif, qui consiste en une hydrolyse à deux étapes. La première, catalysée par une amylase, découpe le polymère glucidique en dimères de maltose ; la seconde découpe le maltose en monomères de glucose. Deux enzymes, une amylase et une maltase, se succèdent dans cette opération.

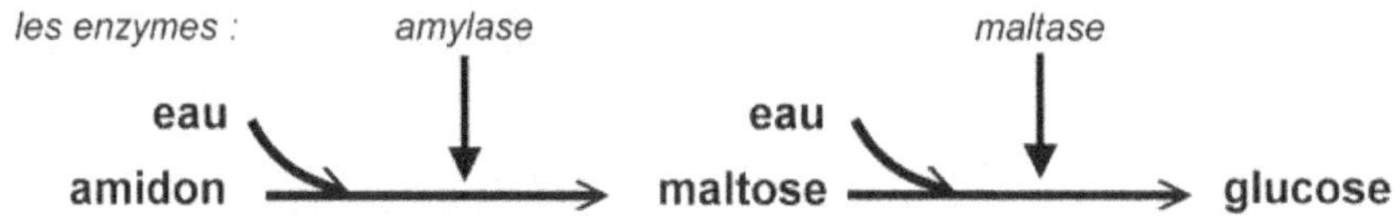

Le travail à la chaîne des enzymes a pour conséquence de décomposer une réaction globale en réactions élémentaires, un moyen sûr d'en contrôler le déroulement. Nous venons de voir, par exemple, que l'hydrolyse enzymatique de l'amidon s'effectue spontanément, en deux temps, dans le tube digestif. Or, comme toute réaction spontanée, l'hydrolyse de l'amidon libère de l'énergie, sous forme de chaleur, dans le milieu réactionnel, après en avoir consommé pour son activation, et l'emprunt est remboursé avec intérêt. Il se dégage donc un solde énergétique négatif pour le système réactionnel et positif pour le milieu réactionnel.

Le fait qu'elle soit fournie en deux « paiements successifs » au lieu d'« un seul versement » permet d'étaler dans le temps la libération de chaleur et d'atténuer ainsi l'élévation de la température du liquide intestinal qui en résulte.

Encore les réactions d'hydrolyse ne présentent-elles pas le caractère explosif d'une combustion. Il existe de nombreuses réactions biologiques d'oxydation oxygénique qui s'apparentent chimiquement aux combustions vives, dont on connaît la propension naturelle à s'emballer, à l'instar d'un feu de forêt. Il s'agit, dans les deux cas, de l'oxydation de substances organiques (le *carburant*) utilisant l'oxygène comme *comburant* et libérant une grande quantité d'énergie. Mais, autant la « combustion vive » est rapide et brutale, autant la « combustion lente » qui caractérise le processus de *respiration cellulaire* est progressive et raffinée. L'organisme animal réalise le tour de force d'apprivoiser cette puissance impérieuse capable de se déchaîner en flammes infernales. Elle ne « brûle » pas tout en vrac, mais consomme des substances organiques sélectionnées, les *métabolites respiratoires,* tel le glucose. De plus, l'énergie est méticuleusement canalisée et exploitée dans les réactions des compartiments métaboliques consommateurs d'énergie, au lieu d'être gaspillée en chaleur dévastatrice. Et cela dans une ambiance thermique modérée, compatible avec la vie. Tout « feu d'organisme » se trouve donc strictement prohibé ; les structures cellulaires, complexes et délicates, n'y survivraient pas. De même, toute « étincelle » étant proscrite, le recours aux biocatalyseurs, qui abaissent le seuil d'activation, est impératif. La respiration consiste essentiellement en un *transfert d'électrons* entre le métabolite qui s'oxyde et l'oxygène qui se réduit. Entre le donneur et l'accepteur, une chaîne de transporteurs, disposés dans la membrane des mitochondries, se « passent de main en main » les électrons. *In fine*, l'oxygène se combine avec les « électrons respiratoires » et des protons, en donnant de l'eau.

L'oxygène est, pour les êtres vivants *aérobies*, une espèce moléculaire à la fois généreuse et redoutable. S'il échappe au contrôle cellulaire, il engendre des formes très réactives, les *radicaux libres*. Libérés continûment à doses quasi homéopathiques dans le milieu cellulaire, ceux-ci sont pris en charge par des *antioxydants*, comme la vitamine C, qui neutralisent leur toxicité. Lorsque, pour une raison ou pour une autre, la cellule perd le contrôle du processus respiratoire, les radicaux libres peuvent en déborder le système de *détoxification*, s'accumuler dans le cytoplasme et en endommager les structures..

Bien d'autres protéines que les enzymes fonctionnent comme elles sur la base d'une complémentarité protéine-substrat. Elles sont libres dans le cytoplasme ou fixées sur les membranes. Il existe aussi chez les animaux des enzymes extracellulaires, soit que les cellules les excrètent dans un compartiment du *milieu intérieur*, comme le sang, soit qu'elles les excrètent dans la cavité du tube digestif, où elles effectuent la digestion chimique des aliments (en raison de leur commodité d'accès, ce furent les premières connues, et identifiées sous le nom de *diastases*).

Voici un aperçu de la variété de leurs fonctions.

- Certaines protéines transfèrent telle ou telle substance, par exemple le sodium ou le glucose, de part et d'autre de la membrane. En sélectionnant les substances « autorisées » à entrer dans la cellule ou à en sortir, elles préservent l'identité chimique de la cellule.
- D'autres exercent dans l'organisme un rôle de liaison trophique en transportant des substances à fonction métabolique, telles l'hémoglobine et la transferrine qui, dans le sang des vertébrés (« animaux à vertèbres »), véhiculent respectivement l'oxygène et le fer.
- D'autres encore ont une fonction immunitaire Ainsi les *anticorps*, omniprésents dans le sang et la lymphe, dans les muqueuses, ces membranes-frontières de l'organisme perpétuellement menacées par l'agression microbienne, se fixent sur des cibles moléculaires portées par les corps étrangers : les *antigènes*. Chaque anticorps dirige très spécifiquement son action sur un antigène particulier.
- Terminons, sans prétendre pour autant clore la liste des fonctions des protéines, par les capteurs spécifiques de signaux chimiques, comme les

récepteurs membranaires d'hormones ou les récepteurs de *phéromones* (du grec *pherein*, transporter, et *hormaô*, j'excite), ces messagers chimiques agissant entre deux individus d'une même espèce. Nous aurons l'occasion dans le troisième chapitre de revenir sur la notion de *transfert d'information*, qui permet aux systèmes biologiques de *communiquer*.

*

Quelle que soit sa fonction, la protéine tient d'abord de sa morphologie sa spécialisation fonctionnelle, et tient sa morphologie, dans des conditions de milieu déterminées, de sa séquence d'acides aminés. À cet égard, il convient de distinguer le cas des protéines de structure de celui des opérateurs métaboliques. Chez les premières, la séquence présente souvent un caractère périodique, c'est-à-dire qu'elles sont constituées de l'itération d'un motif élémentaire de quelques acides aminés répété un grand nombre de fois. Cela garantit l'homogénéité des propriétés mécaniques : il est important en effet qu'il n'y ait pas de « pailles », ces points de faiblesse que l'on cherche aussi à éviter dans l'industrie. Chez les seconds, la séquence doit avant tout procurer à chacune l'identité morphologique et fonctionnelle correspondant à sa fonction particulière. Ainsi comprend-on la grande variété de protéines métaboliquement actives dans chaque cellule, d'une cellule à l'autre d'un être organisé, ainsi qu'entre les organismes appartenant à des espèces différentes. Toutefois, la distinction, parmi les protéines, entre celles qui construisent et celles qui agissent n'est pas absolue. Un exemple significatif en est fourni par une protéine constitutive du muscle : la *myosine* (du grec *mus,* muscle). Elle catalyse une réaction qui libère l'énergie indispensable à la contraction de la fibre musculaire.

Telle séquence d'acides aminés se perpétue dans les différents exemplaires de la protéine dont elle porte l'identité, qu'ils soient présents au sein d'une même cellule, dans différentes cellules d'un organisme ou dans différents organismes appartenant à une même chaîne de filiation : elle est donc nécessairement reproductible, une propriété qui implique une information émanant d'un plan préétabli. Si l'on construit un collier avec des perles prises au hasard dans un stock, le collier qui en adviendra est imprévisible. Dans le cas de la protéine comme dans le cas du collier, l'obtention d'une séquence définie *a priori* nécessite une anticipation sur la base d'un projet. Celui du vivant s'appelle *programme génétique*. Comme la pensée humaine, il engendre l'improbable, tout en restant aveugle au futur.

2.2.3. Les acides nucléiques, porteurs et vecteurs de l'information génétique dans la cellule

Les acides nucléiques, seconde grande catégorie d'hétéropolymères biologiques, constituent le substrat moléculaire du programme génétique et de ses médiateurs. Le nom générique de ces substances fait référence à la localisation nucléaire de la première à avoir été isolée, en 1869, par Friedrich Miescher (1844-1895), à partir de noyaux de cellules contenues dans le pus. Il obtint une substance, la « nucléine », dont il montra qu'elle était formée de protéines associées à un composé chimique acide, riche en phosphore, qu'il appela « acide nucléique », qu'il isola de nouveau peu de temps avant sa mort à partir de laitance de saumon. Les deux substrats, respectivement des globules blancs et des spermatozoïdes, sont riches en noyaux. Dans les années qui suivirent, marquées par d'importants progrès en biochimie, les chercheurs analysèrent les « pièces détachées » des acides nucléiques ; outre l'acide phosphorique, ils identifièrent un sucre et des « bases organiques azotées ». C'est à Phoebus Levene (1869-1940) que revint en 1929 le mérite d'en avoir élucidé la composition. En voici les principaux caractères à la lumière des connaissances actuelles :

1. Un *acide nucléique* est un hétéropolymère linéaire dont l'unité est le *brin* et dont les monomères sont des *nucléotides*, eux-mêmes composés d'un acide phosphorique, d'un sucre simple et d'une base azotée.
2. Il existe quatre bases azotées différentes, que nous désignerons simplement par les symboles B1, B2, B3 et B4.

Si les « quatre lettres du langage de la vie » ne sont pas désignées ici par leur nom (adénine, guanine, cytosine, thymine ou uracile) ou leur sigles (A, G, C, T ou U), c'est que leur structure chimique compliquée n'a pas plus d'importance pour la compréhension du langage génétique que la forme des lettres d'un quelconque alphabet.

3. Enfin, dans un brin d'acide nucléique, les bases sont placées en dérivation par rapport à un axe formé par la succession périodique d'une molécule de sucre et d'une molécule d'acide phosphorique. Les deux extrémités du brin étant chimiquement différentes, la molécule présente une orientation.
4. Au cours du XXe siècle, les biochimistes ont identifié et les cytologistes ont localisé deux types d'acides nucléiques, l'*Acide désoxyribonucléique* (*ADN*) et l'*Acide ribonucléique* (*ARN*) qui diffèrent par leur sucre (désoxyribose ou ribose) et l'une de leurs bases (B4 *alias* T ou B'4 *alias* U). De plus, l'ADN est presque toujours formé de deux brins à enroulement antiparallèle. La cohésion entre les deux brins est assurée par des liaisons hydrogène unissant les bases azotées deux à deux (figure 13).

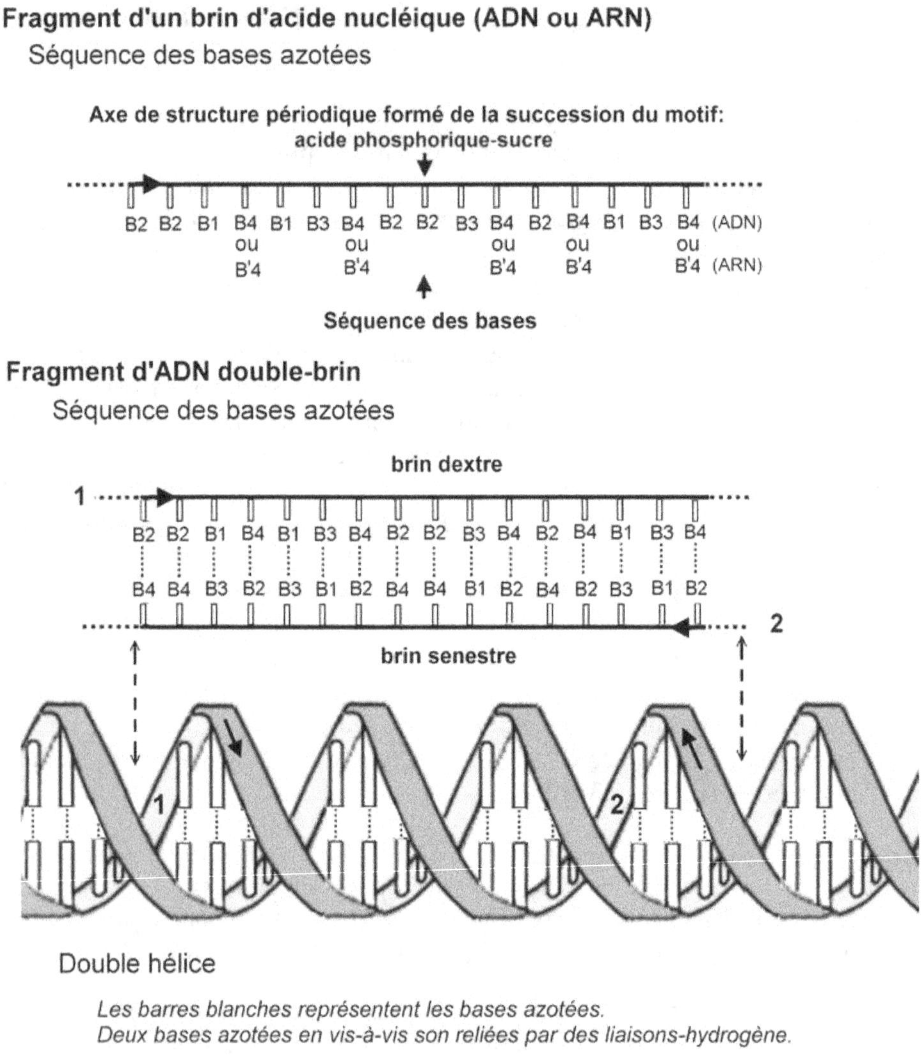

FIGURE 13. SCHEMAS STRUCTURAUX DES ACIDES NUCLEIQUES

Le brin, unité structurale de tout acide nucléique, ne diffère entre les molécules d'ADN et d'ARN que par des détails portant sur le sucre et sur une base azotée (B4 *versus* B'4). La molécule est orientée.

La taille et l'architecture des différentes molécules d'ARN sont extrêmement variées. Les molécules d'ADN se présentent presque toujours sous la forme d'une longue chaîne double-brin à enroulement hélicoïdal. Les deux brins sont antiparallèles, c'est-à-dire que leurs orientations sont inverses l'une de l'autre.

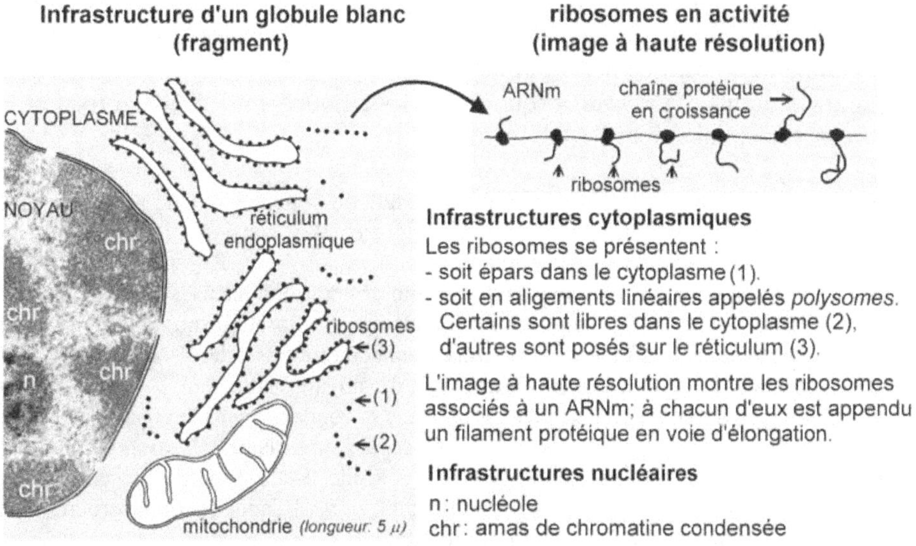

FIGURE 14. L'ACTIVITE DES RIBOSOMES, SIGNEE PAR L'INFRASTRUCTURE D'UN GLOBULE BLANC PRODUCTEUR D'ANTICORPS.

L'image composite de l'infrastructure d'un fragment de globule blanc, propose l'infrastructure du cytoplasme, schématisée pour satisfaire à l'exigence de clarté, à côté du noyau, tel qu'on peut l'observer réellement. L'échelle est donnée par la mitochondrie.

Les minuscules ribosomes (15 nm de diamètre) se présentent soit épars dans le cytoplasme (1), soit disposés en figures linéaires – appelées *polysomes* – libres dans le cytoplasme (2) ou appliqués sur les membranes du réticulum endoplasmique (3). Les ribosomes regroupés en polysomes sont en activité de synthèse protéique.
Les ribosomes associés au réticulum synthétisent des protéines de défense de l'organisme contre les corps étrangers (par exemple des microbes) – les anticorps – qui seront excrétés dans le sang à travers la membrane plasmique (non représentée sur la figure), via les cavités du réticulum. Les anticorps sont des protéines à fonction sociale, par opposition aux protéines à usage interne, qualifiées de « protéines privées » ou « protéines de ménage ». Alors que les anticorps (et autres protéines à fonction sociale) sont secrétées dans le sang, par l'intermédiaire du réticulum sur lequel sont posés les polysomes (3), les protéines de ménage – « à usage interne » – sont élaborées par les polysomes libres (2).

Les images à haute résolution expliquent l'agencement spatial des ribosomes. On les voit, à la queue leu leu, effectuer la « lecture » d'un ARNm, qu'ils parcourent (ici de gauche à droite), recueillant pas à pas les instructions indispensables au « tricotage » correct de la chaîne protéique.

La localisation *in situ* des acides nucléiques (figure 14) nécessite l'emploi de techniques de marquage. Les pionniers utilisaient des colorations sélectives, mises au point empiriquement. Tel est le cas de la *technique de Brachet*, basée sur deux colorants : la *pyronine*, qui colore spécifiquement l'ARN en rose et le *vert de méthyle*, qui colore l'ADN en vert.

Lorsqu'on colore une préparation de cellule animale ou végétale avec la pyronine et le vert de méthyle, la chromatine du noyau se colore en vert alors que les nucléoles du noyau ainsi que le cytoplasme se colorent en rose.
Si l'on traite préalablement la préparation par une désoxyribonucléase, une enzyme qui catalyse l'hydrolyse de l'ADN, on n'observe plus que la coloration rouge. Mais si on la traite par une ribonucléase, on n'observe plus que la coloration verte.
L'ADN est donc localisé dans la chromatine du noyau, alors que l'ARN est plus largement réparti, à l'état diffus dans le cytoplasme et condensé dans les nucléoles.
Les techniques modernes ne laissent plus place à l'empirisme. Il est possible, par exemple, de rendre la chromatine fluorescente à l'aide d'une protéine présentant une grande affinité pour l'ADN, une « tête chercheuse », à laquelle on accroche une substance qui s'illumine sous lumière ultraviolette.

À la dispersion cytologique des ARN correspond une pluralité de nature et de rôle. Dans le nucléole s'accumulent des brins d'ARN appelés à transiter vers le cytoplasme. En 1961, Jacob et Monod ont émis l'hypothèse, qui fut rapidement validée, que ces molécules étaient des médiateurs de l'information génétique exprimée par l'ADN ; ils les ont appelés *ARN messagers* (*ARNm*).
Deux autres catégories d'ARN résident dans le cytoplasme après avoir aussi été synthétisées dans le noyau. Les *ARN ribosomaux (ARNr)*, ainsi appelés parce qu'ils sont localisés dans de petits corpuscules cytoplasmiques – les *ribosomes* – en association avec des protéines, et les *ARN de transfert* (*(ARNt)*.

Les ribosomes se présentent comme des corpuscules arrondis, épars dans le cytoplasme ou disposés en petits chapelets, libres ou appliqués sur les membranes du réticulum endoplasmique. Des images à forte résolution montrent des ribosomes disposés en file sur un filament et d'où émergent des appendices vermiformes de longueur variable, les plus longs enroulés en peloton. Le filament axial est un ARNm, et les appendices sont des filaments protéiques en croissance. Ces groupes linéaires de ribosomes en action sont des *polysomes*. Ils assemblent les acides aminés selon une séquence instruite par l'ARNm (figure 13). Enfin, les ARNt, invisibles au microscope électronique, fournissent aux ribosomes les « pièces détachées » que ces derniers assemblent. Mais on se gardera de cette représentation simpliste d'un ARNt, porteur de tel acide aminé, se dirigeant droit vers sa cible, un ribosome au travail. Comme dans l'activité enzymatique, il est livré au hasard des chocs entre molécules, induits par leur agitation thermique.

*

Ayant cru reconnaître une égalité statistique des quatre bases azotées, et partant des quatre nucléotides, Levene avait proposé pour les acides nucléiques un modèle périodique reposant sur la répétition d'un motif comprenant les quatre nucléotides, toujours placés dans le même ordre, soit, par exemple,

(B3, B2, B4, B1) *n* fois

Bien qu'on l'enseignât encore au lycée dans les années 1950, le modèle de Levene était tombé en désuétude dès 1944 lorsque le physicien Erwin Schrödinger montra son incompatibilité avec le rôle (déjà connu) de l'ADN comme support héréditaire de l'information génétique et prédit que la molécule porteuse de l'information héréditaire devait avoir une structure *apériodique* porteuse d'une information codée. De même que chaque filament protéique est caractérisé par sa séquence d'acides aminés construite à partir de vingt acides aminés différents, de même chaque brin d'acide nucléique est caractérisé par sa séquence de nucléotides construite sur la base de quatre nucléotides différents (figure 12A).
Enfin, il a été montré que la molécule d'ADN est, aussi bien chez les bactéries que chez les eucaryotes, constituée de deux brins (figure 12B) tels que les bases forment des couples déterminant les relations suivantes :

B1 = B3 et B2 = B4

Le tableau ci-dessous présente les séquences codantes de deux brins hypothétiques différents constitués chacun de 1 000 nucléotides.

Numéro d'ordre	1 2 3 4 5 6 7 8 9 10 11 12 … 1000
Brin 1	B2-B2- B1-B4-B1-B3-B4-B2-B2-B3-B4-B2-…..-B1
Brin 2	B1-B4-B4-B3-B2-B2-B1-B4-B4-B3-B3-B2-.....-B2

En 1953, la découverte par Watson et Crick – devenus aussi inséparables que Lagarde et Michard, mais auxquels on oublie d'associer Maurice Wilkings (également nobélisé) et Rosalind Franklin (morte prématurément) – de la structure tridimensionnelle de l'ADN fut un événement retentissant. C'est la fameuse « double hélice » à brins antiparallèles, où les bases azotées complémentaires sont reliées deux à deux par des liaisons hydrogène, suffisamment labiles à température ordinaire pour se faire ou se défaire, justifiant l'image de la « fermeture Éclair » formée par les deux brins.

*

Comment a-t-on identifié le support de l'information génétique ?

À la suite des travaux de Morgan sur la génétique de la mouche du vinaigre, publiés en 1915 on savait déjà que les chromosomes, support cytologique du programme héréditaire, contenaient en abondance et en quasi-exclusivité cette macromolécule qui allait devenir célébrissime sous le sigle ADN. L'on savait aussi qu'elle était associée à des protéines. Se posait alors la question: lequel de ces deux constituants est le support moléculaire de l'hérédité ? Beaucoup de biologistes penchaient pour les protéines. Parallèlement, les généticiens poursuivaient leurs investigations sur des modèles de plus en plus simples et performants qui leur permirent d'élucider la structure fine du gène. 1944 marque un tournant dans l'approche moléculaire de l'hérédité : on abandonne les protéines et on se tourne vers l'ADN. Cette année-là, Oswald Avery, Colin MacLeod et Maclyn McCarthy ont montré, sur deux souches de la bactérie *Diplococcus*, l'une de forme lisse (L) l'autre d'aspect rugueux (R), que de l'ADN isolé à partir de cellules L pouvait pénétrer dans des cellules R et les transformer en cellules L. Etonnant, non? Tellement étonnant que, malgré la rigueur de l'expérimentation, ses résultats n'ont pas fait recette dans la communauté scientifique. Il fallut attendre 1952 pour que deux chercheurs, qui travaillaient sur un virus parasite du colibacille – un *bactériophage* –, Alfred Hershey et Martha Chase, apportent une seconde preuve, cette fois décisive, que l'ADN est un support, sinon le support, de l'information génétique. Leurs expériences méritent qu'on s'y attarde. Elles offrent de surcroît l'occasion de présenter un système biologique singulier, le plus simple de tous et de ce fait très utilisé comme modèle expérimental en génétique.

Comme tous les virus, le bactériophage est un être « semi-vivant », en ce sens que s'il est pourvu d'un programme génétique lui permettant de perpétuer son identité mais est dépourvu de la machinerie métabolique susceptible de l'exprimer. Il emprunte cette dernière à la cellule bactérienne dans laquelle il pénètre, la forçant à fabriquer du bactériophage au lieu de fabriquer du colibacille, sa vocation première. En raison de cette incapacité fondamentale, le bactériophage, comme tous les virus, est un parasite obligatoire. À l'état libre, le bactériophage de type 2 (bactériophage T2) se présente sous la forme d'une particule inerte de 0,2 µm de longueur (figure 15). C'est donc une toute petite chose et pourtant déjà un « gros » virus, d'une assez grande complexité. Il comprend deux unités morphologiques : une *capside* protéique (figure 15A) dont la tête renferme une molécule d'ADN ouverte mesurant 50 µm. La capside n'est qu'une enveloppe protéique de forme polyédrique ne comportant qu'un petit nombre de protéines différentes dont les exemplaires sont assemblés de façon quasi cristalline. Encore le virion de bactériophage T2 a-t-il une forme relativement complexe, avec son appendice tubulaire et les épines qui le terminent. Ces structures complémentaires servent à la pénétration du parasite dans son hôte. Pelotonné dans la capsule, l'ADN phagique peut en être extrait par un traitement approprié (figure 15B). Le virion ne peut être comparé à une cellule, sauf à l'interpréter comme une cellule infirme de son cytoplasme. En effet, la capside et ses annexes n'ont pour seules fonctions que de protéger l'ADN du virion et d'assurer sa pénétration dans la cellule-hôte, prélude à son entrée en activité.

Lorsqu'un bactériophage T2 pénètre dans un colibacille, il en détourne à son propre usage la machinerie métabolique de son hôte Au terme du processus se produit la lyse de la paroi bactérienne, qui libère les nouveaux virions (figure 16). Ce *cycle lytique du phage* dure environ une demi-heure à 30° C.

A

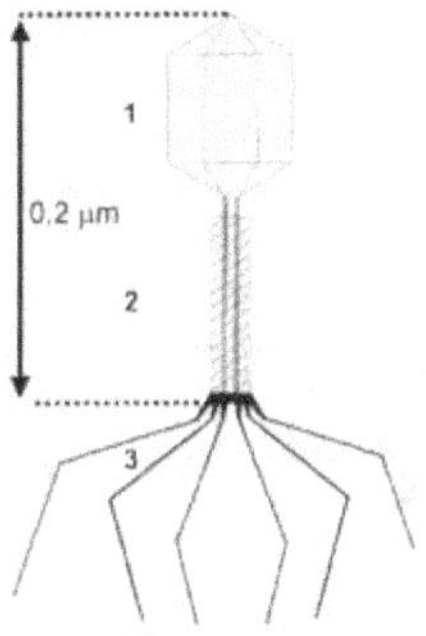

L'enveloppe protéique du virus comprend :

1 - une tête polyédrique, la capside proprement dite, contenant l'ADN ;
2 - une queue formée d'un conduit tubulaire entouré d'une gaine rétractile fonctionnant comme une seringue à injection;
3 - six pointes attachées à une plaque basale.

B

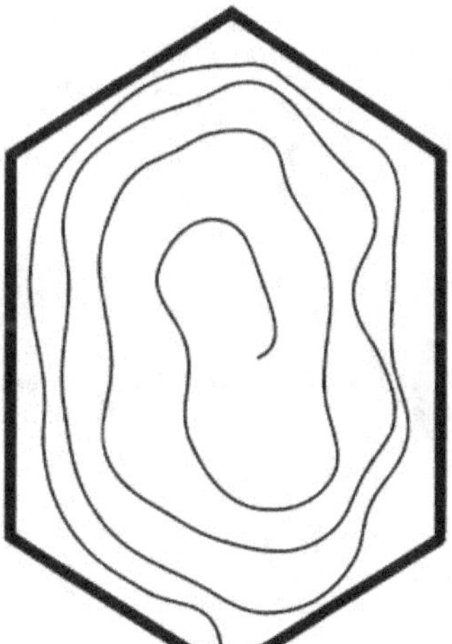

La capside est occupée, pour environ 25 % de son volume, par un unique chromosome ouvert, mesurant 500 µm de longueur et 2 nm de diamètre.

Conventionnellement :
le chromosome est représenté comme un peloton sans torsion, supposé ramené dans le plan de la figure, à la mode de l' Égypte ancienne...

FIGURE 15. LE VIRION DU BACTERIOPHAGE T2.

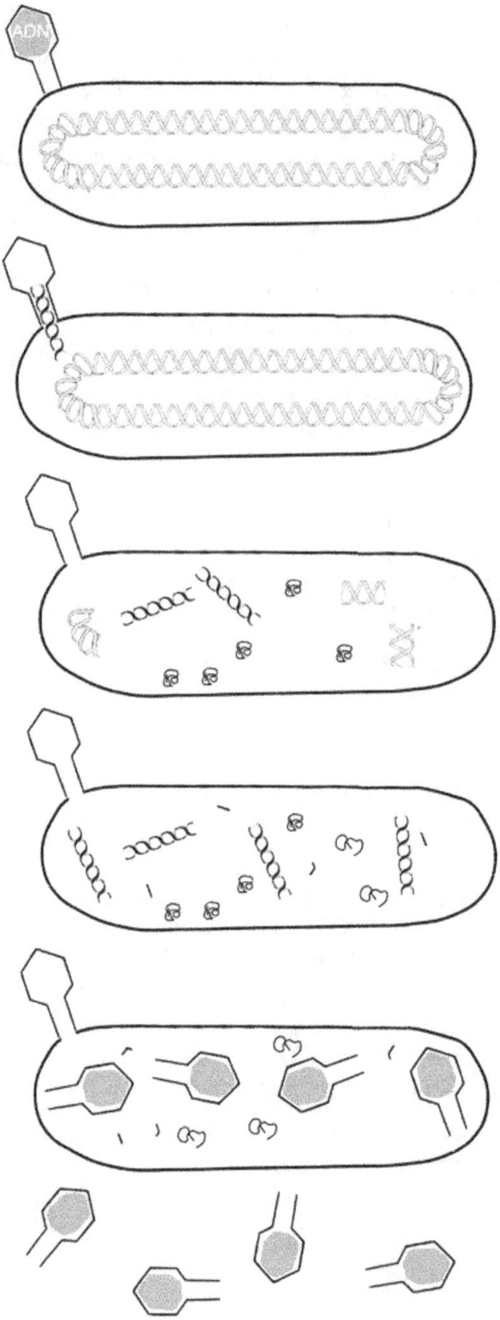

FIGURE 16. LE CYCLE LYTIQUE DU PHAGE T2

En marquant sélectivement les protéines ou l'ADN de phages T2, Hershey et Chase ont montré que seul l'ADN pénètre dans la bactérie et y instruit la multiplication du virus (figure 17). C'est donc l'ADN qui contient le programme génétique « bactériophage T2 ». De même, l'ADN du phage T4 instruit la fabrication du « bactériophage T4 ». Et il en est ainsi pour tout système porteur d'ADN, vivant ou semi-vivant.

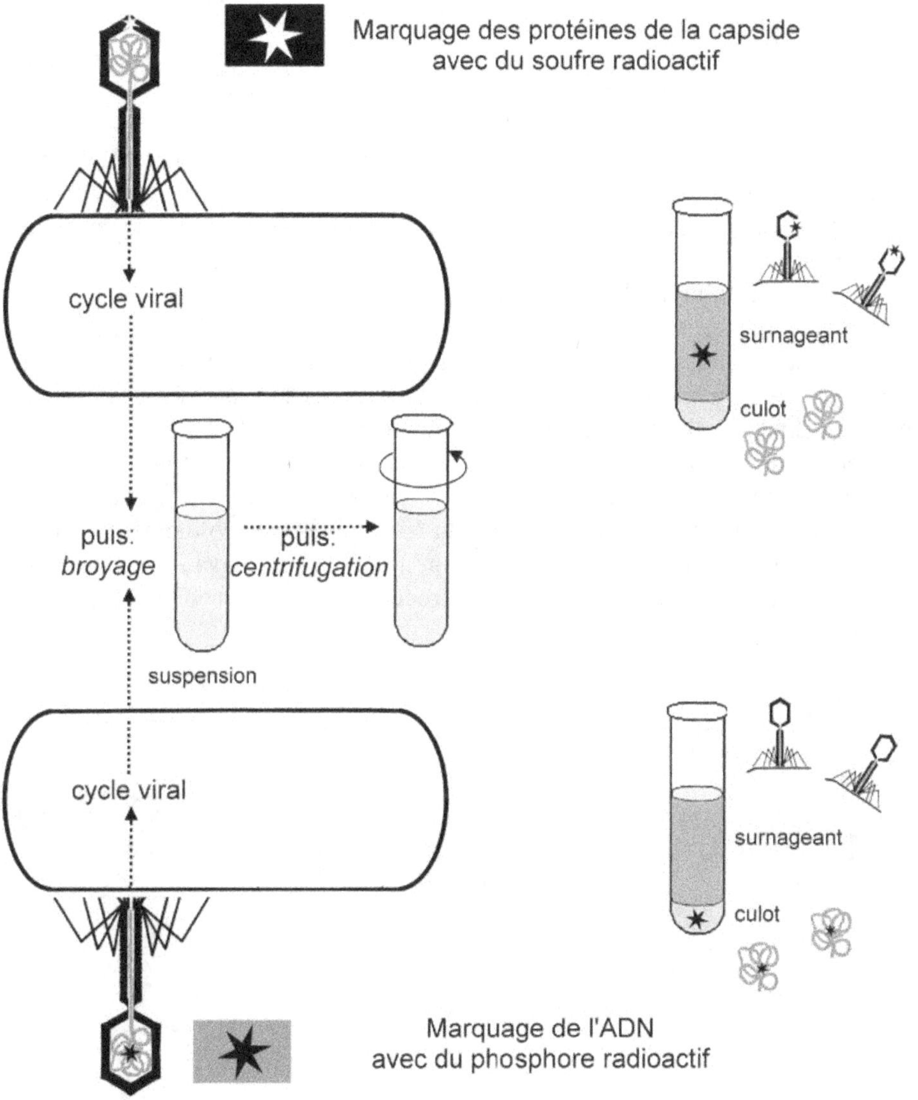

FIGURE 17. PROTOCOLE DES EXPERIENCES DE HERSHEY ET CHASE

*

Tous les êtres vivants, procaryotes et eucaryotes, recèlent leur programme génétique dans l'ADN. L'acide désoxyribonucléique est donc la source universelle de l'information génétique. Universelle ? Enfin presque. Il existe en effet des virus, par exemple le virus de la grippe ou le virus du sida, où l'ARN remplace l'ADN. De plus, que l'acide nucléique viral soit de l'ADN ou de l'ARN, il peut se présenter à l'état de double brin ou de simple brin. Comme chez les êtres vivants à part entière, le phage T2 et le phage T4 ont de l'ADN double-brin (type D2). D'autres virus ont de l'ADN simple-brin (D1), de l'ARN simple-brin (R1) ou enfin de l'ARN double-brin (R2). L'existence de ces différentes catégories de virus prouve qu'un seul brin d'ADN ou d'ARN suffit à spécifier l'identité de chaque virus et à la transmettre à l'identique au cours des réplications successives du « semi-vivant ». Chez les êtres vivants à part entière, la situation est plus simple puisque le support moléculaire du programme génétique est toujours l'ADN double-brin.

Nous voilà maintenant en situation de conclure que chaque être vivant (procaryote ou eucaryote) ou « semi-vivant » (virus) est doté d'une identité contenue sous forme codée dans la séquence des bases azotées d'une molécule géante, dont le dénominateur commun est un brin d'acide nucléique. Corrélativement, la machinerie métabolique de la cellule-hôte décrypte le message codé que porte l'ADN viral. Le *génie génétique* est une application remarquable du concept d'universalité du code génétique, en même temps qu'il en est une validation irréfutable. Est-il une preuve plus convaincante de l'unité du vivant que l'activité d'un gène procaryote introduit dans une cellule eucaryote ?

*

Comment a-t-on découvert le mode de reproduction de l'ADN ?

Parmi toutes les expériences réalisées, je retiendrai celle de John Henry Taylor sur la jacinthe romaine (1957), une plante de la famille des Liliacées (figure 18), en raison de sa qualité pédagogique. Elle démontre qu'à chaque réplication de la molécule d'ADN, chaque brin se forme au contact d'un brin préexistant. Cette phase préparatoire à la division s'effectue alors que les chromosomes semblent avoir disparu au sein de la chromatine nucléaire ; on ne peut donc la révéler au microscope que par des techniques sophistiquées.

Le processus de séparation des brins pose à la cellule un problème mécanique. Il implique que les deux brins se séparent au moment de la réplication, c'est-à-dire que les liaisons hydrogène qui les unissent se rompent. Cependant, l'ouverture d'un fil formé de deux brins torsadés entraîne une mise en rotation du fil. Il est facile de le vérifier sur une ficelle formée de deux brins torsadés en écartant ceux-ci à partir d'une extrémité. La cellule ne supportant pas le tournis, elle n'a comme ressource que d'ouvrir la molécule par petits fragments, en la coupant chaque fois en aval. Un processus d'une grand complexité impliquant de nombreuses enzymes affectées à la séparation des brins, à leur segmentation, au déroulement temporaire des segments isolés, à leur réplication, à leur recollage après réplication... Sans oublier les enzymes de réparation qui corrigent les inévitables erreurs de copie ! La cellule sait les « reconnaître » : elle défait chaque segment fautif, de taille variable, et lui substitue un segment correct. Les erreurs non corrigées, qui échappent au crible de la correction, conduisent aux *mutations géniques*.

Le mot « copie » n'est d'ailleurs pas exact. Il s'agit en fait d'une sorte de « contrecopie », chaque brin induisant son brin complémentaire, en quelque sorte un négatif. Le mécanisme en est simple... dans son principe. En face de chaque base azotée du contremodèle se met en place, par affinité chimique spécifique autorisant l'établissement de liaisons hydrogène, sa base complémentaire (figure 19). Une erreur de positionnement se produit chaque fois qu'une base illégitime s'apparie. Si une seule base est concernée, il en résulte une *mutation génique ponctuelle.*

Tel est le principe de réplication sur matrice, universellement appliqué par les eucaryotes, les procaryotes et les virus. Il a été validé par les procédés de réplication d'ADN *in vitro*, dont une application spectaculaire est la technique de PCR *(polymerase chain reaction)*. Elle consiste à multiplier d'infimes quantités d'ADN de façon à en obtenir une quantité suffisante pour être analysée. On lui doit notamment de pouvoir confondre un criminel qui aurait laissé « traîner son ADN » sur une scène de crime, où l'identification d'un père biologique.

En préambule : la division cellulaire des cellules eucaryotes
Elle s'effectue selon le processus universel de la *mitose,* qui comprend quatre phases.
Pendant la *prophase,* les chromosomes s'individualisent à partir de la chromatine.
Pendant la *métaphase,* les chromosomes se disposent selon un plan équatorial, c'est-à-dire transversal et médian. C'est alors qu'ils y sont étalés qu'on peut établir le caryotype (figure 5).
Pendant l'*anaphase,* chaque centromère se clive et les chromatides libérées se dirigent vers les deux pôles opposés de la cellule en division. Elles sont alors promues au rang de chromosomes fils.
Pendant la *télophase*, chacun des deux lots identiques de chromosomes fils semble disparaître dans la chromatine du noyau fils délimité par une nouvelle membrane.
L'intervalle de temps qui sépare deux mitoses successives est l'*interphase.*

Protocole expérimental et résultats
On marque l'ADN en utilisant un isotope radioactif de l'hydrogène (le tritium). Les racines de la plante sont mises en contact avec une solution nutritive contenant la base azotée « chaude » spécifique de l'ADN (la thymidine). Après quelques heures d'exposition, on réalise des coupes de l'apex de certaines racines, où les cellules sont en intense activité de division, et on les colore avec un colorant spécifique de l'ADN. Dans les cellules en division où les chromosomes apparaissent clivés en deux chromatides encore reliées par le centromère, toutes les chromatides sont radioactives *(première mitose).*
Pendant ce temps, on remplace le milieu « chaud » par un milieu « froid » où la base azotée marquée a été remplacée par une base azotée normale. Après qu'un temps correspondant à un cycle de division s'est écoulé, on soumet d'autres racines à la même opération que précédemment. Cette fois, une seule des deux chromatides attachées au même centromère est marquée *(deuxième mitose).*

Premier niveau d'interprétation : localisation de la radioactivité
La base azotée marquée étant spécifique de l'ADN, c'est évidemment cette substance qui porte la radioactivité.
Les schémas ci-contre montrent la double hélice d'ADN. Les expériences ne permettent pas de savoir si la radioactivité affecte les deux brins ou un seul.

Second niveau d'interprétation : le mécanisme de la réplication de l'ADN
Puisque la radioactivité n'affecte plus, lors de la deuxième mitose, qu'une chromatide de chaque chromosome, la seconde chromatide s'est formée, pendant l'interphase, à partir d'une molécule d'ADN nourrie par la base azotée « froide ». Cela a lieu alors que les chromosomes ne sont plus détectables au sein de la chromatine.
L'ensemble des résultats s'explique si l'on pose comme hypothèse que chaque nouveau brin se forme au contact d'un brin préexistant. Lors de la première mitose, les deux chromatides de chaque chromosome sont radioactives car chaque molécule d'ADN comporte un brin radioactif qui s'est formé au contact d'un brin qui ne l'était pas, la base azotée « chaude » n'ayant été fournie aux cellules qu'en prélude à cette première mitose. Mais c'est la seconde mitose qui valide l'hypothèse. En effet, chaque molécule d'ADN issue de la première mitose contient un brin « froid » préformé (1) et un brin « chaud » néoformé (2). Lors de la préparation de la seconde mitose, qui s'effectue en l'absence de base azotée marquée, un nouveau brin « froid » (1') se forme au contact du brin « froid » (1), et un autre brin « froid » (2') se forme au contact du brin « chaud » (2). Seule la chromatide contenant la molécule 2-2' est radioactive.

La réplication de l'ADN s'effectue sur le mode *semi-conservatif.* La figure 19 en explique schématiquement le mécanisme.

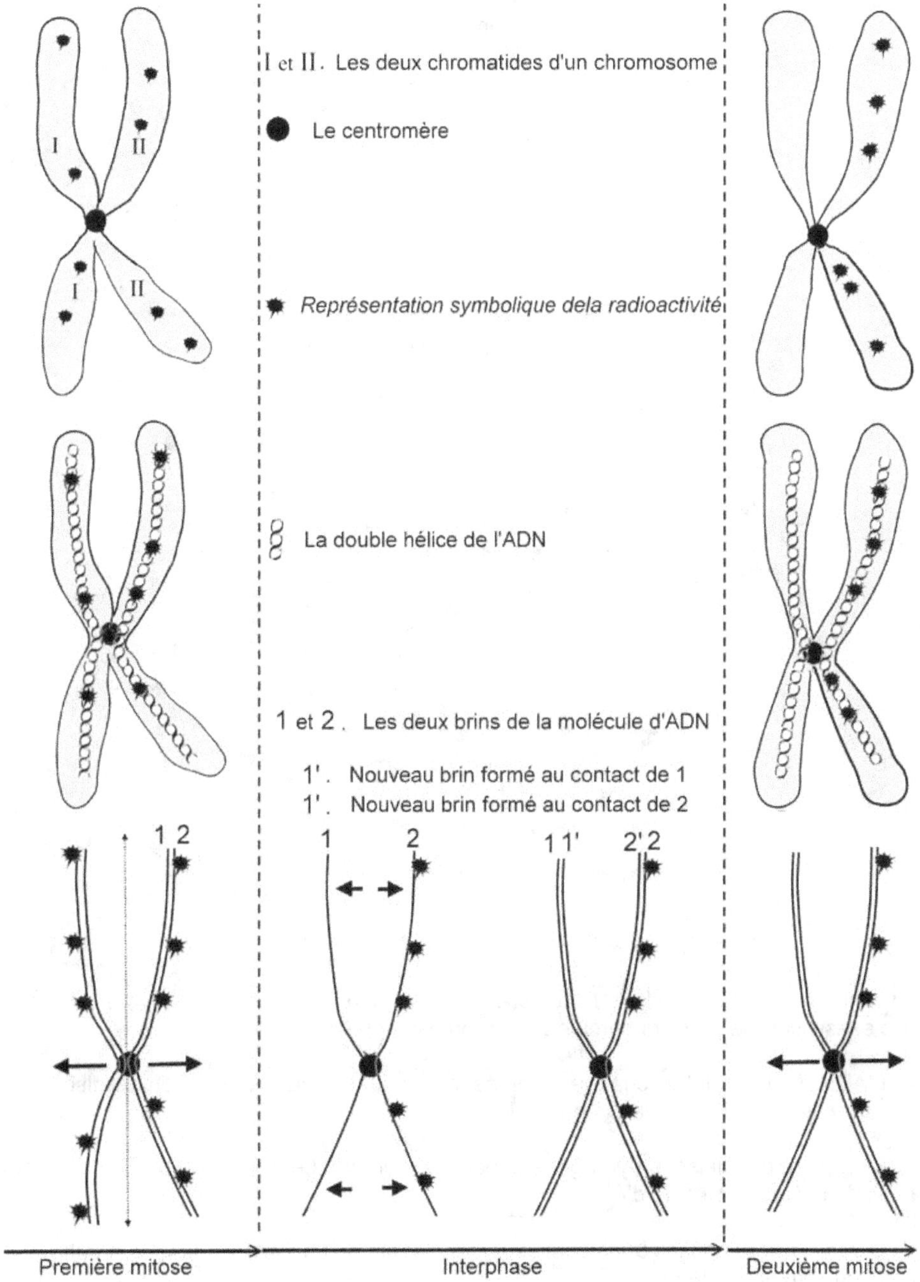

FIGURE 18. EXPERIENCES DE TAYLOR SUR *BELLEVALIA ROMANA*

Les chromosomes, représentés en train de se cliver, sont donc en tout début d'anaphase.

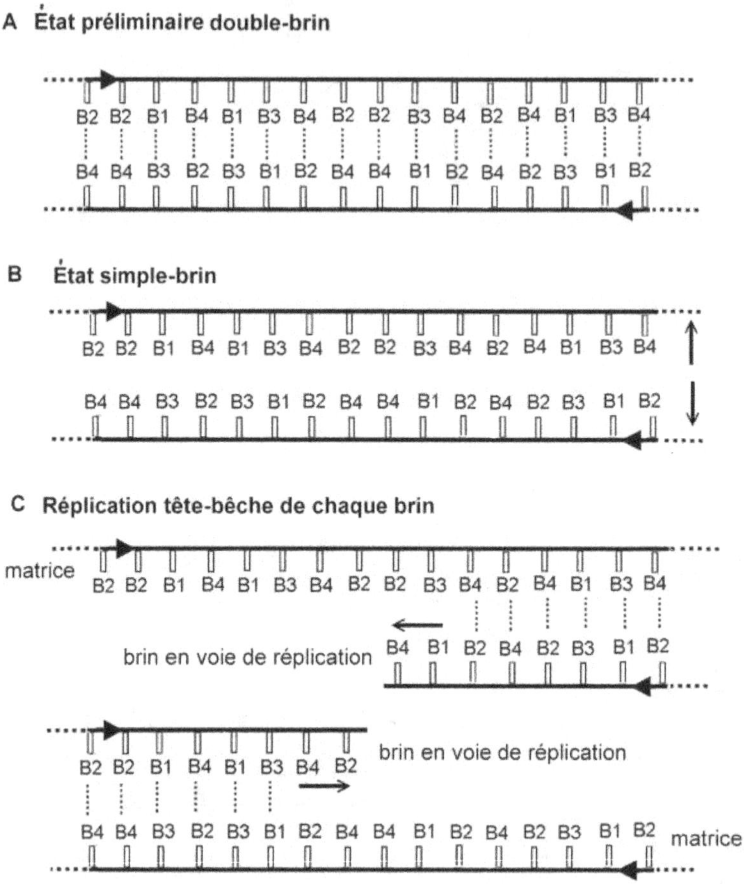

FIGURE 19. STADES SUCCESSIFS DE LA REPLICATION DE L'ADN

La réplication s'effectue dans l'intervalle séparant deux divisions. Chez les eucaryotes, elle est synchrone pour l'ensemble des chromosomes.

A. L'ADN double-brin de chaque chromosome, disparaît visuellement en se dispersant dans la chromatine du noyau interphasique.

B. La rupture des liaisons hydrogène sépare localement, de proche en proche, les deux brins de chaque molécule d'ADN.

C. Sur un segment où les brins sont séparés, chacun sert de matrice pour le montage de son brin complémentaire.
Le processus se solde par deux copies conformes de la molécule d'ADN initiale.

*

Ce qui est vrai pour Escherichia coli est vrai pour l'éléphant

Le célèbre aphorisme de Jacques Monod lui-même est trop modeste, puisqu'il vaut peut-être aussi pour les virus.

Les images fournies par la microscopie électronique ne laissent aucun doute sur la continuité physique de l'ADN de chaque chromosome de cellule eucaryote, de l'ADN bactérien, de l'ADN (ou de l'ARN) viral. Or, on savait, dès la fin du XIXe siècle, que le support de l'information génétique est fonctionnellement discontinu.

Le grand précurseur en fut Gregor Mendel, moine de son état, qui cultivait et croisait différentes variétés de pois dans le jardin de son monastère. Il montra que leurs caractères (couleur ou forme des graines, couleur des fleurs et autres) sont déterminés par unités du patrimoine génétique que l'on appellera plus tard les *gènes*, transmis à l'état pur, sans se mélanger ni se confondre, des parents à leurs descendants. Quasi ignorés de la communauté scientifique pendant plus de trois décennies, les travaux de Mendel furent exhumés à l'aube du XXe siècle.

Dans le « labo de la mouche », Thomas Hunt Morgan et son collaborateur Alfred Sturtevant montrèrent que la nature particulaire du matériel génétique, découverte chez le pois, se vérifiait aussi dans le règne animal. Mais surtout ils élaborèrent, sur la base de l'analyse statistique de leurs résultats, une théorie chromosomique de l'hérédité, dont on sait maintenant qu'elle a une portée générale. Ils disposaient d'une gamme étendue de *mutants* différant de la *souche sauvage* par la couleur des yeux, la couleur du corps, la forme des ailes etc. En croisant deux à deux les souches mutées, Morgan obtenait, au sein de la descendance, des mouches présentant une *recombinaison* de leurs caractères, par exemple des mouches à ailes tronquées et antennes courtes. Par une application systématique de ce procédé, Morgan put établir que les gènes responsables de la transmission des caractères mutés sont distribués en *groupes de liaison* dont le nombre correspond à celui des chromosomes, qu'il y a autant de groupes de liaison différents que de types de chromosomes, enfin que l'on peut faire correspondre chaque *groupe de liaison* à un chromosome particulier (figure 20). Sur un groupe de liaison, chaque gène occupe en emplacement déterminé, appelé *locus.* Le généticien ne peut identifier et localiser un gène déterminé que s'il en connaît des variantes, exprimées par des caractères différents, en l'occurrence la collection des mutants. Un chromosome contient donc beaucoup plus de gènes que son groupe de liaison comporte de gènes mutés (ou, chez l'homme, de gènes engendrant des maladies génétiques).

D'une façon générale, une recombinaison de caractères s'analyse en termes de recombinaison de gènes.

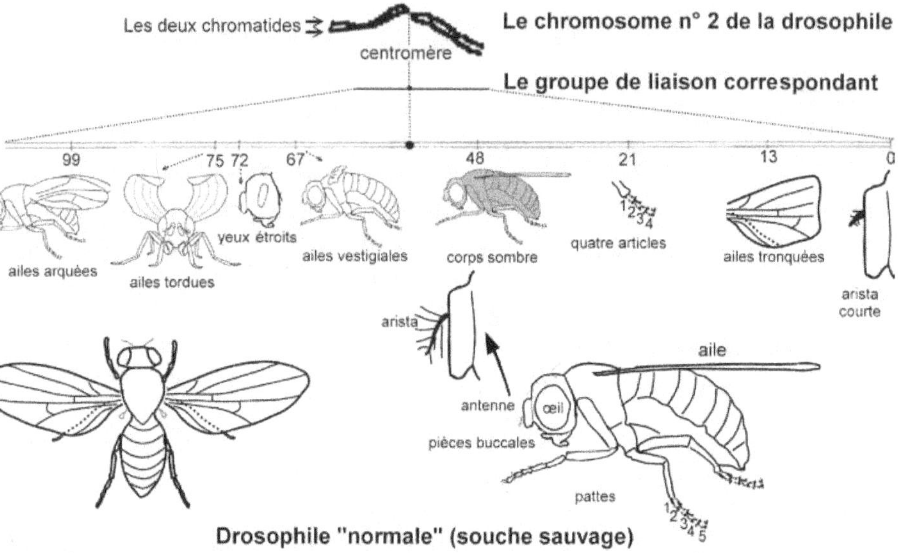

FIGURE 20. CARTE FACTORIELLE DU CHROMOSOME 2 DE LA DROSOPHILE

Un groupe de liaison est d'autant plus fourni que le nombre de mutants impliquant les gènes situés sur le chromosome concerné sont plus nombreux.
En établissant, pour chaque croisement, la fréquence des recombinaisons entre les gènes mutés, les généticiens obtiennent une « mesure génétique » de la « distance » qui sépare ces deux gènes, exprimée en unités de recombinaison. De proche en proche, on construit une *carte factorielle*. Le schéma ci-dessus représente quelques gènes de la carte factorielle portée par le chromosome 2 de la drosophile, les distances étant exprimées en unités de recombinaison. La position du centromère est plus difficile à établir.

Dans le courant du XXe siècle, les généticiens ont choisi des modèles expérimentaux de plus en plus simples, à croissance rapide et encombrement faible, aux caractères de mieux en mieux chimiquement ciblés, débarrassés du « bruit de fond » inhérent aux organismes complexes. Ce furent les champignons, les bactéries et les virus. L'analyse de populations beaucoup plus vastes offrit un « pouvoir de résolution » beaucoup plus fin ; on put établir des groupes de liaison plus fournis et analyser la structure intime du gène. Le génome des modèles expérimentaux les plus simples, comme celui du phage T2 ou du colibacille, ont été élucidés. L'homme ne pouvant être un modèle expérimental, ses gènes furent plus difficiles d'accès. Néanmoins la carte de son génome est maintenant établie, et les 23 paires de chromosomes ont été dotées de leurs groupes de liaison respectifs.

*

Comment a-t-on découvert le mode d'expression de l'ADN ?

Les travaux de George Wells Beadle et Edward Tatum occupent une position charnière dans l'histoire de la biologie moléculaire en ceci qu'ils conjuguèrent la génétique formelle (qui étudie la transmission des gènes) et la génétique physiologique (qui étudie leur action sur les caractères) dans une série d'expériences remarquables conduites en 1941 sur *Neurospora*, un champignon qui forme des moisissures sur les matières organiques.

Beadle et Tatum ont étudié la chaîne de biosynthèse d'un acide aminé – l'*arginine* – qui comporte trois réactions, catalysées par trois enzymes différentes. Deux substances intermédiaires (I) s'intercalent entre la substance-précurseur et le produit final.

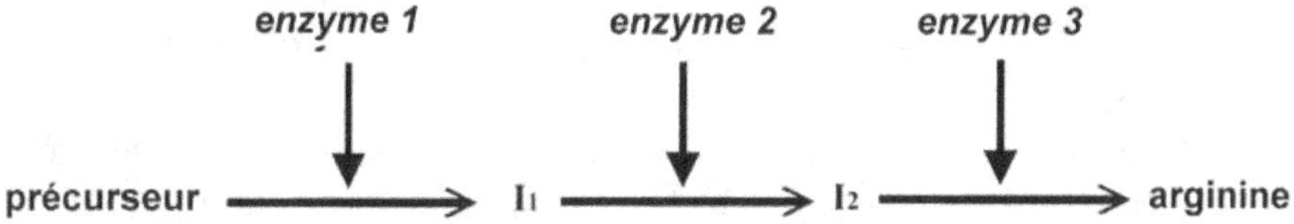

Après avoir identifié une collection de mutants devenus incapables de synthétiser l'arginine à partir du précurseur (ils ne se développent plus que si on leur fournit de l'arginine), Beadle et Tatum ont étudié la nature de leur déficience, et reconnu qu'il en existe trois sortes, selon la réaction qu'ils ne savent plus exécuter.

Bien que tous ces mutants présentent la même incapacité à fabriquer l'arginine, il est possible d'en distinguer trois types. Les mutants de type 1 sont capables de synthétiser l'arginine si on leur fournit la substance I1 ou la substance I2 ; en inactivant l'*enzyme 1*, leur mutation supprime la première réaction. Les mutants de type 2 ne sont capables de synthétiser l'arginine que si on leur fournit la substance I2 ; en inactivant l'*enzyme 2*, leur mutation supprime la deuxième réaction. Enfin chez les mutants de type 3, qui ont un besoin impératif d'arginine, la mutation inactive la troisième réaction en inactivant l'*enzyme 3*.

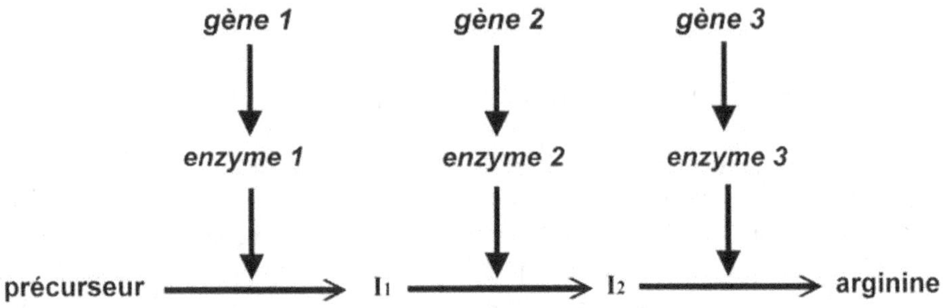

Beadle et Tatum ont ensuite procédé à des croisements entre les différentes souches mutantes et entre chacune d'elles et la souche dite *sauvage*, apte à effectuer la synthèse de l'arginine. La technique est trop complexe pour qu'on puisse l'analyser ici, mais Beadle et Tatum ont découvert trois gènes responsables chacun de l'intégrité fonctionnelle d'une seule des trois enzymes.

Le slogan « Un gène - une enzyme » qui peut légitimement conclure les travaux de Beadle et Tatum est néanmoins trop lapidaire. D'abord, toutes les protéines fonctionnelles ne sont pas des enzymes. Les protéines de transport, les protéines-signaux, les anticorps et d'autres sont aussi spécifiés par des gènes. De plus, certains gènes doivent se mettre à plusieurs pour instruire la synthèse d'une même protéine. À l'inverse, un seul gène suffit parfois pour plusieurs protéines.

L'insécabilité du gène, pendant biologique de l'insécabilité de l'atome en physique, a aussi été invalidée. Dans la seconde moitié du XXe siècle, le gène révéla sa structure interne.

Il est apparu enfin que le nombre de gènes (environ vingt mille chez l'homme) est très en deçà du contenu informatif potentiel d'une quantité donnée d'ADN, et que *l'ADN codant est perdu dans un océan d'ADN non codant*, dont la signification biologique n'a pas encore été complètement élucidée.

*

Depuis les travaux de Jacob et Monod, l'expression des gènes a surgi brusquement dans l'enseignement des sciences naturelles du second cycle des lycées. Sa complexité est telle qu'il est impossible d'en détailler ici le processus. Seul l'aspect sémantique sera abordé (figure 21). Les mots *transcription* et *traduction*, utilisés pour en qualifier les deux phases, soulignent ses affinités avec l'expression d'un langage.

La phase de transcription consiste en la synthèse d'une molécule d'ARNm par le système de la matrice, déjà évoqué à propos de la réplication de l'ADN. Mais un seul brin – le *brin codant* – sert de matrice pour l'alignement correct des nucléotides du brin d'ARNm. Le brin complémentaire de la molécule d'ADN, dont on a pu montrer qu'il est dépourvu de signification génétique propre, reste inactif. Chez les eucaryotes, la molécule d'ARNm traverse la membrane nucléaire pour être traduite dans le cytoplasme. Chez les bactéries, au contraire, la traduction commence avant que la transcription soit achevée.

Le mot « traduction » est moins heureux dans la mesure où il désigne, non pas un changement de langage, mais l'accomplissement de l'information génétique. La protéine, qui en est le terme, a valeur de signifié, non de signifiant. On conçoit que le mécanisme de la synthèse protéique soit encore plus complexe, s'il se peut, que celui de la synthèse du messager. La synthèse de la chaîne protéique implique les ribosomes, unités de montage alors alignées sur la molécule d'ARN messager. Les exemplaires des vingt « briques de la vie » y sont apportés par les petits ARNt, qui lisent « mot à mot » (ou « lettre à lettre » ?) les messages élémentaires de l'ARNm, à savoir ses triplets de bases successifs. Chaque ARNt porte un triplet de nucléotides complémentaire d'un triplet précis de l'ARNm et fournit l'acide aminé adéquat. Comme chaque triplet d'ARNt est complémentaire d'un triplet de l'ARNm, lui-même complémentaire d'un triplet du brin codant d'ADN, il en résulte que le triplet de cet ARNt particulier est identique à ce triplet particulier d'ADN. C'est un *codon*, porteur du message génétique élémentaire.

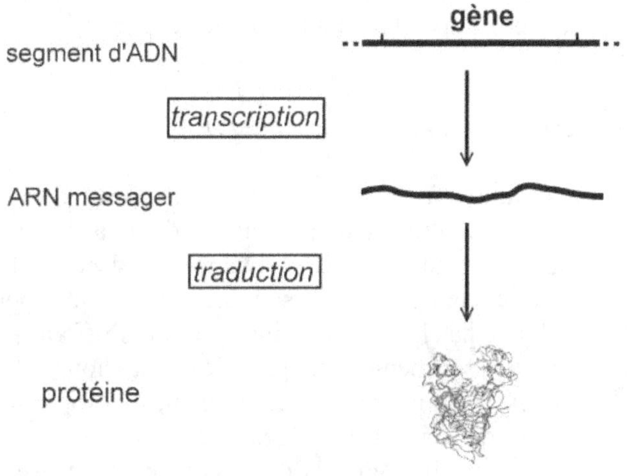

FIGURE 21. LES DEUX GRANDES ETAPES DE LA BIOSYNTHESE D'UNE PROTEINE

2.3. Des classifications fixistes à l'arbre de la vie : l'unité d'origine du vivant

Le sentiment que les plantes et les animaux appartiennent à une même communauté n'est nullement intuitif. Il suffit pour s'en convaincre de lire les premières pages de la Bible, où la chronologie de la Création autorise le soupçon que Dieu ignorait la structure de son Grand Œuvre, au moins pour ce qui concerne les rapports entre le vivant et le minéral. « *Qu'il y ait des luminaires au firmament du ciel pour séparer le jour et la nuit* » (quatrième jour) s'interpose en effet entre « *Que la terre verdisse de verdure* » (troisième jour) et « *Que les eaux grouillent d'un grouillement d'êtres vivants* » (cinquième jour).

Dans l'espace de la pensée occidentale, le premier grand naturaliste dont le témoignage nous soit parvenu est Aristote. Il proclame, dans son dixième livre de *L'Histoire des animaux*, l'unité et la continuité du vivant, qu'il inscrit aussi dans le prolongement du monde minéral (onzième livre). Il constate que les plantes comme les animaux se reproduisent (paragraphe 7 du dixième livre). Il situe les éponges et les anémones de mer (les « animaux-fleurs ») à la charnière entre les deux règnes, sur des critères de sensibilité et de motilité, propres à la vie animale. Ne sachant rien de la biochimie en général et de la photosynthèse en particulier, Aristote ne pouvait accéder au génie métabolique propre aux plantes. S'il s'est beaucoup trompé et a beaucoup ignoré, c'est qu'il n'avait que ses yeux pour voir.

2.3.1. Comprendre, c'est d'abord comparer et classer

Il apparaissait impossible, à la Renaissance, de progresser dans la connaissance sans mettre un peu d'ordre dans l'univers du vivant, qui ne cessait de s'enrichir d'êtres nouveaux ramenés des voyages ou découverts sous le microscope. Dans les premiers temps d'une discipline, on « regarde pour voir », comme Leeuwenhoek, ébloui par le continent inconnu qui s'offrait à lui sur sa table de travail, et on expérimente au gré des occasions. Mais déjà Leeuwenhoek commençait à comparer, et Redi avait choisi son matériel expérimental avec une idée derrière la tête. Très vite s'imposa la nécessité de dresser un inventaire des objets biologiques de la connaissance. Reprenant le flambeau d'Aristote, sur des bases de plus en plus solides, de grands naturalistes entreprirent l'immense projet de classer. En France, le haut-lieu en fut l'ensemble du Jardin et du Cabinet du roi, devenu en 1793, par décision de la Convention, le Muséum national d'histoire naturelle. Les noms des rues (rue Cuvier, rue Buffon, rue Geoffroy-Saint-Hilaire) qui environnent le Muséum gardent le témoignage de ces savants qui ont jeté les bases de la biologie moderne. Une autre immense figure de cette époque, Linné, le fondateur de la classification qui porte son nom, était suédois. Tous avaient une puissance de travail, une faculté d'observation, une dextérité manuelle exceptionnelles que nous révèlent les dessins morphologiques et anatomiques, minutieux, précis et soigneusement annotés, qui remplissent les innombrables pages des traités de cette époque privilégiée de l'observation naturaliste.

Décrire conduit à comparer, c'est-à-dire distinguer et rapprocher, une démarche qui se concrétise et s'ordonne dans l'élaboration progressive d'un « livre du vivant ». Ainsi prend corps la taxonomie. Les ensembles plus ou moins vastes d'êtres vivants regroupés par affinités sont des *taxons*. Mais si la description des objets laisse peu de place à la subjectivité (sauf erreur d'observation), leur comparaison est un processus mental qui repose sur un choix préalable ; ce n'est pas la même chose de comparer les doigts d'une main et de comparer le pouce dans la série des Vertèbres terrestres. Et les conclusions qu'on en tire sur le plan de la taxonomie peuvent différer. La taxonomie était au début fondée sur les apparences sensibles telles que la forme du corps ou la possession de tel ou tel organe. Jacob Theodor Klein (1685-1759) mettait ensemble les vers, les limaces et les serpents, sur le constat que tous ces animaux ont une forme allongée, sont apodes et qu'ils rampent. Sur ce thème de la locomotion, un attribut majeur du règne animal, il est tentant de regrouper en un même ensemble taxonomique les animaux qui marchent, et dans un autre les animaux qui volent. Mais il n'est pas besoin d'être un spécialiste pour se rendre compte que ce principe de classification est artificiel. Ainsi les insectes d'une part, les oiseaux et les chauves-souris d'autre part, ne sont à l'évidence pas ailés de la même manière. Les insectes sont ailés à la façon des anges, leurs ailes étant surajoutées aux pattes, alors que les ailes des oiseaux et des chauves-souris équivalent à nos membres antérieurs, et sont donc prélevées sur l'équipement appendiculaire tétrapode des vertébrés marcheurs. Les caractères de pure commodité sont parfois encore utilisés lorsqu'on pense qu'ils peuvent aider le néophyte. Il existe par exemple des flores fondées sur la couleur des fleurs, parce que les botanistes débutants s'essaient le plus souvent à déterminer les plantes lorsqu'elles sont fleuries. Mais deux plantes voisines peuvent avoir des fleurs différemment colorées, ce qui oblige à des descriptions redondantes. Le choix directeur du caractère « couleur des fleurs » est lui aussi artificiel, au moins partiellement.

Les taxonomies modernes se fondent au contraire sur le postulat d'un ordre intrinsèque marqué par des ensembles hiérarchisés de caractères naturels, sur lesquels repose la classification naturelle des êtres vivants. Séparer les caractères naturels des caractères artificiels, le bon grain de l'ivraie, n'est pas chose facile ; les progrès de la systématique sont subordonnés à la progression des connaissances. Ils se poursuivent grâce aux outils de la génétique.

La part du subjectif s'accroît encore avec l'interprétation philosophique que les naturalistes ne manquaient pas de faire de leurs recherches, comme en témoignent les titres de certains de leurs ouvrages: la *Philosophie anatomique* de Geoffroy Saint-Hilaire, la *Philosophie zoologique* de Lamarck, le *Système de la nature* de Linné. Ceux qui pensaient reconnaître un ordre naturel dans la diversité du vivant l'interprétèrent de deux façons différentes. Pour les uns, comme Linné et Cuvier, l'ordre naturel avait été fixé lors de la Création, ils y voyaient la main de Dieu ; pour les autres c'était le résultat de l'évolution : ainsi naquit la controverse du *fixisme* et du *transformisme*, de la transcendance et de l'immanence appliquées à la biologie.

Il y eut Linné, fondateur de la classification binominale

Au XIXe siècle, Louis XIV envoya deux naturalistes, Joseph Pitton de Tournefort (1656-1708) et Charles Plumier (1646-1706), explorer la flore des contrées lointaines, le premier au Levant, le second aux Caraïbes et en Amérique du Sud. Tournefort s'était fait connaître du roi grâce au riche herbier qu'il avait constitué en France. Quant à Charles Plumier, il fut missionné par l'intermédiaire d'amis naturalistes provençaux, dont l'un, Guy-Crescent Fagon, était directeur du Jardin botanique du roi. Tournefort était aussi en étroite relation avec Charles Plumier, qui lui dédia d'ailleurs le genre *Pittonia.* Ces deux pionniers firent progresser considérablement la connaissance des plantes. De plus, Charles Plumier fut un précurseur de la nomenclature moderne des êtres vivants. Il désigne les plantes par leur nom vulgaire qu'il transcrit ensuite en latin en utilisant un nom de genre (avec majuscule) et un nom d'espèce (avec minuscule). Par exemple, dans la *Description des plantes de l'Amérique*, page 89, il donne au *liseron à fleurs écarlates et à feuilles anguleuses* le nom latin de *Convolvulus coccineus, folio anguloso.*

Le botaniste Carl Linné (1707-1778) s'inspira de ce mode de désignation en l'épurant des qualificatifs situés après la virgule et établit les principes d'une *classification binominale*, ou *nomenclature binaire*, toujours en usage. Ses travaux ont abouti à deux ouvrages fondamentaux : *Systema Naturæ* (dont la première édition date de 1735) et *Fondamenta botanica* (1736), où il dresse un inventaire structuré de la faune et de la flore. Chaque animal ou chaque végétal reçoit donc un *nom de genre* ayant pleine valeur de substantif et écrit avec une majuscule, et un *nom d'espèce* à valeur souvent adjectivale et écrit avec une minuscule. Ces deux noms, en latin, sont accompagnés de noms vulgaires propres à chaque langue vernaculaire. Le chien domestique s'appelle, pour les systématiciens du monde entier, *Canis familiaris,* le loup *Canis lupus,* le renard *Canis vulpes* : trois espèces différentes appartenant à un même genre. Linné reprend ainsi le principe aristotélicien de classification par le « genre prochain » et la « différence spécifique ». L'opération mentale consistant à ranger plusieurs espèces dans un même genre et à généraliser le procédé à l'ensemble des êtres vivants équivaut à établir une hiérarchie de caractères naturels entre le genre, le

taxon le plus étendu, et l'espèce. Il est remarquable que, sur ce point, l'essentiel de l'œuvre de Linné reste valide. Linné fut parfois moins inspiré dans le choix des critères de classification pour les ensembles hiérarchiques plus élevés que le genre des taxons (*famille* puis *ordre* puis *classe*). Ainsi, il fonda la classification des plantes à fleurs sur le nombre d'étamines. Or, deux plantes relativement proches comme le rosier et le cerisier (elles appartiennent à la même famille des Rosacées) sont très différentes à cet égard : la fleur de rosier a de nombreuses étamines, tandis que celle du cerisier n'en a que cinq. Pourtant, Linné n'hésitait pas à revoir sa copie s'il découvrait un caractère « plus naturel ». C'est ainsi que les cétacés quittèrent la classe des Poissons pour enrichir celle des Quadrupèdes, qui allait devenir la classe des Mammifères. Linné avait compris que le système de reproduction primait le système de locomotion.
Fixiste, Linné se mit à douter un peu. Il fut contraint d'admettre que certaines des variations morphologiques qu'il observait à l'intérieur des espèces avaient un lien avec la parenté. Un jour il « sécha » devant une linaire qu'on lui proposait d'identifier. Que Linné pût ignorer une plante de la Création étant proprement impensable, cette plante ne pouvait donc être qu'un représentant d'une espèce récemment apparue, qu'il nomma *Linaria peloria*. Il crut à une hybridation, c'était une mutation. Peu importe. Sa réflexion le conduisit à atténuer sensiblement la rigidité de ses conceptions fixistes, au moins à l'échelle de l'espèce et du genre, et il admit qu'il pouvait apparaître de nouvelles espèces et que d'autres pouvaient s'éteindre. Mais il campa sur ses positions quant à l'origine des groupes taxonomiques d'ordre supérieur : la famille (des Canidés, par exemple), l'ordre (des Carnivores), la classe (des Mammifères).

La classification des plantes à fleurs progressa grâce à la dynastie des Jussieu, attachée au Jardin du roi pendant presque un siècle et demi. C'est à Bernard (1699-1777) et à son neveu Antoine-Laurent (1748-1836) que revint le mérite de rationaliser la recherche des affinités dans le règne végétal, en appliquant ce qu'ils appelaient le « principe de subordination des caractères », c'est-à-dire en détectant et en hiérarchisant ce qu'ils estimaient être les « bons caractères ». Antoine-Laurent publia en 1779 un mémoire qui fit date: *Examen de la famille des Renoncules*. Un œil non averti, les botanistes le savent bien, ne reconnaît pas facilement que la clématite, la renoncule, l'anémone, l'ancolie, le pied-d'alouette, appartiennent toutes à la famille des Renonculacées, tant les fleurs de ces plantes sont différentes. Antoine-Laurent de Jussieu eut le mérite de débusquer, derrière cette diversité, les caractères fondateurs de cette famille.

*

Il y eut Buffon, l'encyclopédiste des animaux à vertèbres

J'ai toujours nommé le Créateur, mais il n'y a qu'à ôter ce mot et mettre à la place la puissance de la nature.

Buffon, *Voyage à Montbard,* 1749.

Figure emblématique du Muséum national d'histoire naturelle – dont il fut nommé intendant à vingt-six ans – Georges Louis Leclerc, comte de Buffon (1707-1788), avait la fibre encyclopédique ; comme d'Alembert, Diderot et leurs collaborateurs, Buffon se proposait de mettre à la disposition de « l'honnête homme » la totalité des connaissances de l'époque, sur le thème, pour ce qui le concernait, des sciences de la vie et de la Terre, et de ses prolongements philosophiques. Géologue, minéralogiste, climatologue, géographe, démographe mais avant tout zoologiste, il écrivit une œuvre monumentale dont la pièce maîtresse est une *Histoire naturelle, générale et particulière* en 36 volumes, publiée entre 1749 et 1789. Les mammifères et les oiseaux y ont la plus belle part (par exemple neuf volumes pour les seuls oiseaux). S'y ajoutent une *Histoire naturelle des poissons* (quatre volumes) et une *Histoire naturelle des quadrupèdes ovipares et des serpens (sic)* (entendons les amphibiens et les reptiles) en un volume. Buffon observait et compilait beaucoup. Mais pour bâtir ce monument de la connaissance, sa seule puissance de travail n'aurait pas suffi. Il eut des collaborateurs efficaces, principalement Louis Daubenton, véritable *alter ego*, doué d'une remarquable dextérité qui le qualifiait pour les dissections et les études anatomiques en général. Daubenton apporta une importante contribution à la rédaction de l'*Histoire naturelle.* Outre les considérations générales sur la Nature, sur l'Homme et sur Dieu, l'*Histoire naturelle* de Buffon se présente comme une longue suite de monographies d'animaux, assorties de planches de dessins.

L'extrait ci-dessous (tome XIX, p. 305 à 312), relatif à l'ortolan, permettra d'apprécier la saveur de l'écriture, l'étendue de l'expérience personnelle et de la culture livresque. Après une longue fiche signalétique de l'oiseau, Buffon entreprend une présentation gourmande de l'animal.

Il est très probable que notre Ortolan n'est autre chose que la miliaire de Varron, ainsi appelé parce qu'il engraissoit cet oiseau avec du millet ; il est tout aussi probable que le cenchramos d'Aristote & de Pline est encore le même oiseau. […] *il est* (l'Ortolan) *oiseau de passage ; j'en ai pour témoins la foule des Naturalistes et des chasseurs : il chante pendant la nuit, comme l'assurent Kramer, Frisch, Salerne ; enfin lorsqu'il est gras, c'est un morceau très-fin & très-recherché. A la vérité, ces oiseaux ne sont pas toujours gras lorsqu'on les prend ; mais il y a une méthode assez sûre pour les engraisser. On les met dans une chambre parfaitement obscure, c'est-à-dire, dans laquelle le jour extérieur ne puisse pénétrer ; on l'éclaire avec des lanternes entretenues sans interruption, afin que les ortolans ne puissent point distinguer le jour de la nuit ; on les laisse courir dans cette chambre, où l'on a soin de répandre une quantité suffisante d'avoine & de millet ; avec ce régime, ils engraissent extraordinairement & finiroient par mourir de gras-fondure, si l'on ne prévenoit cet accident en les tuant à propos. Lorsque le moment a été bien choisi, ce sont de petits pelotons de graisse, & d'une graisse délicate, apétissante, exquise ; mais elle pèche par son abondance même, & l'on ne peut en manger beaucoup : la Nature toujours sage semble avoir mis le dégoût à côté de l'excès, afin de nous sauver de notre intempérance.*

Suit un passage sur la façon de les cuire, un autre sur leur chant, pour lequel, en Italie, on les élève aussi bien que pour leur chair.

Ces oiseaux arrivent ordinairement avec les hirondelles ou peu après, & ils accompagnent les cailles ou les précèdent de fort peu de temps. Ils viennent de la basse Provence, & remontent jusqu'en Bourgogne, sur-tout dans les cantons les plus chauds où il y a des vignes : ils ne touchent cependant pas aux raisins, mais ils mangent les insectes qui courent sur les pampres & sur les tiges de la vigne. En arrivant, ils sont un peu maigres parce qu'ils sont en amour. Ils font leurs nids sur les seps & les construisent assez négligemment, à peu-près comme ceux des alouettes : la femelle y dépose quatre ou cinq œufs grisâtres, & fait ordinairement deux pontes par an. Dans d'autres pays, tel la Lorraine, ils font leurs nids à terre, & par préférence dans les blés.

La jeune famille commence à prendre le chemin des provinces méridionales dès les premiers jours du mois d'août ; les vieux ne partent qu'en septembre & même sur la fin. Ils passent dans le Forez, s'arrêtent aux environs de Saint-Chaumont & de Saint-Etienne ; ils se jettent dans les avoines qu'ils aiment beaucoup ; ils y demeurent jusqu'aux premiers froids, s'y engraissent & deviennent pesans au point qu'on les pourroient tuer à coups de bâton : dès que le froid se fait sentir, ils continuent leur route pour la Provence ; c'est alors qu'ils sont bons à manger, sur-tout les jeunes ; mais il est plus difficile de les conserver que ceux que l'on prend au premier passage. Dans le Béarn il y a également deux passes d'ortolan & par conséquent deux chasses, l'une au mois de mai, & l'autre au mois d'octobre.

Buffon présente ensuite l'aire d'extension géographique de l'espèce, où il cite « *M. Linnæus* », et la monographie s'achève par une description minutieuse de l'oiseau. Ce texte associe avec bonheur la contemplation gourmande de la vie animale et la rigueur scientifique. Ainsi, Buffon donne les références bibliographiques précises des auteurs cités : Pline l'Ancien, Aristote, Varron (un érudit latin du Ier siècle avant J.C.), Linné.

Mais Buffon n'était pas un systématicien. On ne trouve pas dans son œuvre cette énumération de trame taxonomique structurée à la manière de Linné. Buffon a limité (si l'on peut dire !) son champ d'exploration au groupe des Vertébrés, qui a valeur d'embranchement. Les Mammifères sont regroupés en plusieurs volumes sans que ce nom de classe soit utilisé pour caractériser cet ensemble. Par contre, les mots *poissons* et *oiseaux* sont les titres des groupes de volumes concernant ces deux classes. La taxonomie n'était pas, à l'évidence, le souci premier de Buffon. D'ailleurs, le formalisme de la nomenclature de Linné le rebutait, et il contestait même la pertinence des principes de sa classification.

Ainsi Buffon reprocha-t-il à Linné de classer le chat à côté du lion dans l'ordre des *Feræ* (étymologiquement : bête sauvage), en arguant que le chat, en tant qu'animal domestique, ne saurait être apparenté au lion :

Ne serait-il pas plus vrai de dire qu'un âne est un âne, & un chat un chat, que de vouloir, sans sçavoir pourquoi, qu'un âne est un cheval & un chat un loup-cervier ? (*Histoire naturelle*, *tome I*, pages 39 et 40.)

Linné classait, à juste raison, le lion et le chat dans le même genre *Felis*. Quant au loup-cervier – c'est-à-dire le lynx –, il appartient à un genre voisin du genre *Felis*, de la même famille des Félidés. Buffon, lui, traite du chat dans le tome VI de son *Histoire naturelle* et du lion dans le tome IX...

*

Il y eut Cuvier et Geoffroy Saint-Hilaire, cofondateurs de l'anatomie comparée

On voit combien sont puérils les philosophes qui ont donné à la nature une espèce d'existence individuelle, distincte du Créateur, des lois qu'il a imprimées au mouvement et des propriétés ou des formes données par lui aux créatures, et qui l'ont fait agir sur les corps avec une puissance et une raison particulières.

Cuvier.

Georges Cuvier (1769-1832) s'intéressait surtout, en tant qu'anatomiste et paléontologue, aux *Vertébrés*, qui partagent un grand nombre de dispositifs anatomiques que l'on ne trouve nulle part ailleurs chez les animaux : en premier lieu les vertèbres et le système nerveux (dont l'architecture générale a été évoquée dans mon précédent ouvrage : *L'homme au miroir de la science*, édité chez L'Harmattan). Les vertèbres sont les éléments du squelette axial interne et dorsal (arête principale des poissons, colonne vertébrale des vertébrés terrestres), prolongé dans la tête par le crâne ; l'axe nerveux tubulaire comprend le cerveau et la moelle épinière, logés respectivement dans le crâne et la colonne vertébrale. Les Vertébrés ont aussi en propre deux paires de membres locomoteurs, bien qu'il ne soit pas évident de faire le rapprochement entre les nageoires pectorales et les nageoires pelviennes des poissons d'une part, les membres antérieurs et postérieurs des vertébrés terrestres – les tétrapodes – d'autre part. Cuvier trouvait dans le squelette des vertébrés un matériel particulièrement favorable à l'orientation majeure de ses recherches : découvrir la fonction d'un organe en examinant sa morphologie. En effet, les os gardent la trace des tendons musculaires qui s'y attachent et les muscles sont de précieux indicateurs du mode de vie d'un animal. Par exemple, l'examen des surfaces d'insertion des muscles masticateurs sur les mâchoires livre des informations précises sur le régime alimentaire. À cet égard, les os « parlent » davantage que la coquille d'un mollusque ou la carapace d'un insecte. Or, les muscles se conservent beaucoup plus rarement que les os. En comparant les squelettes fossilisés à ceux des animaux actuels, Cuvier élargissait ainsi son champ d'investigation. D'une façon générale, Cuvier se fondait sur le principe des *corrélations fonctionnelles* pour déduire le mode de vie de l'examen des os. Ainsi, la forme trapue d'une patte antérieure de taupe est en rapport avec la vie fouisseuse de l'animal ; alors que le même organe, aux segments osseux démesurés, permet au gibbon de jouer l'acrobate dans les arbres. Mais le principe des corrélations fonctionnelles a ses limites. Certaines différences morphologiques entre organes similaires ne se rattachent pas de façon claire à la façon de vivre. Par exemple, la forme du crâne et du cerveau qui s'y loge ne donnent aucune indication sur le mode de vie aquatique du requin et du dauphin, commun à ces deux animaux, alors que la forme de leur corps est, sur ce point, beaucoup plus suggestive. Ainsi, les trois vertébrés amphibies de la figure 22, dont seule la tête émerge du plan d'eau, offrent au regard des traits communs qui trahissent le même mode de vie, acquis indépendamment dans trois classes différentes.

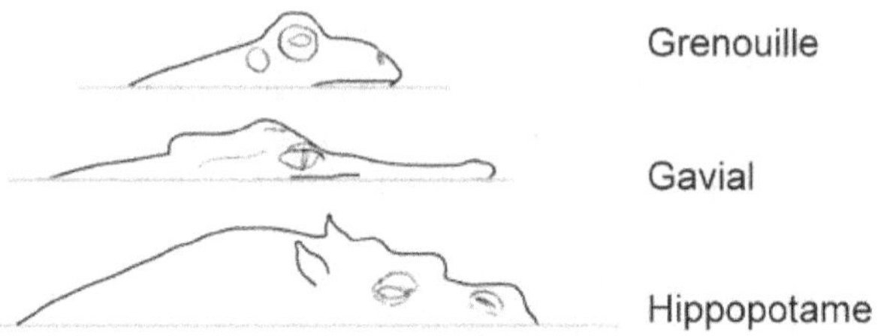

FIGURE 22. MORPHOLOGIE CEPHALIQUE ET VIE AMPHIBIE

Etienne Geoffroy Saint-Hilaire (1772-1844), détenteur d'une chaire de zoologie au Muséum et contemporain de Cuvier, se guidait sur un tout autre point de vue. Il cherchait l'influence de la parenté dans certains traits communs de l'organisation des animaux, indépendamment de l'adaptation, Il s'attachait davantage aux *connexions* d'un organe avec ses voisins qu'à ses corrélations fonctionnelles inhérentes à la fonction. Ainsi, lorsque Geoffroy compare le membre antérieur des mammifères, c'est pour reconnaître qu'il est toujours formé de trois segments, le bras, l'avant-bras et la main, quelles que soient les formes que le mode de vie impose à chacun d'eux. La main est le segment le plus variable à cet égard : celle de la taupe est une pelle, celle du gibbon un organe de préhension avec le pouce opposable aux autres doigts. Mais elle est toujours en position distale, et toujours composée des mêmes os, que l'on peut faire correspondre un à un chez les deux animaux. Cette correspondance précise de membre à membre, de segment à segment, d'os à os, qui résulte de l'unité du plan d'organisation dans un groupe d'êtres vivants, en l'occurrence l'embranchement des Vertébrés, est, selon la terminologie moderne, une h*omologie* (Geoffroy l'appelait « analogie »). Deux organes homologues peuvent être morphologiquement dissemblables, si les rôles qu'ils assument sont différents. Par exemple, l'aile de la chauve-souris et la sorte de pelle dont la taupe fait usage pour creuser ses terriers sont homologues de la patte antérieure des mammifères quadrupèdes et homologues entre elles. Mais autant les os entre lesquels est tendue la membrane de l'aile sont longs et fins, autant les os du membre fouisseur de la taupe sont courts et trapus (figure 23).

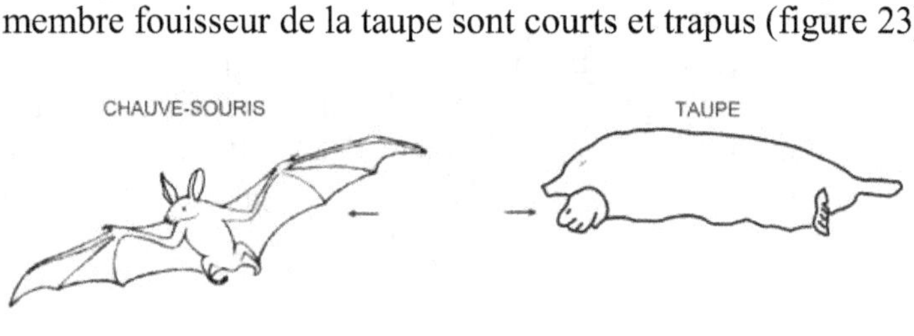

FIGURE 23. DEUX ADAPTATIONS TRES DIFFERENTES DU MEMBRE ANTERIEUR (FLECHES)

Il s'agit pourtant des mêmes os, semblablement connectés les uns par rapport aux autres (figure 24).

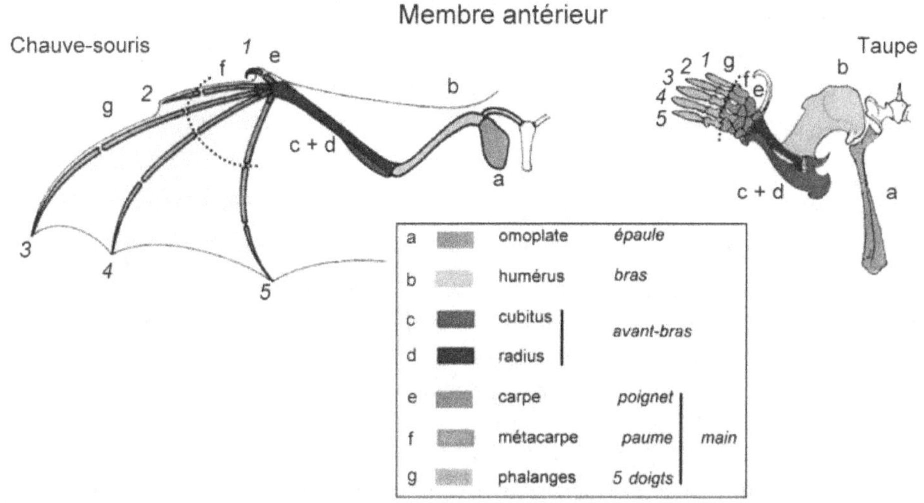

FIGURE 24. DEUX ADAPTATIONS CONSTRUITES SUR UN MEME SCHEMA DE SQUELETTE

À l'inverse, une même adaptation peut s'exprimer chez des animaux appartenant à des groupes différents. Nous avons vu (figure 20) qu'une même adaptation de la morphologie céphalique à la vie amphibie s'observe dans trois classes différentes de vertébrés. Des organes d'animaux encore plus éloignés peuvent se ressembler étrangement. Tel est le cas de la patte antérieure de la taupe et de la patte antérieure de la courtilière, cet insecte grand ennemi des jardiniers (figure 25). Ces pattes, adaptées au fouissage, sont courtes, massives et disposées transversalement. Mais celle de la taupe est, nous l'avons vu, homologue de la patte avant des mammifères, animaux tétrapodes, celle de la courtilière est homologue de la patte avant des insectes, animaux hexapodes.

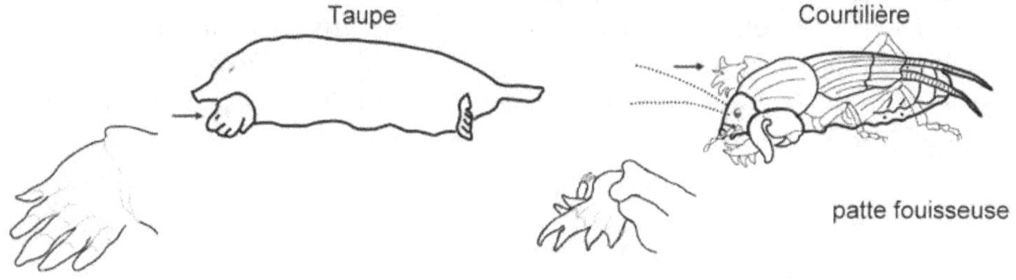

FIGURE 25. ADAPTATION AU FOUISSAGE DE LA PATTE ANTERIEURE

De telles ressemblances relèvent du phénomène de convergence, dont nous avons déjà donné un exemple en comparant la graine de haricot et l'œuf d'oiseau. On qualifie maintenant d'*analogues* les organes de deux êtres vivants différents exprimant une convergence morphologique et fonctionnelle. La notion d'analogie s'appuie sur une communauté d'adaptation, alors que la notion d'homologie s'appuie sur une communauté d'origine. Le transformisme donnera de ces deux concepts tirés de l'observation une interprétation convaincante.

*

L'anatomie comparée, fondée sur les principes complémentaires des corrélations fonctionnelles (Cuvier) et des connexions homologues (Geoffroy), a largement contribué à établir une classification naturelle du règne animal, reposant sur une hiérarchie des caractères. Ainsi, en remontant la taxonomie du chien depuis sa dénomination linnéenne de genre (*Canis*) et d'espèce (*familiaris*), jusqu'à son appartenance à l'embranchement des Vertébrés, on assigne à cet animal des caractères de plus en plus larges, communs à des animaux de plus en plus nombreux. Ainsi se construisait une classification à « tiroirs emboîtés », pour le règne végétal comme pour le règne animal.

Chez les animaux, l'anatomie comparée fournissait l'essentiel de ses repères. Mais cette discipline s'appuie seulement sur une comparaison statique des « manières d'être ». Au XIXe siècle, une nouvelle discipline, ayant cette fois pour objet la dynamique du vivant, ajouta une riche contribution à la science biologique comparative : l'*embryologie comparée* (ou *embryogénie comparée*). Geoffroy y fait figure de précurseur. Il attribuait les monstruosités que l'on observe parfois chez les animaux ou chez l'homme à des perturbations du développement, qu'il chercha à reproduire expérimentalement. Entre 1820 et 1826, il soumit des œufs de poule, mis en incubation artificielle (dans un « four d'incubation » dont il n'existait à l'époque que deux exemplaires dans la région parisienne) , à différents stress (par exemple le maintien de l'œuf en position debout, sur le gros bout ou le petit bout) ; il obtint des poulets porteurs de diverses difformités, des résultats dont la valeur expérimentale était modeste. Mais la démarche était novatrice. Parlant de Geoffroy, Camille Dareste, son continuateur en tératologie, écrit : *« Il avait imaginé la méthode nécessaire pour la création d'une branche nouvelle des sciences biologiques ; il laissait à d'autres le soin de l'appliquer. »*

2.3.2. Pour comparer et classer, il faut aussi étudier les embryons

C'est à un contemporain de Geoffroy, Karl Ernst von Baer (1792-1876), travaillant sur l'embryogenèse animale, particulièrement sur celle des vertébrés, que revient le mérite d'avoir établi une correspondance entre l'ordre hiérarchique des caractères et leur ordre d'apparition au cours du développement, les caractères apparaissant dans l'ordre de généralité décroissante. Autrement dit, pour constater qu'il existe des ressemblances entre deux animaux, il faut remonter d'autant plus loin dans leur développement que ces animaux sont plus éloignés dans la classification naturelle. La figure 26 en donne une illustration.

La première impression suffit pour constater une ressemblance frappante entre un embryon humain au quarante-cinquième jour de son développement et un embryon de singe au même stade (A). L'homme et le singe appartiennent au même ordre des Primates à l'intérieur de la classe des Mammifères.

Un stade plus précoce du développement de l'embryon humain (30 jours) révèle des affinités avec un alevin de truite (B). Les homologies principales sont exprimées graphiquement sur le dessin d'embryon humain :

1. En position dorsale, le squelette axial est l'ébauche de la colonne vertébrale.
2. En arrière de la tête se dessine une série de poches (dites pharyngiennes), entre lesquelles se perceront, chez l'alevin de truite, des fentes abritant les branchies.
3. Un rudiment de queue se forme au début du développement chez l'homme, avant de se résorber.

Ces caractères désignent l'embranchement des Vertébrés.

Elargie à l'ensemble du règne animal, l'embryogenèse comparée a permis de jeter des ponts entre certains embranchements. Nous n'en donnerons qu'un exemple (C). La néréis, un ver marin, et la patelle, un mollusque gastéropode marin dont la coquille en forme de chapeau chinois se signale sur les rochers à marée basse, sont, à l'état adulte, d'organisation très différente ; la première appartient à l'embranchement des Annélides (les « vers annelés »), la seconde à celui des Mollusques. Pourtant, leur développement révèle deux similitudes importantes. La première concerne les premières segmentations de l'œuf, qui sont synchrones. Lors de la troisième segmentation (qui conduit du stade à quatre cellules au stade à huit cellules) le cytoplasme se partage de façon inégale : au pôle supérieur se détachent quatre petites cellules décalées de 45 ° par rapport à leurs sœurs plus grandes, selon un mode *spiral*. Dans la plupart des autres embranchements, les petites cellules se placent à l'aplomb des grandes, selon un mode *radiaire*.

Plus tard, l'éclosion libère des larves planctoniques en forme de toupie, quasiment identiques chez la néréis et la patelle.

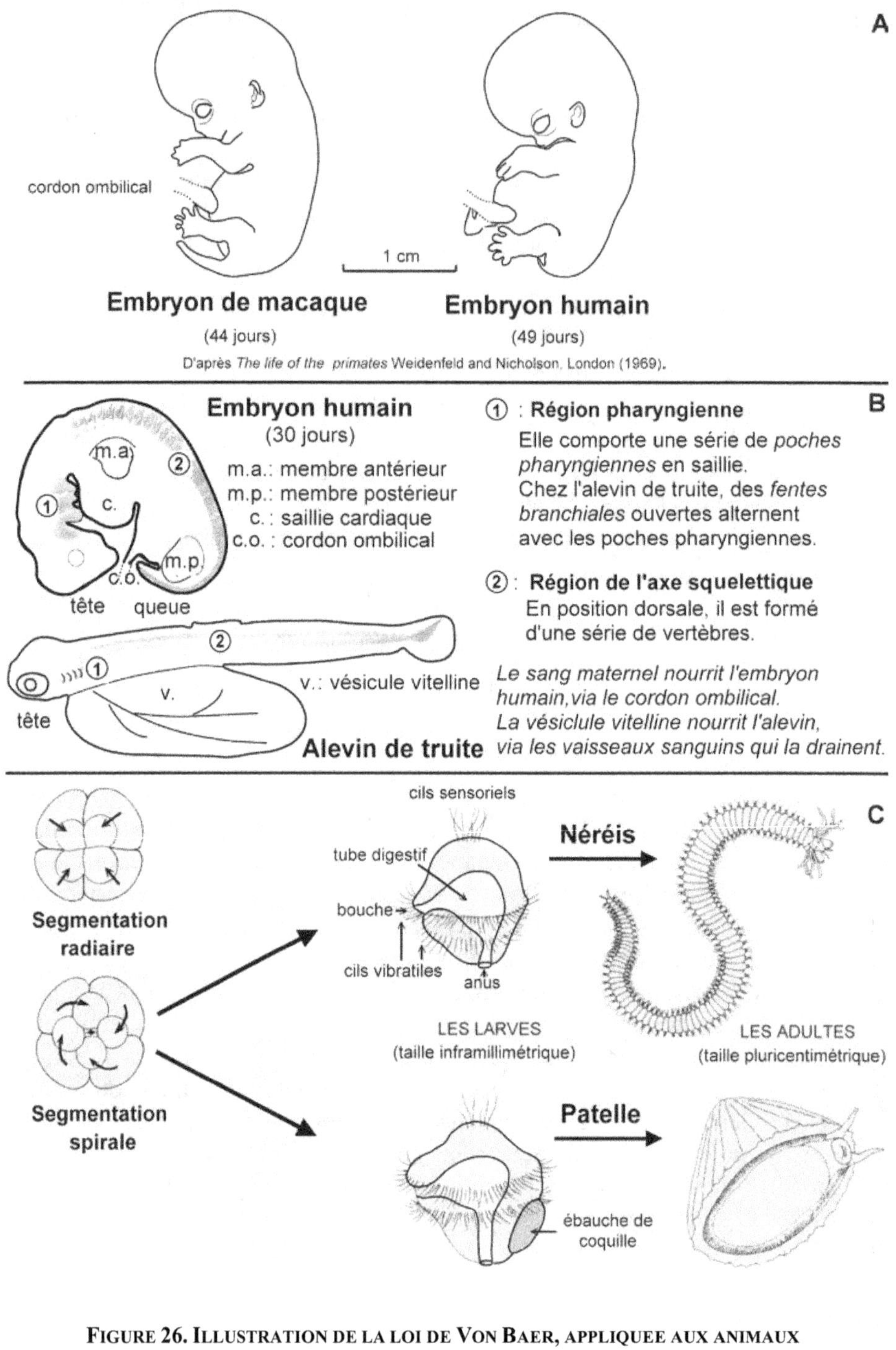

FIGURE 26. ILLUSTRATION DE LA LOI DE VON BAER, APPLIQUEE AUX ANIMAUX

Photographies de J.P. Ballorain

FIGURE 27. GERMINATIONS DE L'ERABLE ET DU HETRE

*

*

Il n'est qu'à regarder germer dans son jardin des graines de radis, ou dans la forêt des graines de hêtre ou d'érable (figure 27), pour constater que la loi de Von Baer s'applique aussi aux plantes. Le premier stade de la germination est rapide : la tige embryonnaire (1) – ou t*igelle* – perce le sol, s'allonge, et à son extrémité s'étalent deux feuilles embryonnaires (2) – ou *cotylédons* – qui verdissent, si elles n'étaient pas déjà vertes dans la graine. La plantule fait une pause. Les réserves, sur lesquelles elle avait vécu jusque-là, sont maintenant épuisées. Le relais nutritionnel est assuré par les cotylédons qui, premiers capteurs solaires représentant l'appareil photosynthétique primordial de la nouvelle plante, assurent son autonomie trophique. Pendant ce temps, la racine embryonnaire – ou *radicule* – s'est implantée dans le sol et y absorbe eau et sels minéraux. La seconde phase de la germination peut commencer. Le bourgeon primordial situé entre les deux cotylédons entre en activité (3) : il est à l'origine de la quasi-totalité de l'appareil aérien de la plante, des arbres comme des herbes. Ces observations peuvent être étendues à un vaste ensemble de plantes appelées *Dicotylédones*, qui comprend nombre d'arbres et arbustes (comme le hêtre) et nombre d'herbes à fleurs (comme les renoncules), répartis dans diverses familles (comme les *Fagacées* ou les *Renonculacées*). Quelle que soit, au stade adulte, la diversité morphologique de ces plantes, elles se ressemblent étonnamment dans leur premier état de développement. Ainsi, les cotylédons sont toujours insérés sur la tigelle à la même hauteur (on dit qu'ils sont opposés), et dans la grande majorité des cas leur limbe est simple.

On oppose aux Dicotylédones un autre ensemble de plantes, les Monocotylédones, chez qui l'embryon ne comporte qu'un seul cotylédon.
Il regroupe notamment les *Graminées* – ou *Poacées*, du nom du paturin, *Poa* (le tissu herbeux des prairies et des pelouses) –, les *Liliacées*, les *Orchidacées*.

*

Ainsi donc, les données de l'embryogenèse révèlent des parentés entre êtres vivants qu'on ne pourrait soupçonner par la simple étude des formes adultes.

En 1866, Ernst Haeckel (1834-1919) reliera l'histoire de la vie à l'histoire de l'individu, un concept que résume la formule lapidaire et romantique :

L'embryogenèse récapitule la phylogenèse.

Selon lui, un être vivant passe, au cours de son développement, par toutes les étapes qui ont marqué l'évolution du groupe auquel il appartient ; l'embryogenèse serait en quelque sorte la mémoire vive de l'évolution.

*

Figurons-nous un animal vertébré, marchant sur la tête ; ce serait absolument la position de ces bateleurs qui renversent leurs épaules et leur tête en arrière pour marcher sur leurs mains et leurs pieds ; car alors la position du bassin de l'animal, dans ce renversement, se trouverait appliquée sur la partie postérieure du cou.

Geoffroy Saint-Hilaire à propos de la pieuvre,
Principes de philosophie zoologique.

Dès le début du XIXe siècle, les acquis des disciplines de la biologie comparative – anatomie comparée et biologie comparée – plaidaient déjà en faveur de l'unité du monde vivant. Cependant, le zoologiste Cuvier identifiait, chez les animaux organisés, quatre *plans d'organisation* définissant quatre embranchements irréductibles les uns aux autres : le plan vertébré, le plan mollusque, le plan articulé (des araignées et scorpions, des crustacés, des insectes), le plan rayonné (des oursins et des étoiles de mer, ainsi que des coraux et des méduses), alors que Geoffroy, unificateur impénitent, n'en reconnaissait qu'un seul. Selon lui, le « plan vertébré » était le schéma directeur à partir duquel dérivaient les autres par le jeu de diverses inversions. Par exemple, Geoffroy prétendait qu'en mettant un crustacé sur le dos on pouvait y retrouver toutes les parties du plan vertébré. Cuvier, qui s'en tenait aux faits, jugeait que les idées de son collègue étaient pour le moins aventureuses. C'est ainsi qu'une opposition de vues se développa, d'abord à fleurets mouchetés, entre les deux zoologistes du Muséum. Le feu de la controverse, qui couvait sous la cendre, s'alluma publiquement lorsque le 28 février 1830, lors d'une séance de l'Académie des sciences, Geoffroy lut un rapport relatant les travaux de deux jeunes naturalistes, Laurencet et Meyranx, sur les pieuvres, les seiches et les calmars, ces mollusques « *nommés "céphalopodes", ou "pieds en tête" ; dénomination qui est due à M. le baron Cuvier* » (Geoffroy, *Principes de philosophie zoologique*). L'interprétation de Geoffroy frisait le ridicule, comme en témoigne l'épigraphe ci-dessus. Geoffroy s'était-il laissé abuser par l'humanité des yeux de la pieuvre ? Or, l'histoire retiendra que la controverse opposait un fixiste, Cuvier, et un évolutionniste, Geoffroy, en proclamant la victoire de ce dernier. En réalité, elle opposait un « tenant du discontinu » et un « tenant du continu » en matière de taxonomie. En l'occurrence, c'est Cuvier qui avait raison... Mais, comme en physique pour la lumière, l'air du temps était alors en faveur du continu. Goethe soutint le point de vue de Geoffroy tandis que Balzac brocardait Cuvier dans *Scènes de la vie privée et publique des animaux*.

2.3.3. La naissance du transformisme

Le Jardin du roi, qui devint en 1793 le Muséum d'histoire naturelle, fut, aux XVIIe et XVIIIe siècles, le creuset où se forma l'idée d'une communauté d'origine des êtres vivants. Buffon est le premier grand nom qui s'y rattache. Dans sa monumentale *Histoire naturelle, générale et particulière*, Buffon avance avec précaution sur le terrain de l'origine des espèces. Malgré sa grande notoriété, Buffon craignait les foudres de l'autorité religieuse, et n'hésitait pas à se rétracter lorsqu'il essuyait des remontrances de la part des théologiens. Ainsi fit-il amende honorable lorsque MM. les députés de la Faculté de théologie de Paris le réprimandèrent pour avoir avancé que la morale relevait en partie des convenances (tome IV de l'*Histoire naturelle*) :

[…] *quand j'ai dit que les vérités de la morale n'ont pour objet & pour fin que des convenances & des probabilités, je n'ai jamais voulu parler des vérités réelles, telles que sont non-seulement les préceptes de la Loi divine, mais encore ceux qui appartiennent à la Loi naturelle* […].

Si on ajoute à cela ses préjugés, voire sa mauvaise foi, notamment vis-à-vis de la classification linnéenne, ses propres incertitudes conceptuelles, on comprendra qu'on puisse trouver dans l'immensité des écrits de Buffon, comme dans la Bible, tout et son contraire, et qu'il ait pu être catalogué tantôt comme fixiste, tantôt comme transformiste. L'ambiguïté de sa pensée sur ce sujet est tout entière dans le chapitre de *L'Asne* du tome IV de l'*Histoire naturelle,* dont voici quelques extraits.

Le conditionnel est de mise :

L'âne & le cheval viennent-ils donc originairement de la même souche ? Sont-ils, comme le disent les nomenclateurs, de la même famille ? ou ne sont-ils pas, & n'ont-ils pas toujours été, des animaux différents ? […] *Dans ce point de vue* (les ressemblances de proche en proche entre espèces), *non seulement l'âne & le cheval, mais même l'homme, le singe, les quadrupèdes & tous les animaux, pourraient être regardés comme ne faisant que la même famille* […].

[Cela] *nous rappelle nécessairement l'idée d'un premier dessein, sur lequel tout semble avoir été conçu* […], *dessein suivi de l'homme aux quadrupèdes, des quadrupèdes aux cétacés, des cétacés aux oiseaux, des oiseaux aux reptiles, des reptiles aux poissons* […].

Cependant :

Mais non, il est certain, par la révélation, que tous les animaux ont également participé à la grâce de la création, que les deux premiers de chaque espèce sont sortis tout formés des mains du Créateur, & que l'on doit croire qu'ils étoient tels alors, à peu près, qu'ils nous sont aujourd'hui représentés par leurs descendants [...].

Pour conclure :
Les Naturalistes qui établissent si légèrement des familles dans les animaux & dans les végétaux, ne semblent pas avoir assez senti toute l'étendue de ces conséquences [...].

S'il arrivait à Buffon de douter d'une création accomplie une fois pour toutes, il prenait soin de lisser son propos à l'intention de l'Eglise en remplaçant Dieu par l'Être suprême, expression anodine mais irréprochable, dont la Révolution française fera l'usage que l'on sait. Quant à ses vues sur les moyens de la transformation des espèces, elles nous semblent d'un pessimisme désespérant. Souvenons-nous de sa théorie des « moules originels », qui ne peuvent que se dégrader lors de leurs usages successifs dans la suite des générations. Il n'y a que dégénérescence : l'âne serait une espèce dégénérée du cheval, le singe une espèce dégénérée de l'homme. Buffon avait d'une certaine façon une prescience de l'entropie...

*

Observer la nature, étudier ses productions, rechercher les rapports généraux et particuliers qu'elle a imprimés dans leurs caractères, enfin essayer de saisir l'ordre qu'elle fait exister partout, ainsi que sa marche, ses lois, et les moyens infiniment variés qu'elle emploie pour donner lieu à cet ordre ; c'est, à mon avis, se mettre dans le cas d'acquérir les seules connaissances positives qui soient à notre disposition, les seules, en outre, qui puissent nous être véritablement utiles, et c'est en même temps se procurer les jouissances les plus douces et les plus propres à nous dédommager des peines inévitables de la vie.

Lamarck, *Discours préliminaire* de la *Philosophie zoologique*.

Jean-Baptiste Lamarck (1744-1829) fut, au même titre que Buffon et Cuvier, une figure éminente du Muséum. Elève du botaniste Bernard de Jussieu, il devint zoologiste en 1793 et on lui attribua en 1794 une chaire de zoologie; il avait alors cinquante ans. Il se coula si bien dans sa nouvelle spécialité que les résultats de ses travaux remplirent sept tomes d'une *Histoire naturelle des animaux sans vertèbres* dont la publication s'échelonna de 1815 à 1822. Il y gagna (momentanément) le respect de Cuvier. Parallèlement, Lamarck élaborait une théorie de l'évolution fondée sur une idée qui était déjà dans l'air de l'époque (elle était notamment communément admise dans le milieu médical), la *transmission des caractères acquis*, qu'il développa dès 1800 dans une leçon dite « de l'an VIII », et qu'il publia dans sa *Philosophie zoologique* (1809). Chaque animal adopte dans son milieu naturel une façon de vivre en accord avec les capacités de son organisme. Pour un animal, être adapté à son milieu c'est y avoir ses habitudes, conformes à son espèce : broyer l'herbe tendre, déchirer les proies, courir à toutes pattes ou voler à tire d'aile, pour fuir ou attraper, ou, s'il n'est pas suffisamment rapide, chasser à l'affût, se réfugier rapidement dans son terrier, ou hérisser ses piquants. Mais si le milieu vient à changer, si les circonstances rendent obsolètes les habitudes, il faut disparaître ou prendre de nouvelles habitudes. « Circonstances » et « habitudes », deux maîtres-mots du vocabulaire de Lamarck.

« Je montrerai l'influence des circonstances et des habitudes sur les organes des animaux, comme étant la source des causes qui favorisent ou arrêtent leurs développements », prévient-il dans son *Discours préliminaire.*

Voilà ce que fit la girafe lorsqu'il ne lui resta pour se nourrir que les feuilles haut-perchées des arbres :

Relativement aux habitudes, il est curieux d'en observer le produit dans la forme particulière et la taille de la giraffe (camelo-pardalis) : on sait que cet animal, le plus grand des mammifères, habite l'intérieur de l'Afrique, et qu'il vit dans des lieux où la terre, presque toujours aride et sans herbage, l'oblige de brouter le feuillage des arbres et de s'efforcer continuellement d'y atteindre. Il est résulté de cette habitude, soutenue, depuis long-temps, dans tous les individus de sa race, que ses jambes de devant sont devenues plus longues que celles de derrière, et que son col s'est tellement allongé, que la giraffe, sans se dresser sur les pattes de derrière, élève sa tête et atteint six mètres de hauteur (près de vingt pieds).

(Première partie, chapitre VII.)

Petit à petit, les transformations corporelles patiemment obtenues à chaque génération, transmises et augmentées à la génération suivante, ont façonné le corps de la girafe. Lamarck soutient que les caractères acquis pendant la vie individuelle d'un géniteur se transmettent à ses descendants. Si un organe qui sert se développe, à l'inverse un organe qui ne sert pas s'atrophie et peut même disparaître.

Des yeux à la tête sont le propre d'un grand nombre d'animaux divers, et font essentiellement partie du plan d'organisation des vertébrés.

Déjà néanmoins la taupe, qui, par ses habitudes, fait très-peu usage de la vue, n'a que des yeux très-petits, et à peine apparens, parce qu'elle exerce très-peu cet organe...

Le protée, reptile aquatique, voisin des salamandres par ses rapports, et qui habite dans des cavités profondes et obscures qui sont sous les eaux, n'a plus... que des vestiges de l'organe de la vue ; vestiges qui sont couverts et cachés de la même manière.

Voici une considération décisive, relativement à la question que j'agite actuellement.

La lumière ne pénètre point partout ; conséquemment, les animaux qui vivent habituellement dans les lieux où elle n'arrive pas, manquent d'occasion d'exercer l'organe de la vue, si la nature les en a munis. Or, les animaux qui font partie d'un plan d'organisation, dans lequel les yeux entrent nécessairement, en ont dû avoir dans leur origine. Cependant, puisqu'on en trouve parmi eux qui sont privés de l'usage de cet organe, et qui n'en ont plus que des vestiges cachés et recouverts, il devient évident que l'appauvrissement et la disparition même de l'organe dont il s'agit, sont les résultats, pour cet organe, d'un défaut constant d'exercice.

(Première partie, chapitre VII.)

Rarement un scientifique fut autant brocardé que Lamarck. Il est vrai que la *Philosophie zoologique* dilue son propos dans d'innombrables redites, que dans le chapitre VII, où Lamarck expose l'essentiel de ses idées sur l'hérédité des caractères acquis, certains arguments sont rédigés de telle façon qu'ils ressemblent à des blagues au premier degré. Lorsque, de parents en descendants, les girafes allongent progressivement leur cou pour s'efforcer d'atteindre les hauts feuillages. Quant aux serpents :

[...] *ayant pris l'habitude de ramper sur la terre, et de se cacher sous les herbes, leur corps, par suite d'efforts toujours répétés pour s'allonger, afin de passer dans des espaces étroits, a acquis une longueur considérable et nullement proportionnée à sa grosseur.*

Certaines de ses propositions sont extravagantes :

[...] *dans les oiseaux, l'air s'introduisant jusque dans le bulbe des poils, change en tuyau leur base, et force ces mêmes poils à se diviser en plumes : ce qui ne peut avoir lieu dans la chauve-souris, où l'air ne pénètre pas au-delà du poumon.* (Première partie, chapitre VI.)

Enfin, Descartes n'aurait sans doute pas renié l'explication mécaniste du rôle de l'énergie motrice des fluides internes dans l'édification des organes :

[...] *en réfléchissant sur le pouvoir du mouvement des fluides dans les parties très-souples* [de l'organisme] *qui les contiennent, je fus bientôt convaincu qu'à mesure que les fluides d'un corps organisé modifient le tissu cellulaire dans lequel ils se meuvent, s'y ouvrent des passages, y forment des canaux divers, enfin, y créent différens organes, selon l'état de l'organisation dans laquelle ils se trouvent.* (Avertissement.)

On ne prenait plus au sérieux ce grand naturaliste. En 1809, il eut à essuyer une rebuffade cinglante en présence des membres de l'Institut lorsqu'il voulut présenter un exemplaire de sa *Philosophie zoologique* à Napoléon, qui se méprit sur la nature de l'ouvrage. Arago rapporte l'incident :

Le vieillard (il avait alors soixante-cinq ans) *présente un livre à Napoléon. « Qu'est-ce que cela ? dit celui-ci. C'est votre absurde Météorologie,* [...] *c'est cet ouvrage qui déshonore vos vieux jours ; faites de l'histoire naturelle, et je recevrai vos productions avec plaisir. Ce volume, je ne le prends en considération que pour vos cheveux blancs. – Tenez ! » Et il passe le livre à un aide de camp. Le pauvre M. Lamarck, qui à la fin de chaque parole brusque et offensante de l'Empereur, essayait inutilement de dire : « C'est un ouvrage d'histoire naturelle que je vous présente », eut la faiblesse de fondre en larmes.*
(Cité par Gabriel Gohau dans *Biologie et biologistes,* Magnard.)

Entre collègues, le fixiste Cuvier fut le principal contradicteur de Lamarck. Lui attribuant (dans l'éloge funèbre qu'il lut à l'Académie des sciences le 26 novembre 1832) la conviction que *« des désirs, des efforts, peuvent engendrer des organes »*, Cuvier continuait à l'éreinter après sa mort en accentuant l'extravagance de certaines de ses idées transformistes :

[...] *car, par une hypothèse de plus ajoutée à toutes les autres, ce ne sont pas les organes, c'est-à-dire la nature et la forme des parties, qui donnent lieu aux habitudes et aux facultés ; ce sont les habitudes, la manière de vivre, qui, avec le temps, font naître les organes : c'est à force de vouloir nager qu'il vient des membranes aux pieds des oiseaux d'eau ; à force d'aller à l'eau, à force de ne vouloir pas se mouiller, que les jambes s'allongent à ceux de rivage ; à force de vouloir voler, que les bras de tous se produisent en ailes, et que les poils et les écailles s'y développent en plumes.*
[...] *Un système appuyé sur de pareilles bases peut amuser l'imagination d'un poète ; un métaphysicien peut en dériver toute une autre génération de systèmes ; mais il ne peut soutenir un moment l'examen de quiconque a disséqué une main, un viscère, ou seulement une plume.*

Pourtant, Lamarck est le premier naturaliste qui formula clairement le concept d'évolution *progressive*, tout en ménageant une large place à l'évolution régressive :

À l'égard des corps qui jouissent de la vie, la nature a tout fait peu à peu et successivement : il n'est plus possible d'en douter.

En effet, parmi les différens objets que je me propose d'exposer dans cet ouvrage, j'essayerai de faire voir, en citant partout des faits reconnus, qu'en composant et compliquant de plus en plus l'organisation animale, la nature a créé progressivement les différens organes spéciaux, ainsi que les facultés des animaux qui en jouissent.

(Discours préliminaire.)

Il fut aussi le premier à esquisser un arbre généalogique regroupant tous les animaux, unis par une communauté d'origine, prenant ainsi une juste mesure de l'échelle du temps de l'évolution, une longue patience :

Une raison puissante nous empêche de reconnaître les changements successivement opérés, qui ont diversifié les animaux connus, et les ont amenés à l'état où nous les observons; c'est que nous ne sommes jamais témoins de ces changemens. Ainsi, nous observons les opérations faites ; mais ne les voyons jamais s'exécuter, nous sommes naturellement portés à croire que les choses ont toujours été telles que nous les voyons, et non qu'elles se sont effectuées progressivement [...].

(Tome II, Additions.)

Comparativement aux durées que nous regardons comme grandes dans nos calculs ordinaires, il a fallu, sans doute, un temps énorme et une variation considérable dans les circonstances qui se sont succédées (sic), *pour que la nature ait pu amener l'organisation des animaux au degré de complication et de développement où nous la voyons dans ceux qui sont les plus parfaits.*

(Chapitre IV.)

Lamarck fut enfin le premier à oser, avec les précautions d'usage marquées par le conditionnel, réunir l'homme aux animaux sur l'arbre de la vie.

Si l'homme n'étoit distingué des animaux que relativement à son organisation, il seroit aisé de montrer que les caractères d'organisation dont on se sert pour en former, avec ses variétés, une famille à part, sont tous le produis d'anciens changemens dans ses actions, et des habitudes qu'il a prises et qui sont devenues particulières aux individus de son espèce.

(Quelques observations relatives à l'homme, première partie, chapitre VIII.)

Comme l'Aristote de l'*échelle des êtres* ou le Geoffroy de l'*unité de composition,* Lamarck était un visionnaire, ce genre d'hypermétrope qui, tout en ayant une bonne vision de l'horizon, devient un infirme visuel vis-à-vis des choses plus proches, faute de lunettes adaptées. En entrant dans le Jardin des plantes (côté Seine), avec la grande galerie de l'évolution en fond de scène, accordez, s'il vous plaît, un regard à Jean-Baptiste-Pierre-Antoine de Monet, chevalier de Lamarck, et pardonnez-lui de s'être égaré dans la recherche des causes...

*

En 1859, Charles Darwin publia l'*Origine des espèces.* Une étape de l'histoire des sciences comparable par son importance à la formulation du principe d'inertie en physique. Mais, encore une fois, l'idée « était dans l'air » ; un contemporain de Darwin, Alfred Wallace (1823-1913), venait d'élaborer, indépendamment de Darwin, sa propre théorie transformiste appuyée sur la sélection naturelle. On connaît peu Wallace, qui s'est volontairement effacé devant son confrère, estimant que l'argumentation de ce dernier était beaucoup plus riche et fournie que la sienne. Il me paraît juste, lorsqu'on célèbre Darwin, d'avoir aussi une pensée pour celui qui n'avait que frôlé la gloire.

2.3.4. Darwin et la naissance des espèces par sélection naturelle

> *Au départ, c'est donc un naturaliste enthousiaste mais complètement novice* (Charles Darwin) *qui s'embarque sur le « Beagle ». Les marins l'ont baptisé « le philosophe ». Certes, il n'a pas manqué d'être influencé, déjà, par les idées révolutionnaires qui se sont fait jour depuis le début du siècle, notamment celles lancées vingt ans plus tôt par Lamarck : il n'y est certainement pas indifférent, mais il ne s'agit de toute manière, au mieux, pour le monde scientifique de l'époque, que de vues à l'état d'hypothèses, toutes théoriques. Lui-même devait écrire plus tard qu'à son départ il ne mettait pas en cause l'immuabilité des espèces.*
>
> Charles Darwin, *Voyage d'un naturaliste autour du monde.*

Et l'éditeur d'ajouter cette phrase que Darwin aurait prononcée en 1848 :
C'est comme si j'avouais un crime (la conviction du transformisme).

Il est intéressant de situer l'œuvre de Darwin par rapport à celle de Lamarck. Cinquante ans exactement séparent la publication de la *Philosophie zoologique* et celle de l'*Origine des espèces*, deux œuvres de système qui affirment la réalité de l'évolution du vivant et en proposent un mécanisme. Deux novateurs que tout oppose – le tempérament, l'histoire personnelle – dans le contexte historique, hormis leur conviction transformiste. Les fonctions successives que Lamarck exerça au Muséum (« gardien de l'herbier », bibliothécaire, professeur de zoologie) le cantonnèrent dans la recherche de laboratoire, qui consistait essentiellement à observer et disséquer les échantillons, et à classer, autant qu'il le pouvait, les espèces selon l'« ordre naturel ». Ses travaux en botanique et en zoologie des animaux sans vertèbres firent sa renommée. Mais dans ses spéculations sur la « philosophie » de la nature, il occultait la rigueur scientifique pour laisser divaguer son imagination. Les « preuves indiscutables » qu'il assène à longueur de pages ne sont trop souvent que des hypothèses gratuites. De plus, sa pensée restait imprégnée des conceptions vitalistes héritées des siècles précédents. Les « fluides vitaux circulant dans des canaux » tenaient lieu d'explication. Cela dit, au XXe siècle encore, Bergson ne philosophait-il pas sur l'« élan vital » ? Lamarck croyait aussi que les plus primitifs des animaux, les infusoires, naissaient par génération spontanée.

Tout autre est le parcours intellectuel de Darwin. Tout jeune homme, Darwin s'intéressait à la nature, et encore plus à la chasse, qu'il pratiquait en compagnie de son oncle. Son adresse à « tuer les oiseaux au vol » lui sera précieuse pour collecter les échantillons, préservés dans « l'esprit de vin » (*Voyage d'un naturaliste autour du monde*), et qu'il ramènera de son voyage initiatique sur le « Beagle ». Sa carrière s'en trouvera scindée en deux époques bien distinctes : il y aura le voyage et l'après-voyage.

C'est au Christ's College de Cambridge, où il se préparait à devenir pasteur (« de campagne », avait-il obtenu de son père) que le hasard des rencontres réorientèrent sa vie. Il eut la chance d'y trouver un mentor et ami, le Révérend John Stevens Henslow, qui lui apprit la botanique, et lui fit connaître Adam Sedgwick, son initiateur à la géologie de terrain au pays de Galles. Ainsi se dessina une vocation de naturaliste à deux facettes, la biologie et la géologie, que l'opportunité du « grand voyage » allait lui permettre de mettre à l'épreuve. Nous sommes en 1831. À Plymouth, on armait un trois-mâts, le *Beagle*, en vue d'une mission géographique, et on souhaitait compléter l'équipe scientifique avec un naturaliste. Henslow l'en informa et le recommanda. C'est ainsi que Darwin s'embarqua pour l'aventure, le 12 décembre 1831 (ou le 27 ?) ; il allait bientôt avoir vingt-trois ans. Ce qu'il découvrit pendant ce voyage décida de son œuvre. L'élément déclencheur fut sans doute le spectacle de la faune exceptionnelle et géographiquement diversifiée qui s'offrit aux yeux de Darwin lors de l'escale du *Beagle* aux îles Galápagos. De retour en Angleterre, le 2 octobre 1836, il fit don de sa récolte d'animaux et de fossiles à différents laboratoires de Cambridge, s'installa à Londres pour quelques années, où il noua des relations dans la communauté scientifique, publia son odyssée *(Voyage d'un naturaliste autour du monde 1831-1837)*, et commença, dès 1837, à réfléchir sur l'évolution. Il avait déjà acquis une grande notoriété lorsqu'il se retira avec son épouse, en 1842, dans le cottage de Down House, pour y mener jusqu'à sa mort une vie réglée et casanière, mais scientifiquement ouverte par la lecture et la correspondance.

*

L'intuition que les espèces évoluent dans une double relation, d'une part avec l'hétérogénéité géographique de l'habitat, et d'autre part avec l'hétérogénéité écologique propre à chaque lieu, lui fut sans doute soufflée par ses observations de voyage. Dans son inventaire des oiseaux recueillis aux îles Galápagos, publié dans le *Voyage*, Darwin écrit :

[Il existe] *trois espèces d'oiseaux moqueurs, forme qui caractérise particulièrement l'Amérique. Les autres oiseaux de terre forment un groupe très-singulier de moineaux ressemblant les uns aux autres par la conformation de leur bec, par leur courte queue, par la forme de leur corps et par leur plumage. Il y en a treize espèces que M. Gould a divisées en quatre sous-groupes. Toutes ces espèces sont particulières à cet archipel ;* [...] *toutes les espèces de ce groupe de moineaux, mêlées ensemble et allant par bandes habitent les terrains secs et stériles des districts inférieurs. Les mâles de toutes les espèces, ou certainement du plus grand nombre, sont noirs comme le jais ; les femelles, à une ou deux exceptions près, sont brunes. Le fait le plus curieux est la parfaite gradation de la grosseur des becs chez les différentes espèces de Geopiza ; cette grosseur varie depuis celle du bec d'un gros-bec jusqu'à celle du bec d'un pinson ; si M. Gould est fondé à comprendre dans le groupe principal le sous-groupe* Certhidea *on peut même dire jusqu'à la grosseur du bec d'une fauvette.* [...] *Quand on considère cette gradation et cette diversité de conformation dans un petit groupe d'oiseaux très-voisins les uns des autres, on pourrait réellement se figurer qu'en vertu d'une pauvreté originelle d'oiseaux dans cet archipel, une seule espèce s'est modifiée pour atteindre des buts différents.*

Dans ce passage, Darwin cite l'ornithologue John Gould, à qui il avait confié l'expertise de sa collection d'oiseaux. Le résultat de l'analyse taxonomique de John Gould eut une influence considérable sur la maturation de la pensée transformiste de Darwin. De cette collaboration ont émergé deux concepts.

1. L'isolement géographique conduit à la différenciation d'espèces nouvelles à partir d'une espèce souche. C'est un aspect du caractère divergent de l'évolution. Les trois espèces d'oiseaux moqueurs identifiées par John Gould (et sa femme Élisabeth), spécifiques chacune d'une île particulière, ont un *ancêtre commun*. Le lien entre l'isolement géographique et la spéciation est richement documenté, notamment dans le cas du phénomène d'insularité. Des îles volcaniques surgissent au sein des océans (c'est le cas des Galápagos). De plus,

des morceaux de croûte terrestre se détachent et dérivent, formant des îles plus ou moins vastes, comme Madagascar, voire des continents comme l'Australie. Or toutes les îles ont des *espèces endémiques,* et le taux d'endémisme est d'autant plus élevé que l'isolement est plus ancien. Les territoires acquis depuis très longtemps à l'insularité ont même en exclusivité de vastes taxons, par exemple les lémuriens de Madagascar ou les marsupiaux de l'Australie. Ainsi, l'histoire des êtres vivants est subordonnée à l'histoire de la Terre.

Dès le début du XXe siècle, l'hypothèse de la « dérive des continents » formulée par Alfred Wegener, et cinquante ans plus tard la théorie de la *tectonique des plaques* qui la validera, expliqueront et permettront de dater les faits d'isolement géographique, apportant un appui décisif au transformisme. Par exemple, les marsupiaux, qui étaient présents sur toute la surface du globe jusqu'à l'ère tertiaire (l'espèce retrouvée dans le gypse de Montmartre a contribué à la renommée de Cuvier, qui en a fait une description retentissante), ont été supplantés par des mammifères plus évolués, mais se sont maintenus dans un ensemble géographique (regroupant l'Amérique du Sud, l'Antarctique, l'Australie, la Tasmanie, la Nouvelle-Guinée) qui s'est détaché de l'Amérique du Nord. Ils se sont éteints en Antarctique en raison de la dérive climatique. Et lorsque l'Amérique du Nord et l'Amérique du Sud ont été de nouveau réunies, les mammifères venus du Nord ont pratiquement évincé les marsupiaux. Il ne reste en Amérique du Sud que l'opossum.

2. Les espèces qui dérivent d'une même souche divergent en fonction de leurs *niches écologiques*, c'est-à-dire de leurs préférences alimentaires. Les becs des « moineaux » des Galápagos – des oiseaux qui sont entrés dans le lexique de l'histoire des sciences comme étant les « pinsons de Darwin » – ont contribué à rapprocher Darwin de Lamarck, sur le plan de la signification adaptative de l'évolution des espèces. D'une façon générale, les oiseaux sont un remarquable exemple d'*évolution radiative.* C'est une classe très homogène qu'on ne peut confondre avec d'autres vertébrés. Tous les oiseaux sont ovipares et beaucoup préparent la ponte (par la nidification), l'éclosion (par la couvaison), et prennent soin de leurs poussins (par le nourrissage). Tous ont des ailes, même si le kiwi (*Apterix*) néo-zélandais en cache bien les vestiges, et la plupart s'en servent pour voler. Mais sur ce thème, que de variantes ! Chez les oiseaux, la gamme étendue des variations portant sur la forme des ailes comme sur la forme des becs a de toute évidence une valeur adaptative. De même que, pour un œil averti, le type de vol « dessine » la forme des ailes, le type de régime alimentaire « dessine » la forme du bec. L'extraordinaire variété des becs d'oiseaux contraste avec la grande unité du groupe. Un bec qui semble hors norme va souvent de pair avec un régime alimentaire très spécialisé. Stephen Gould a célébré dans son livre *Le Sourire du flamant rose* (Seuil, 1985) le « bec inversé » avec lequel cet oiseau fouille et filtre la vase dont il extrait les êtres minuscules dont il se nourrit. Arrêtons-nous sur le cas plus ordinaire des oiseaux

granivores. Ils ont généralement un bec trapu, dont ils se servent pour décortiquer les graines ou casser les noyaux. Mais il en existe toute une gamme, correspondant aux habitudes alimentaires plus ou moins étroites des espèces.

Lisons quelques passages des monographies de Paul Géroudet consacrées aux oiseaux (*Les Passereaux*, Delachaux et Niestlé, 1957).

– Sur le chardonneret : *Le bec effilé et robuste de cet oiseau est un excellent outil pour extraire aisément les graines les plus menues, directement sur leur support,* [...] *selon l'époque et l'endroit* [...] *chardons, bardanes, dents-de-lion, séneçons, centaurées, chicorées* [...].

– Sur le bouvreuil : *Les érables, le charme, les aulnes, les bouleaux, les frênes, les lilas, le voient dès novembre vivre sur leurs semences, qu'il décortique avec son gros bec noir. Il recueille à terre celles des conifères, mélèzes et sapins surtout.*

– Sur le gros-bec : *L'importance de la musculature du cou et de la tête, les proportions démesurées du bec, la structure même de ce puissant instrument en disent long sur la spécialisation de la nourriture. Le gros-bec ne saurait craindre la concurrence, car il recherche volontiers des graines protégées par une enveloppe ligneuse très dure, qu'il est seul à pouvoir briser. La cerise l'intéresse pour l'amande de son noyau, et non pour la pulpe, qu'il dédaigne.*

Le gros-bec est un *spécialiste*. Dans une note de bas de page, Géroudet donne une description détaillée de la manière dont il se nourrit. Le chardonneret, qui mange aussi des insectes au printemps, et le bouvreuil, qui s'acharne aussi sur les bourgeons des arbres, ont un régime alimentaire plus *généraliste*.

L'originalité des « pinsons des Galápagos » est que la diversité morphologique de leurs becs, reflet de la diversité de leurs régimes alimentaires, concerne un tout petit groupe d'espèces très voisines. Avec l'aide de l'ornithologue Gould, Darwin prit conscience, en 1837, de la portée théorique de cette singularité. C'est alors qu'il formula l'hypothèse que toutes les espèces de pinsons habitant ces îles se seraient différenciées, à partir d'une espèce souche unique venue du continent, par un mécanisme de radiation adaptative aux différentes niches écologiques alors « libres de concurrence ». Selon la conception darwinienne de l'évolution, l'espèce souche évolue de façon divergente en plusieurs *espèces filles* qui se répartissent les niches écologiques disponibles. L'adaptation de chaque espèce, suscitée par la confrontation entre ses habitudes alimentaires et le cadre écologique précis où elles s'exercent, n'est pas due à un « effort obstiné » des animaux, cumulé au cours des générations, comme le pensait Lamarck, mais à une sélection automatique par le milieu des reproducteurs les plus performants dans leur niche écologique. La transmission héréditaire des caractères des « meilleurs de leur génération » triés par le milieu modifie légèrement la génération suivante dans le sens d'une adéquation plus fine entre, d'une part, la physiologie et les mœurs des individus et, d'autre part, la niche écologique exploitée. Les populations qui exploitent les différentes niches écologiques divergent et finissent par s'isoler sexuellement, devenant autant d'espèces nouvelles. Parmi la quinzaine d'espèces de « pinsons des Galápagos », les unes se nourrissent à terre de graines ou de noyaux selon les aptitudes de leur bec, d'autres sont arboricoles et certaines d'entre elles sont devenues insectivores. Une espèce, le « pinson pic », se sert d'une épine de cactus pour extraire les insectes de l'écorce des arbres ; une autre, localisée dans l'île Wolf, est suceuse de sang.

Résumons. Le constat de l'existence de petites variations au sein des populations (portant par exemple sur la taille du bec dans telle espèce de « pinsons des Galápagos ») conduisit Darwin à postuler que ces variations sont le terreau sur lequel s'exerce la sélection naturelle, que cette dernière induit des transformations adaptatives divergentes dans les populations, enfin que ces transformations continues des populations aboutissent à la spéciation.

Peter et Rosemary Grant, de l'université McGill de Montréal, ont étudié en temps réel, à partir de 1973, la dynamique des populations de deux espèces de « pinsons » de terre granivores, l'une à gros bec (*Geospiza fortis*), l'autre à bec plus petit (*Geospiza scandens*), en fonction des fluctuations climatiques provoquées par le phénomène cyclique *El Niño*. Les deux espèces sont en concurrence partielle. Un épisode de sécheresse, qui appauvrit surtout la ressource en petites graines, favorise la population de *G. fortis* – et, en son sein, les individus « haut de gamme » en matière de gros bec – plus apte à exploiter la ressource en grosses graines. En quelques générations, la taille moyenne du bec augmente dans la population de *G. fortis*. Un épisode d'humidité, pendant laquelle la ressource en petites graines augmente, favorise au contraire la population de *G. scandens*.

*

Peter et Rosemary Grant ont vérifié le postulat, relatif au pouvoir sélectif du milieu, mais pas celui relatif à la spéciation : la durée de leurs travaux était trop courte. La réalité d'une spéciation sanctionnant les transformations adaptatives divergentes se révèle dans l'œuvre patiente du temps, à toutes les échelles géographiques.

Le continent australien fut le théâtre de l'évolution des marsupiaux, alors que l'extinction des dinosaures avait libéré un grand nombre de niches écologiques et que l'« insularisation » avait protégé les marsupiaux de la concurrence des mammifères plus évolués. De cette évolution en champ clos est née une même gamme de régimes alimentaires que chez les mammifères d'Afrique et d'Eurasie, avec des phénomènes de convergence tels qu'on a pu désigner une « souris marsupiale », une « taupe marsupiale », un « loup marsupial »... Ainsi, beaucoup de caractères morphologiques, physiologiques, comportementaux laissent transparaître l'adaptation, indépendamment de l'appartenance taxonomique des animaux : c'est le phénomène de *convergence*.

La forme du limbe foliaire, dont il a été question précédemment à propos de la photosynthèse des plantes, est un bon exemple des contraintes exercées par le milieu sur la morphologie et la structure histologique de la feuille. Rappelons-en les principaux aspects. La forme aplatie et la couleur verte du limbe foliaire signent la fonction photosynthétique de cet organe. La grande surface par rapport au volume optimise, dans l'air, les échanges gazeux et l'absorption de lumière indispensables à la photosynthèse. Ce n'est pas tout. Une disposition orientée des tissus foliaires, reconnaissable aux différences de couleur entre les deux faces du limbe, souligne la subtilité des caractères adaptatifs. Observons par exemple la frondaison du hêtre. Les feuilles, disposées horizontalement, ont une face supérieure bien verte car le tissu chlorophyllien est situé ainsi au plus près de la lumière. La face inférieure est plus pâle, en raison des lacunes aérifères qui infiltrent un tissu chlorophyllien moins dense. Ce dernier est spécialisé dans l'approvisionnement en dioxyde de carbone – et dans l'évacuation de l'oxygène, déchet de la photosynthèse. L'absorption de la lumière s'effectue côté soleil, les échanges gazeux côté ombre, mieux protégé contre le risque de déshydratation, un risque important dans les milieux secs, comme la garrigue méditerranéenne. Les plantes à feuilles petites et coriaces y abondent ; leur surface foliaire réduite exprime une sorte de compromis entre deux contraintes physiologiques contradictoires, échanger et se protéger. L'adaptation a un coût.

Hormis ce nécessaire ajustement adaptatif, dont la solution dépend davantage du milieu que de l'espèce, que de fantaisie dans la forme des feuilles ! Il est fréquent que des plantes appartenant à la même famille présentent des morphologies foliaires très différentes. C'est le cas, chez les Rosacées, de plantes comme le rosier, le fraisier, la ronce, le cerisier.

Il en est de même pour la variété des plumages des oiseaux, qui, chez les mâles de nombreuses espèces, semblent libres de contraintes adaptatives, alors que les femelles sont tenues à une grande discrétion qui les protège au moment de la couvaison. En France, les trois espèces de mésanges qui, l'hiver, viennent le plus fréquemment picorer les boules de graisse qu'on leur propose sur les balcons – mésange charbonnière, mésange bleue, mésange nonnette – se distinguent immédiatement (chez les mâles comme chez les femelles), par leurs livrées. Mais on se dit que la nature aurait pu aussi bien permuter ces dernières entre les trois espèces, sans porter tort à aucune d'elles... Dessins et couleurs des plumages des oiseaux, détails morphologiques des feuilles : ces caractères n'ont pas, semble-t-il, de valeur adaptative. Ont-ils malgré tout une fonction ? On peut penser que l'identité d'apparence permet aux oiseaux de même espèce de se reconnaître ; mais la forme des feuilles ? Comment un caractère aléatoire au regard du milieu peut-il être fixé lors de la spéciation ? La théorie darwinienne ne rend pas clairement compte de ces caractères qui semblent être indifférents au milieu.

La théorie darwinienne éclaire en revanche la signification de certains organes porteurs d'éléments de signification énigmatique. Tel est le cas de deux os en forme de baguette, appelés stylets, qui flanquent la patte du cheval, cet animal onguligrade : il « marche sur l'ongle ». Un seul doigt à trois phalanges, surmonté d'un métacarpien (à l'avant) ou d'un métatarsien (à l'arrière) compose l'axe fonctionnel de la patte. Il y a moins de dix millions d'années, des hardes d'un drôle de petit cheval, « Hipparion », peuplaient les prairies d'Europe. Il avait trois doigts à chaque patte, auxquels étaient associés trois métacarpiens (ou trois métatarsiens). Le doigt médian, plus robuste que les doigts latéraux, supportait seul le poids du corps (figure 28). Chez le cheval actuel, les doigts latéraux ont disparu, sauf cas rarissimes de résurgence atavique, mais les métacarpiens (ou les métatarsiens) subsistent, devenus superfétatoires, sous la forme des stylets. Ils se comprennent aisément, dans le cadre de l'interprétation darwinienne, comme des organes vestigiaux, ayant perdu tout usage. Par contre, leur présence s'accorde mal avec l'hypothèse créationniste ; moment d'inattention de la part du Créateur ? Mais les bévues de ce type sont légion : restes de pattes enfouies dans le corps du boa, restes d'ailes dans le corps du kiwi. Les ailes-nageoires du manchot, c'était peut-être une facétie divine, mais pourquoi avoir encombré l'autruche de ces ailes qui freinent sa course, comme si elle cherchait toujours à atterrir alors qu'elle ne s'est jamais envolée. Pour être juste, reconnaissons que la nature leur a trouvé des fonctions de rechange : protéger des autruchons, faire peur ou séduire sa partenaire... L'hypothèse transformiste, détachée de toute intention créatrice, fournit donc une explication beaucoup plus satisfaisante au problème des organes vestigiaux, à condition de pouvoir replacer chaque cas dans son contexte historique, et ceci grâce à la paléontologie. Ainsi « Hipparion » renvoie-t-il à ses lointains ancêtres nés en Amérique. La bizarrerie morphologique de la patte d'Hipparion s'éclaire dès lors qu'on la situe dans la lignée des ancêtres. Elle montre globalement une tendance à la régression des doigts latéraux, avec renforcement concomitant du doigt médian. Cependant, le trajet évolutif n'est pas linéaire, mais arborescent, et l'on voit mal comment une évolution censée conduire quelque part pourrait hésiter… La « série du cheval », comme on dit parfois, et autres faits paléontologiques du même ordre constituent un argument très fort en faveur de la réalité de l'évolution. Mais on ne peut rien en conclure quant à son mécanisme, sinon rejeter l'interprétation lamarckienne, au moins dans sa version caricaturale.

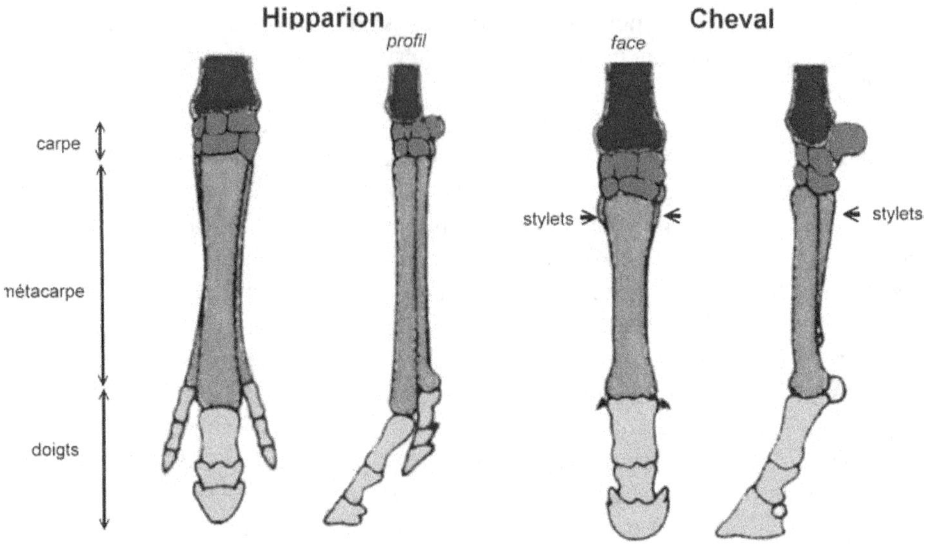

Figure 28. Pattes anterieures d'equides

À Down House, Darwin entreprit d'ordonner ses notes et ses pensées, en contact étroit avec une communauté scientifique qui s'était considérablement élargie depuis le temps de Lamarck. Il avait acquis la conviction :
– que les espèces évoluent ;
– que le milieu est l'opérateur sélectif, qui favorise, au sein de chaque population, ceux des individus dont les caractères s'accordent au mieux avec les conditions écologiques du moment ;
– enfin que cette sélection conduit progressivement à la spéciation.

*

La théorie darwinienne de l'évolution met en avant la soumission des êtres vivants aux contraintes aveugles du milieu, dans une implacable compétition pour la vie. Mais si Darwin était convaincu de l'action sélective du milieu, il n'en voyait pas clairement le mécanisme. Sur ce point la lumière lui vint, de façon inattendue, de la sphère socio-économique. En effet, à l'automne 1838, Darwin lut par hasard un ouvrage déjà ancien empreint d'un profond pessimisme social, *Essai sur le principe de population*, de Thomas Malthus (1766-1826). La thèse de Malthus était que la population s'accroît en proportion géométrique (par exemple 1-2-4-8…), beaucoup plus vite que les ressources alimentaires, qui ne s'accroissent qu'en proportion arithmétique (par exemple

1-2-3-4…). En clair, il faut jouer des coudes pour s'installer au banquet de la vie où les places sont de plus en plus chichement comptées. La famine menace.

Les idées malthusiennes étaient d'ordre sociologique ; Darwin ne pouvait les transposer telles quelles au monde vivant, mais il s'en servit pour poser la clé de voûte de sa théorie de l'évolution en y introduisant la notion de « lutte pour la vie », débouchant sur une « lutte pour la reproduction ». Car, d'une façon générale, les capacités de multiplication des espèces, même les moins prolifiques, excèdent les capacités du milieu à renouveler les ressources alimentaires nécessaires à chacune d'elles. Et puisque la nourriture est comptée pour chaque population, tous les individus d'une génération ne peuvent atteindre l'âge de se reproduire. Il y a les faibles : animaux insuffisamment armés pour chasser, se défendre, satisfaire les exigences de leur éleveur ; plantes incapables d'atteindre la lumière dans la jungle de la canopée, ou de puiser suffisamment d'eau dans l'entrelacs serré des racines, ou encore de se faire une place dans un semis de radis surpeuplé. Si, pour un animal, se nourrir est une affaire de comportement (savoir courir, guetter, se cacher), pour une plante c'est lutter pour se faire une place dans l'air et dans le sol : c'est une affaire de croissance. Ne survivent que les plus forts.

Dans la foule des candidats à la survie, survivent ceux qui bénéficient de petits avantages adaptatifs opportunément accordés aux conditions de milieu :
– chez les animaux, dispositions corporelles et/ou comportementales favorisant notamment l'exploitation de la ressource alimentaire du moment ;
– chez les végétaux, aptitude particulière à résister à la sécheresse en période de vaches maigres, ou à s'accroître en période de vaches grasses.

Mais il y a aussi les rescapés des hécatombes aveugles, qui ne doivent leur privilège qu'aux faveurs du hasard. Qui n'a vu ces images de bébés-tortues, tout juste sortis de terre, battant frénétiquement le sol de leurs quatre palettes pour tenter d'atteindre la mer avant d'être enlevés du sol par une frégate ou un pétrel ? Et ceux qui survivent à cette courte course folle ne sont pas pour autant tirés d'affaire puisqu'ils auront à affronter les prédateurs aquatiques… Je suis toujours fasciné par ces images qui reviennent en boucle dans les émissions animalières, et je ne manque jamais de penser aux soldats des premières vagues de débarquement en Normandie qui jouaient leur vie dans un parcours inverse. Face aux mitrailleuses, les qualités personnelles des soldats ne jouaient aucun rôle ou presque, pas plus que la célérité des petites tortues sous le rase-mottes des oiseaux. Il n'y a pas de « meilleurs », pas de « valeur sélective » différentielle, rien que le trajet aléatoire d'une balle ou le coup d'œil fortuit de l'oiseau. Seuls les épargnés, ceux que l'aveugle loterie de la vie aura consacrés, seront, plus tard, en mesure de mettre à l'épreuve leurs aptitudes : ce sera alors les « meilleurs », les mieux armés, en somme, qui vivront suffisamment longtemps pour se reproduire.

Les animaux qui s'offrent dans leur jeune âge en manne aux prédateurs, les aidant ainsi à se reproduire, appartiennent à des espèces prolifiques où les parents abandonnent œufs, larves ou jeunes incapables de se défendre contre des prédateurs plus gros qu'eux, hormis par l'effet de masse comme dans un banc de sardines. Pas de combat singulier où les qualités individuelles pourraient prévaloir. Il en est de même, chez les végétaux terrestres, où le hasard seul joue sur la pléthore des germinations. Les années de bonne fructification, le sol de la forêt peut se couvrir d'un tapis de germinations de hêtres ou de chênes. Il faut des circonstances exceptionnelles pour qu'elles aient l'occasion de poursuivre leur croissance ; et de très rares « privilégiés » gagneront la compétition de l'espace. Cela se produit lorsque le forestier effectue une coupe dans une hêtraie, ne laissant que quelques porte-faînes pour une régénération naturelle ; ou lorsque, dans une réserve biologique intégrale, la chute d'un arbre libère temporairement un espace pour les innombrables postulants à la vie. Et le jardinier sait bien qu'il lui faut désépaissir son semis de salades.

Arrivés à maturité sexuelle, ne se reproduiront efficacement, parmi les animaux ou les végétaux ayant survécu aux hécatombes, que les plus vigoureux; les autres « feront de mauvaises graines », ou n'auront aucune descendance. Chez les animaux, les mâles auront souvent à surmonter une autre épreuve, la compétition sexuelle. Pour obtenir les faveurs des femelles, il leur faudra affronter les concurrents jaloux, éventuellement respecter les préséances, ou attendre leur heure. Une génération en devenir, souvent pléthorique au regard des possibilités d'accueil du milieu, s'éclaircit selon des modes variés, de signification sélective et de valeur évolutive différentes.

*

Durant les vingt années de son austère retraite, Darwin s'employa à nourrir son œuvre Cet homme travaillait avec une détermination tranquille, à l'opposé de Lamarck qui laissait volontiers errer son imagination transformiste sans trop se préoccuper de la cohérence scientifique ou simplement du sérieux de ses jaillissements. Mais Darwin savait que la *Philosophie zoologique* n'avait pas été bien reçue. De plus, il bénéficiait, cinquante ans plus tard, de circonstances plus favorables, tant sur le plan social que sur le plan scientifique ; les libres penseurs s'enhardissaient face aux dévots, et la science avançait rapidement, notamment en paléontologie et en embryologie, les deux sources où, déjà, commençait à puiser Geoffroy Saint-Hilaire, en quête de « preuves de l'évolution ». Darwin fit de même, dégageant des arguments plus solides à partir de données objectives mieux documentées.

Mais il ne se limitait pas aux recherches livresques. Ses contacts étroits avec éleveurs et agronomes l'aidèrent à s'appuyer sur la *sélection artificielle* qu'ils pratiquent de profession, pour mieux comprendre la *sélection naturelle*. Les éleveurs et agronomes « améliorent » les races en sélectionnant les « meilleurs » reproducteurs, de même que le milieu fait évoluer une population en favorisant la reproduction de ses représentants « les plus aptes ». Darwin sélectionnait lui-même pigeons et lapins. Par ailleurs, tout en œuvrant à son grand dessein, Darwin travaillait sur des sujets aussi différents que la formation des îles volcaniques ou la croissance des plantes, et asseyait ainsi son autorité dans la communauté scientifique.

La première édition de l'*Origine des espèces* fut épuisée le jour même de sa parution, en novembre 1859. Il y eut en tout six éditions, la dernière en 1872. Immense succès et violente controverse. C'est par disciples interposés, au premier rang desquels Thomas Huxley (le grand-père d'Aldous et de Julian), que Darwin croisa le fer de la polémique avec ses collègues et avec les hommes d'Eglise. Ce fut violent. Mais rapidement les fixistes se firent rares, très rares, parmi les scientifiques. La querelle du transformisme ne s'éteignit pas pour autant. Car si l'on reconnut à Darwin le mérite d'avoir brillamment démontré que les espèces évoluent, la théorie darwinienne de l'évolution ne fut pas acceptée par tous. Car il n'expliquait – il ne pouvait expliquer en son temps – ni l'origine de la variabilité de l'espèce (le mérite en reviendrait à Mendel et Morgan), ni le passage de l'accumulation héréditaire continue des petits avantages à l'émergence d'une nouvelle espèce, qui s'accomplit par un isolement sexuel en principe définitif.

Darwin a développé sa conception *gradualiste* de l'évolution sur la base par ses propres observations écologiques et biogéographiques. Que les populations puissent subir, sur l'échelle de quelques générations, de petites transformations en fonction des fluctuations du milieu, de nombreuses études, comme celle de P. et R. Grant sur le site emblématique des Galápagos, l'ont amplement prouvé.

Aux plus grandes échelles d'espace et de temps, les arguments ne manquent pas. Soit l'exemple classique des goélands de l'hémisphère Nord. Sur les côtes du Finistère se côtoient trois espèces principales : le goéland marin se reconnaît aisément à sa grande taille et ses ailes noires ; les deux autres, le goéland argenté et le goéland brun, sont plus difficiles à distinguer, au point que les immatures sont presque indiscernables. Cela tient à une étroite parenté. Ernst Mayr a étudié leur répartition en anneau autour du pôle Nord. Il a pu identifier une espèce originaire d'Asie, qui s'est différenciée, au cours de son extension selon deux sens opposés, en deux *races géographiques*, morphologiquement différentes mais capables encore de se croiser. Une race apparentée à notre goéland argenté s'est différenciée lors de sa propagation vers l'Amérique (dans le sens antihoraire, vu par le pôle Nord) ; une autre race, apparentée au goéland brun, s'est différenciée lors de sa propagation vers l'Europe (dans le sens horaire). Ces deux populations ont fini par converger en Europe occidentale, devenues incapables de se croiser ; sur les côtes scandinaves, anglaises et finistériennes, deux espèces différentes étaient nées (figure 29).

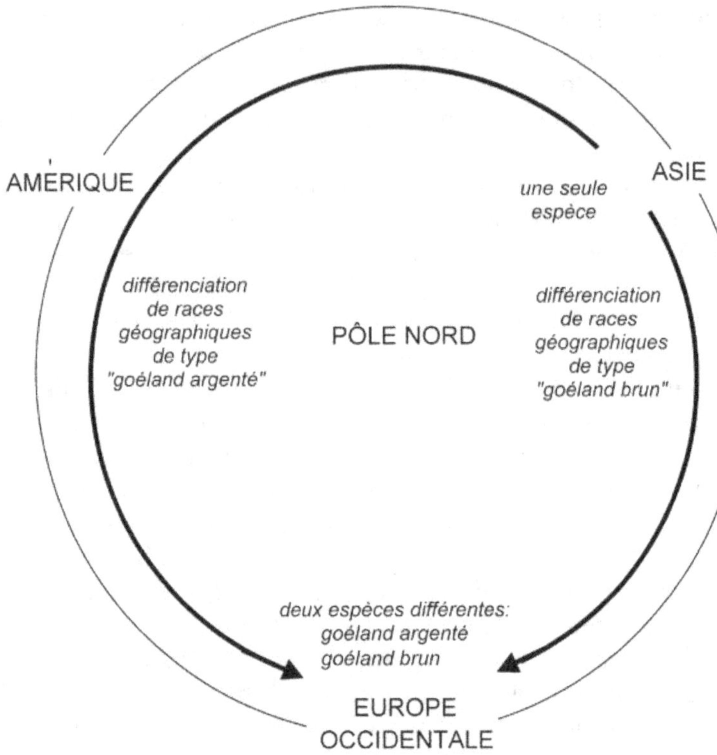

FIGURE 29. DE LA RACE GEOGRAPHIQUE A L'ESPECE

ils doivent se contenter du critère de « ressemblance morphologique », beaucoup moins fiable. Ces restrictions faites, chaque espèce d'ammonite (ou reconnue comme telle) semble rester stable, à travers les différents échantillons dont on dispose, pendant 1, 2 ou 3 millions d'années (voire plus) jusqu'à sa disparition. Il semble que lui succèdent « brusquement » une ou plusieurs autres espèces morphologiquement proche(s) dont on peut penser qu'elle(s) en dérive(nt). Mais que signifie « brusquement » alors que le pouvoir séparateur de la méthode des fossiles marqueurs est de l'ordre du million d'années ? Quoi qu'il en soit, l'examen des lignées laisse l'impression d'un brusque passage d'une espèce à la suivante.

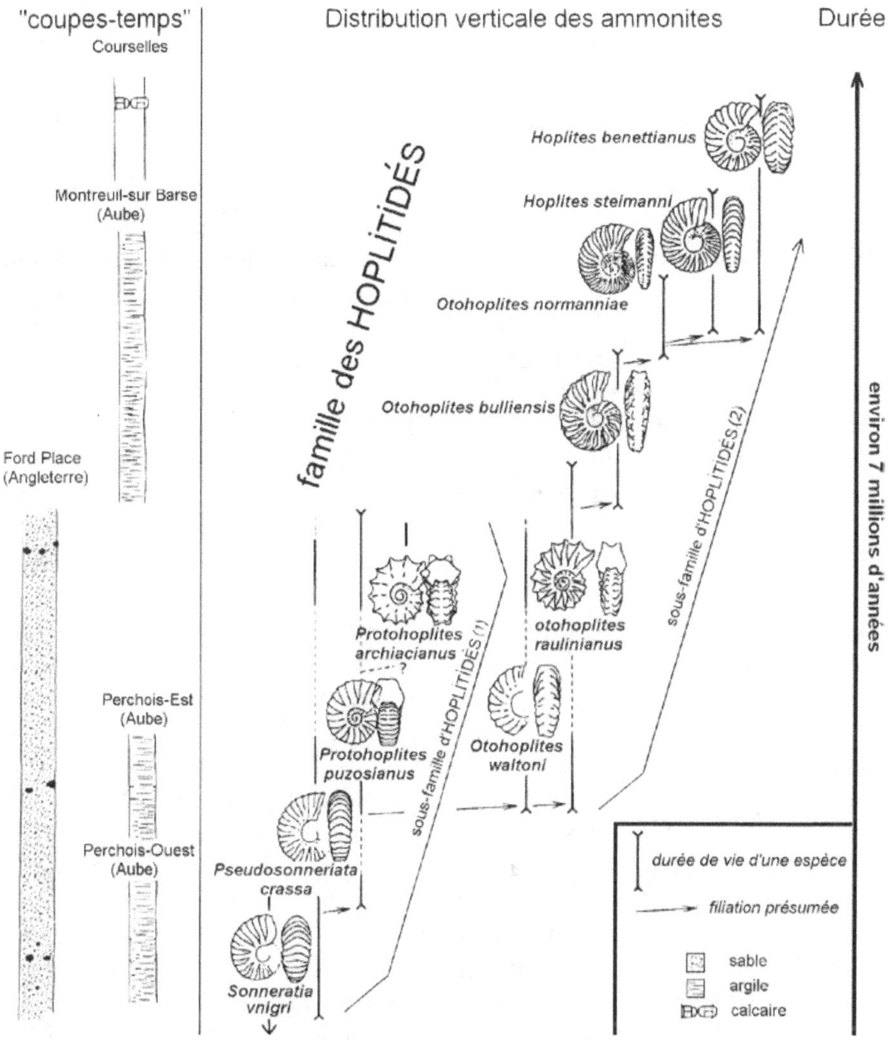

FIGURE 30. PHYLOGENESE D'UNE FAMILLE D'AMMONITES

De nombreux échantillons d'Hoplitidés ont été trouvés dans des couches sédimentaires datant d'environ 100 millions d'années. Cette famille comporte deux sous-familles (1) et (2) pour lesquelles on a proposé une filiation (Fr. Amédro *et al.* 1999). Les principaux sites fossilifères sont localisés dans le sud de l'Angleterre et en France, principalement dans la région de Troyes. Les corrélations temporelles entre ces gisements sont figurées schématiquement dans les « coupes-temps ».

*

Mais les paléontologistes, qui embrassent le cours de l'évolution d'un regard panoramique, voient tout autre chose que du continu. Prenons l'exemple des ammonites, ces mollusques céphalopodes marins de l'ère secondaire, proches du nautile actuel. Les espèces d'ammonites sont très nombreuses, leur extension temporelle (« verticale ») est plus ou moins grande, mais certaines ont une durée de vie très courte à l'échelle des temps géologiques, de l'ordre du million d'années dans le meilleur des cas (du point de vue du géologue). Ces espèces « fugaces » sont en effet d'excellents *marqueurs* en chronologie relative. La figure 30 montre la succession d'un certains nombre d'espèces d'âge crétacé appartenant à la famille des Hoplitidés. Il est légitime d'y chercher entre elles une filiation. La difficulté pour l'établir tient au fait que les paléontologues sont privés du critère de « communauté de reproduction » qui définit chaque espèce ;

*

Suite à l'œuvre de Darwin, il restait à identifier l'origine de ces « petites variations » sur lesquelles s'exerce la sélection naturelle. C'est la théorie chromosomique de l'hérédité, inaugurée par Mendel, qui, au XXe siècle, allait apporter la réponse, complétant ainsi la théorie darwinienne de l'hérédité. Cette dernière a disqualifié les doctrines créationnistes, et notamment les plus radicales : celles qui se réfèrent à une interprétation littérale de la Bible et du Coran. Non seulement les êtres vivants, quels qu'ils soient, ont des caractères communs sur le plan de l'organisation (à l'échelle cellulaire) et de la composition chimique, mais ils ont aussi une histoire commune interactive et ouverte sur le minéral, construisant une biosphère sans cesse remaniée, sans cesse remise sur un ouvrage qu'elle porte en elle. Elle obéit à une dynamique qui l'anime de l'intérieur, une dynamique propre au Vivant.

C'est donc l'exploration par les grands pionniers (j'entends par là les naturalistes « à l'ancienne »), de l'intimité des « êtres animés », dans leur organisation, leur fonctionnement et pour finir leur histoire, que fut formellement administrée la preuve de l'unité du vivant.

À partir du XXe siècle, la science biologique unifiée s'est considérablement enrichie, grâce aux ressources des technologies de pointe, notamment en matière d'imagerie et d'analyse biochimique, et à la lumière des concepts fondamentaux de la chimie et de la thermodynamique.

Les deux chapitres qui suivent proposent de les intégrer dans une compréhension globale de la dynamique propre au vivant.

3

La dynamique du vivant

Chapitre 3

La cellule procaryote et l'invention de la biochimie

Le grand écart énergétique des cellules eucaryotes

Complémentarité trophique des êtres vivants, à l'échelle de la biosphère comme à l'échelle des écosystèmes

Le problème de l'adéquation au milieu du dynamisme vital

Le mot « dynamique » désigne ici le vivant considéré *en fonction,* par opposition au vivant considéré *en composition.* Si, dans le chapitre précédent, la fonction de tel organe, tissu, cellule ou protéine a été envisagée, c'est seulement pour en justifier l'organisation. Qui pourrait en effet comprendre la morphologie d'une enzyme sans avoir connaissance du substrat qui s'y adapte et s'y lie spécifiquement ?

Dans ce chapitre, la dynamique du vivant est envisagée dans un rapport extensif avec l'énergie qui l'anime. Une observation élémentaire sur le rôle d'un modeste radiateur aidera à comprendre où je veux en venir. Le radiateur diffuse de la chaleur à travers sa paroi entre l'eau chaude (le *fluide caloporteur*) envoyée par la chaudière et l'air de la pièce. Voilà un système qui réalise un transfert d'énergie (de la chaleur) entre la source d'alimentation (le mazout ou le gaz brûlé dans la chaudière) et l'air de la pièce à réchauffer. Si la température de celle-ci reste stable (est dite « en état stationnaire »), c'est que l'énergie consommée dans la chaudière compense l'énergie dépensée pour faire circuler l'eau et réchauffer l'air de la pièce. Qu'une panne survienne, et l'eau cesse bientôt de circuler dans les tuyaux en même temps qu'elle se refroidit. Les états stationnaires ne peuvent se maintenir qu'au prix d'une dépense continue d'énergie. Soit maintenant l'organisme d'un mammifère terrestre, dont le sang garde une température quasi constante en dépit des fluctuations thermiques de l'air ambiant. Il dispose d'un système calorifique interne qui maintient la température du sang en état stationnaire, à ceci près qu'il sert non pas à réchauffer le milieu, mais à garder le corps au chaud... S'il réchauffe aussi (un peu) l'extérieur, ce n'est nullement l'effet recherché. D'un strict point de vue physique, les deux systèmes calorifiques (« chauffage domestique » et « chauffage biologique ») sont comparables : ils échangent matière et énergie avec le milieu. Dans les deux cas, la source d'énergie matérielle (respectivement du fuel ou du gaz naturel et des « aliments énergétiques ») fournit de la chaleur. Les modalités physiques de ces transferts obéissent aux mêmes lois, celles des *systèmes thermodynamiques ouverts.*

Mais les deux systèmes diffèrent par la signification de leur résultat principal. Le système physique « se laisse utiliser » par l'homme en quête de son confort environnemental alors que le système biologique est le propre acteur du confort de ses cellules : grâce à son thermostat cérébral, il contrôle la production de chaleur

Étendue à la totalité des fonctions biologiques, cette capacité d'autocontrôle permet à l'être vivant de se maintenir, sa vie durant, dans un état stationnaire qui préserve sa forme, ses organes, ses tissus, ses cellules et sa composition chimique. La contrepartie d'une conservation durable de l'état de vie est un coût énergétique élevé.

L'un de mes vifs souvenirs d'enfance est le constat que le gel fait éclater une bouteille fermée remplie d'eau. L'instituteur m'avait appris que la glace est formée d'un agglomérat de cristaux du même type que les beaux cristaux à six branches de la neige, quoique indiscernables à l'œil nu et de forme beaucoup plus sobre. J'ai su depuis que la prise en glace s'effectue lorsque la température de l'eau s'abaisse à 0 °C et que le mélange eau-glace reste à cette température tant qu'il subsiste un peu d'eau liquide dans le verre. Il en est ainsi parce que la formation de glace libère de la chaleur qui stabilise temporairement la température du mélange à 0 °C. Dès que toute l'eau a gelé, la température de la glace s'abaisse et finit par s'équilibrer avec la température extérieure, la chaleur produite étant alors libérée dans l'atmosphère. Un autre enseignement de ces observations est qu'il convient de distinguer la *chaleur*, qui représente une quantité d'énergie, de la *température*, qui est un marqueur ponctuel de l'état thermique d'un corps.

L'évolution du système eau-glace, comme celle de tout système physique, dépend directement des échanges d'énergie (en l'occurrence de chaleur) qui s'effectuent entre l'air et l'eau et que le système subit passivement. D'une tout autre nature sont les « réponses » des êtres vivants aux variations climatiques affectant leur milieu. Soit l'exemple du cycle vital des plantes à bulbe. Après avoir fleuri et fructifié au printemps, un pied de tulipe reconstitue ses forces en été grâce à la photosynthèse foliaire, accumule des substances organiques à fort contenu énergétique dans son bulbe souterrain et prépare la prochaine tige florifère, qui pointe déjà en haut du bulbe. Puis ce dernier entre dans un profond sommeil hivernal alors que les parties aériennes de la plante ont disparu. Au printemps suivant, le bulbe se réveille et mobilise ses réserves pour la construction d'un nouvel appareil aérien. Or, ce n'est pas l'élévation de la température printanière qui fait sortir le bulbe de sa léthargie, mais la période de froid qu'il a subie auparavant. Ainsi, le bulbe de tulipe contrôle les modalités de son réveil : cet état maîtrisé de vie ralentie, qui ne dépend pas directement des variations de la température extérieure, est la *dormance*. La tulipe utilise donc les variations du contenu calorique de son milieu pour contrôler son cycle vital, plus précisément pour l'adapter au cycle climatique.

Pendant la saison favorable à leur développement, les végétaux utilisent, grâce à la photosynthèse, la lumière comme source trophique d'énergie. Les autres êtres vivants sont tributaires de cette capacité de conversion de l'énergie lumineuse en énergie chimique par les végétaux, de façon directe ou indirecte. Quelles que soient les formes de l'énergie puisée dans le milieu (lumière ou substances chimiques), les êtres vivants les convertissent en énergie chimique dans la trame carbonée de leurs molécules organiques pour des usages diversifiés, immédiats ou différés, au service de leur préservation et de leur reproduction.

L'énergie

L'énergie est cette entité impalpable qui anime toute chose et tout être ; elle est avant tout associée au mouvement. Mouvement de l'eau et mouvement des corps solides, mouvement désordonné, appelé *mouvement brownien*, des particules microscopiques que l'on peut observer au microscope dans une cellule végétale gonflée de liquide vacuolaire.

Tant qu'il y a de la chaleur, il y a de l'énergie
Vive à la sortie du cratère, une coulée de lave se ralentit au fur et à mesure de son refroidissement. Tout près de se figer, elle peut encore enflammer les arbres et disloquer les maisons sous les yeux des spectateurs impuissants ; moribonde, sa force reste effrayante. Ce qui est vrai pour les choses l'est également pour les êtres. Lorsqu'on ouvre une huître, on y voit le cœur battre doucement ; mais il bat de moins en moins vite lorsque la température s'abaisse.
Le zéro de l'*échelle Celsius* correspond à la température de fusion de la glace. C'est un « zéro de circonstance » puisqu'il existe dans la nature des températures plus basses. Jusqu'où le thermomètre peut-il descendre ? L'expérience montre qu'il existe une limite inatteignable, voisine de – 273 °C, où plus rien ne bougerait : c'est le zéro absolu de *l'échelle Kelvin* (0 K), La matière garde donc toujours un petit peu d'énergie.

Il existe d'autres formes d'énergie que la chaleur et le mouvement
L'énergie lumineuse s'analyse en termes de flux de « particules de lumière » appelées *photons*. La mécanique ondulatoire nous apprend qu'à chaque photon est associée une onde, et que son énergie est d'autant plus grande que la longueur d'onde est plus courte. La lumière solaire est composée de photons de contenus énergétiques différents. C'est pourquoi elle se décompose dans un arc-en-ciel en cercles différemment colorés, correspondant chacun à une bande de longueurs d'onde déterminées. Les ondes associées à la lumière violette sont les plus courtes, celles associées à la couleur rouge les plus longues du spectre visible.
L'énergie électrique s'analyse en termes de flux de particules chargées, électrons ou protons. Mais elle ne s'exprime que lorsqu'elle peut circuler dans un conducteur. Cependant, elle existe à l'état latent dans une pile électrique. Il suffit d'appuyer sur un bouton pour la révéler, par exemple pour la convertir en lumière. Il en est de même pour l'eau « qui dort » dans un lac de retenue. Il suffit d'ouvrir la conduite menant aux turbines pour qu'elle se convertisse en électricité. Dans les deux cas, cette énergie latente est de l'*énergie potentielle*.
Toutes les formes d'énergie sont convertibles entre elles. Dans une torche électrique, l'électricité se transforme en lumière et, dans un capteur photovoltaïque, la lumière se transforme en électricité ; dans une centrale hydroélectrique, le mouvement de l'eau se transforme en électricité et, dans une pompe à eau électrique, l'électricité se transforme en mouvement ; lors d'un freinage, le mouvement de la voiture se transforme en chaleur et, dans une machine à vapeur, la chaleur se transforme en mouvement.
C'est dans cette capacité de conversion réversible que se définit le concept global d'énergie.

L'énergie se conserve au cours de ses transformations, mais elle se dégrade

Deux principes dominent la thermodynamique : un principe de conservation et un principe de dégradation. Envisageons cette question sous un angle historique en nous transportant à l'aube de l'ère industrielle, avec l'invention de la machine à vapeur et l'extraction intensive du charbon qui la fait fonctionner. Sadi Carnot est considéré comme le père de la thermodynamique. Dans son livre *Réflexions sur la puissance motrice du feu,* publié en 1824, il postule que la chaleur se conserve au cours des transformations de l'énergie. C'est la première formulation, encore imparfaite, du premier principe. La « chaleur » deviendra le *contenu calorique*. Par ailleurs, Sadi Carnot constate que l'énergie de mouvement – c'est-à-dire le *travail* effectué par la machine – ne représente qu'une part de l'énergie thermique consommée et que le *rendement* varie en fonction de la différence de température entre la « source chaude » qui fournit le fluide caloporteur et la « source froide » qui la reçoit. Du point de vue de l'ingénieur, il y a donc toujours une « perte d'énergie », plus ou moins grande. Cette découverte est à l'origine du second principe.

En 1840, James Joule réfute la conception de Carnot selon laquelle la chaleur serait véhiculée par un fluide inclus dans l'eau ou l'air utilisé pour connecter la source chaude à la source froide. Ce « fluide calorique » n'existe pas et le fluide caloporteur n'est autre que l'eau ou l'air. Joule énonce que toutes les formes d'énergie sont équivalentes et qu'une seule unité d'énergie suffit donc pour les mesurer toutes : l'unité internationale est le *joule*, et la calorie, utilisée pour mesurer la chaleur, vaut 4,18 joules. Enfin, ce n'est pas la chaleur mais l'énergie sous quelque forme que ce soit qui se conserve au cours de ces transformations.

Au milieu du XIXᵉ siècle, Rudolph Clausius et Lord Kelvin mettent l'accent sur le caractère irréversible de la distribution de l'énergie entre ses différentes formes ; si, par exemple, le travail peut être entièrement converti en chaleur, l'inverse est impossible. La part de l'énergie convertible en travail est appelée *énergie libre*. Clausius crée en 1865 le concept d'*entropie* pour rendre compte de la part de l'énergie irrémédiablement perdue pour le travail lors de chaque transformation. Le second principe est empreint d'un grand pessimisme pour le devenir de l'univers...

En 1872, Ludwig Boltzmann donne, dans le cas d'un gaz, une interprétation particulaire de l'entropie, en la reliant au degré d'agitation thermique des particules. Cette dernière conduit inexorablement, au fil du temps, à homogénéiser un mélange liquide ou gazeux, aboutissant au degré de désordre maximum des particules du mélange. Lorsqu'on dépose avec une pipette une goutte de bleu de méthylène au fond d'un tube à essai, la couleur bleue se propage, tout en s'atténuant, à la totalité du liquide.

Enfin, dès 1876, William Gibbs introduit l'énergétique dans les réactions chimiques, indispensable à la compréhension du dynamisme de la chimie et, pour ce qui nous intéresse ici, de la biochimie. Le concept majeur est celui de *couplage énergétique*, qui consiste, pour un être vivant, à se procurer l'énergie chimique dont il a besoin à partir d'une réaction qui en libère une quantité plus grande, l'excédent étant *in fine* libéré dans le milieu sous forme de chaleur. C'est les bactéries qui ont « inventé », il y a bien longtemps, le couplage énergétique qui nous fait vivre...

Le solde négatif d'énergie libre d'un tel couplage s'interprète, selon Boltzmann, comme un accroissement global du désordre de l'univers, le prix à payer pour le maintien local de l'ordre du vivant. De même que le « village gaulois » d'Astérix s'opposait à la toute-puissance de l'armée romaine dans une résistance improbable, l'ordre du vivant s'oppose à l'emprise du désordre universel en préservant obstinément son îlot de complexité.

Pour aider à comprendre (5)

L'ordre du vivant

Ordre et désordre

Un système thermodynamique isolé, c'est-à-dire qui n'échange ni matière ni énergie avec son environnement, évolue spontanément vers l'homogénéité, qui correspond à l'état de distribution statistique des particules en état d'agitation thermique la plus probable ; tel est l'enseignement majeur des travaux de Boltzmann. Les particules ont atteint un état de désordre maximal, c'est-à-dire de « non-structure », équivalent de l'état d'entropie maximal. Entropie, homogénéité, désordre, trois mots antinomiques de la notion d'ordre.

Chaque ordre (chaque structure) se présente à notre regard comme un état singulier identifiable dans ses occurrences successives et, dès lors qu'il a été identifié, prévisible dans ses occurrences prochaines ; une telle permanence semble contrevenir à l'inéluctable évolution des choses vers l'homogénéité, un « défaut d'entropie » pourrait-on dire... Mais, si le désordre est quasi certain au terme de l'évolution spontanée d'un système isolé, il en va différemment dans le cas des systèmes qui échangent matière et/ou énergie avec leur milieu.

La cristallographie nous en fournira une illustration convaincante. Lorsque le minéralogiste et abbé René Haüy (1743-1822) laissa tomber par mégarde un gros cristal de calcite, il obtint des morceaux de forme identique au cristal initial : des rhomboèdres. Ayant eu l'idée de casser l'un des morceaux, il obtint de nouveau des fragments de forme rhomboédrique, et ainsi de suite. A chaque opération il pouvait ainsi prévoir la structure propre à la calcite, exprimée morphologiquement par la forme rhomboédrique des cristaux. Si on ne peut observer directement la formation d'un cristal de calcite, on peut étudier en temps réel celle d'un cristal de « sel de cuisine » (de forme cubique) ou d'un cristal de neige (de forme hexagonale) au sein d'un liquide qui en contient les éléments : respectivement les ions chlore et sodium ou les molécules d'eau. Au cours de sa croissance, le cristal prélève ces éléments présents à l'état désordonné dans le liquide et les ordonne dans sa trame, hexagonale ou cubique. L'ordre d'un cristal repose toujours sur des symétries qui s'expriment à toutes les échelles, depuis la maille cristalline élémentaire jusqu'au cristal macroscopique.

Étant un processus spontané, la cristallisation s'accompagne d'une perte d'énergie libre, qui se dissipe sous forme de chaleur. C'est elle qui, dans le cas du gel, s'oppose au refroidissement du liquide réactionnel, dont la température se maintient à 0 °C. Mais, simultanément l'entropie diminue puisque l'ordre de la glace succède au désordre de l'eau liquide. La raison en est que la partie du contenu calorique perdue a servi à cette création d'ordre. Le passage inexorable de l'ordre au désordre n'est donc pas tout à fait inéluctable puisqu'il peut, localement, s'inverser spontanément.

On a parfois comparé la croissance d'un cristal à la croissance d'un être vivant, car ce dernier, de même que le cristal, « assimile » les éléments du milieu qui constituent sa substance : on peut le voir s'accroître comme l'être vivant. Mais cette comparaison n'est guère plus qu'une métaphore superficielle car l'« ordre du vivant » est d'une tout autre nature que l'« ordre du cristal ».

L'ordre du vivant, un état stationnaire auto-entretenu

L'ordre du vivant oppose au petit nombre de formes cristallines inventoriées un nombre quasi infini de formes apparemment « quelconques » ; chacune d'elles est statistiquement improbable alors que l'ordre du cristal est statistiquement certain. S'il s'agit bien d'un ordre, c'est seulement parce qu'il est « prévisible » : on peut prévoir sans risque qu'une portée de chatons exprimera l'« ordre du chat ». De plus, à la différence de l'« ordre du cristal de sel », jamais l'« ordre du chat » n'apparaîtra spontanément au sein d'un mélange contenant en proportions adéquates tous les ingrédients du chat... L'ordre du vivant, c'est la réalisation réitérée de l'improbable.

La clé de cet apparent paradoxe tient, comme il a été vu précédemment, dans le concept universel de *couplage énergétique*. Il s'agira donc de situer le problème sur le plan thermodynamique. Soit l'exemple de la respiration, source principale de l'énergie utilisée par les animaux. Il est commode de ramener les résultats à une mole de substrat respiratoire : le glucose. La *mole* est la quantité de molécules dont la masse (appelée *masse molaire*) prend une valeur numérique, exprimée en grammes (g), correspondant à celle de la masse d'une molécule du même corps, exprimée en unités atomiques (u). Dans le cas du glucose, dont la molécule pèse 180 u, la masse molaire est donc de 180 g. La combustion d'une mole de glucose libère 2 867 kilojoules (kJ). Mais cette énergie ne se dissipe pas brutalement dans le milieu cellulaire comme la chaleur produite par combustion vive se propage dans l'air. Elle est émise à « petit feu » au fil des réactions élémentaires de la respiration et prise en charge sous forme d'énergie potentielle par une classe de molécules spécialisées convoyeuses d'énergie, dont le représentant emblématique est l'adénosine triphosphate, ou ATP. Il s'agit d'un nucléotide portant trois phosphates au lieu d'un seul. Les liaisons des deux phosphates supplémentaires ont un potentiel énergétique élevé, qui se manifeste par leur hydrolyse et non par leur rupture. C'est donc de façon abusive que l'on parle habituellement de « liaison riche ». De l'ATP est d'abord utilisé pour amorcer le processus respiratoire : le phosphate terminal est transféré sur une molécule de glucose. Ce *transfert de groupe* est le moyen matériel du transfert d'énergie activant le glucose. Puis d'autres réactions, comme celle impliquant la molécule (nommée X dans le schéma ci-dessous), réalisent l'opération inverse, c'est-à-dire la synthèse d'ATP. Les molécules d'ATP produites entrent dans le pool cellulaire de la « petite monnaie énergétique » disponible pour les différents travaux. Le bilan net de la respiration est de 38 moles d'ATP par mole de glucose dégradée, ce qui représente un potentiel énergétique d'environ 1 200 kJ sur le phosphate terminal. C'est la part d'énergie libre du contenu calorique (2 867 kJ) de la mole de glucose, soit environ 40 %. Le reste se disperse sous forme de chaleur (le fameux « prix à payer » par le milieu pour le maintien de la complexité de l'être vivant).

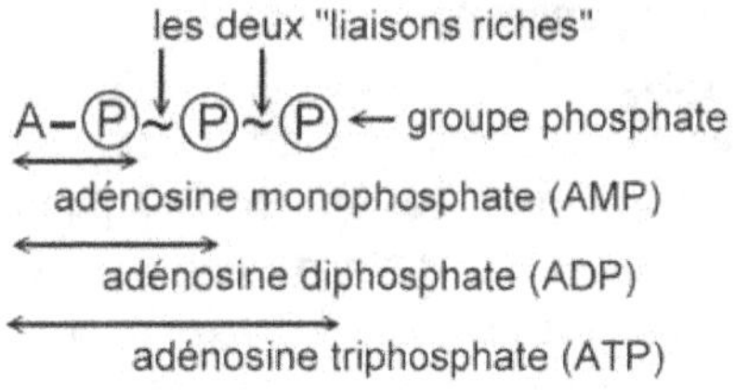

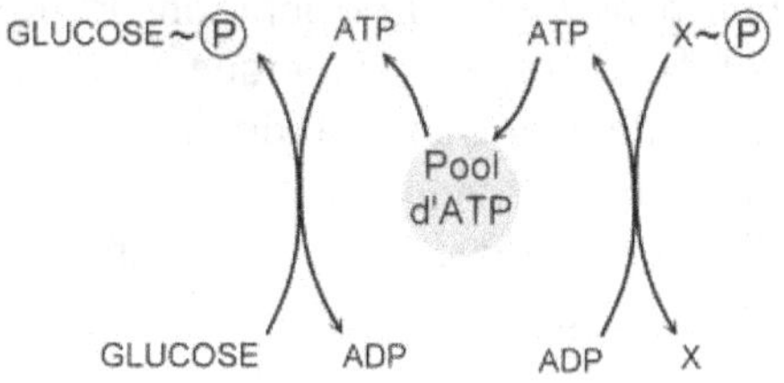

3.1. La cellule procaryote et l'invention de la biochimie

Venu du fond des âges, le peuple bactérien reste omniprésent dans la biosphère. Pris dans son ensemble, il exploite une gamme très étendue de sources d'énergie, minérales ou organiques. Au fond des océans, des bactéries sont les seuls êtres vivants exploitant l'énergie des sulfures échappés de la profondeur du Globe. Toutes les substances organiques (comme les sucres), ou dérivées de substances organiques (comme les hydrocarbures) peuvent être consommées par des bactéries. À la surface du Globe, d'autres bactéries s'affranchissent de toute source chimique d'énergie en utilisant l'énergie solaire, qu'elles captent grâce à un pigment. Notamment, la photosynthèse réalisée par les bactéries bleues préfigure la photosynthèse, plus sophistiquée, des végétaux.

Cela dit, beaucoup d'espèces bactériennes ont développé une spécialisation alimentaire plus ou moins stricte. Par exemple, la fermentation acétique, qui consiste en la transformation de l'alcool éthylique en acide acétique, est réalisée par l'une d'elles, *Mycoderma aceti*, qui se développe à la surface du liquide alcoolique destiné à la fabrication du vinaigre, en une couche appelée « mère du vinaigre ». Il est impératif, pour la fabrication du vinaigre, que celle-ci reste au contact de l'air, qui lui fournit l'oxygène indispensable à son activité fermentaire. Les bactéries acériques utilisent l'énergie libérée par l'oxydation de l'alcool pour se multiplier, permettant la régénération de la mère du vinaigre.

D'autres bactéries, dites « généralistes », sont capables d'utiliser plusieurs sources organiques d'énergie. Tel est le cas du colibacille – *Escherichia coli* –, une espèce « opportuniste », capable de vivre à l'air libre aussi bien que dans l'organisme humain, qu'il habite comme commensal ou comme parasite selon les circonstances. Les biologistes ont appris à cultiver le colibacille en boîte de Pétri sur un milieu gélosé imprégné d'une solution contenant des sels minéraux et une source organique de carbone. Il suffit d'ajouter, à la solution minérale, du glucose à raison de 4 g/l pour que le colibacille puisse effectuer son cycle vital (1-2-3 de la figure 31). Le glucose lui fournit à la fois l'énergie et la matière indispensables à l'élaboration de toutes les substances qui le constituent. Le colibacille est emblématique de l'immense pouvoir de synthèse des bactéries ; sa seule exigence est de disposer d'atomes de carbone intégrés dans une molécule organique : il est *hétérotrophe* pour le carbone. Les bactéries capables d'exploiter l'énergie des sulfures ou de la lumière se « nourrissent » d'une forme minérale de carbone, le dioxyde de carbone : elles sont *autotrophes* pour le carbone.

1 Bactérie "jeune" 2 Bactérie "âgée" 3 Bactérie en division

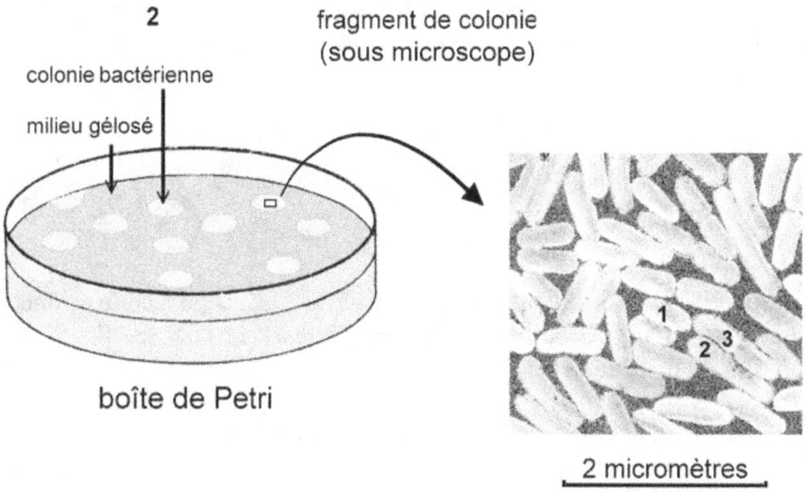

Composition de la solution imprégnant la gélose

Pour 1 litre d'eau:

chlorure d'ammonium	1,0g	*source minérale d'atomes d'azote*
sulfate de magnésium	0,13g	*source minérale d'atomes de soufre*
phosphate de potassium	3,0g	*source minérale d'atomes de phosphore*
phosphate de sodium	6,0g	*id.*
glucose	4,0g	*source organique d'atomes de carbone*

Le magnésium est un oligoélément indispensable au métabolisme.
Les ions sodium et potassium sont indispensables à l'équilibre hydrominéral.

FIGURE 31. CULTURE DU COLIBACILLE

Les zones claires du cytoplasme bactérien représentent des fragments du peloton d'ADN constitutif du chromosome.

*

Faute de glucose dans le milieu de culture, le colibacille se montre capable d'utiliser une autre source de « carbone organique » qu'on met à sa disposition. En 1965, François Jacob et Jacques Monod recevaient, en même temps qu'André Lwoff, le prix Nobel pour leurs travaux sur la régulation d'une activité métabolique chez le colibacille : l'utilisation du lactose, ou sucre du lait, dont l'hydrolyse enzymatique par une lactase libère du glucose et un autre sucre simple, le galactose.

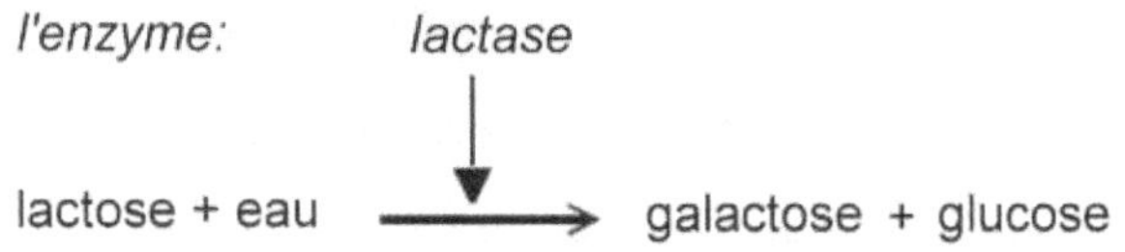

Nous appellerons provisoirement « activité lactase » cette fonction métabolique permettant au colibacille de métaboliser le lactose. Il existe un moyen très simple de tester *in vitro* l'activité lactase du colibacille.

Il faut, pour cela, fabriquer un analogue du lactose en remplaçant son glucose par un radical (R), qui se colore seulement lorsque la lactase le libère par hydrolyse ; on utilise par exemple le dinitrophénol, de couleur jaune.
Ce réactif permet de détecter *in vitro* la présence de lactase, et de mesurer son activité par colorimétrie ; il suffit d'exposer, en solution, le contenu d'un broyat de cellules de colibacille au réactif,

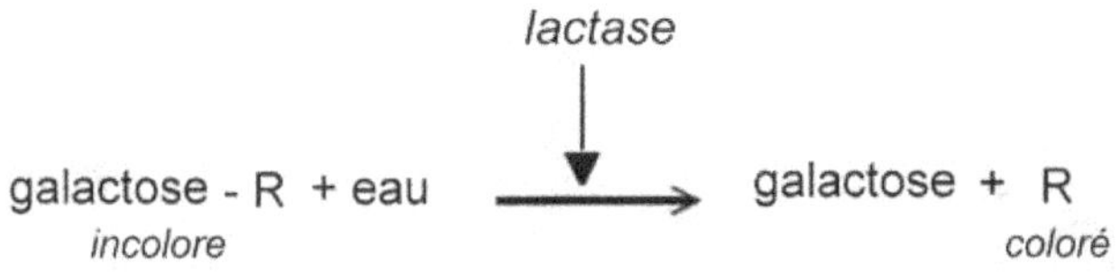

L'activité lactase s'accroît considérablement dans les minutes qui suivent l'apport de lactose comme substitut du glucose : elle est, chez le colibacille, un processus *inductible.* Il suffit que quelques molécules de lactose pénètrent par simple diffusion dans la cellule bactérienne pour y provoquer la mise en service d'une lactase. Que signifie mise en service ? Les molécules de lactase préexistent-elles dans le cytoplasme, auquel cas il ne reste qu'à les activer ? Ou bien doivent-elles être synthétisées ? Jacob et Monod ont montré que, dans ce cas, l'induction ne vise pas directement l'activité des protéines mais indirectement leur biosynthèse. Alors qu'on en compte quelques unités en l'absence de lactose, de nombreuses molécules de lactase, jusqu'à trois mille environ, apparaissent en quelques minutes, ce qui représente 3 % des protéines totales de la cellule (*Biologie moléculaire du gène*, J. D. Watson, InterEditions, Paris, 1978).

Le lactose induit donc l'activité lactase en stimulant la biosynthèse de la lactase. Jacob et Monod ont identifié un segment du chromosome bactérien comprenant deux gènes principaux contigus, l'un codant pour la lactase, l'autre pour une *perméase* qui facilite l'entrée du lactose dans la cellule. Comme la *diffusion libre*, la *diffusion facilitée* d'une substance, du milieu vers la cellule à travers la membrane, ne peut s'effectuer que si la concentration de ladite substance est plus élevée dans le milieu que dans la cellule. Mais, à la différence de la diffusion libre, la diffusion facilitée implique un « passeur » membranaire de nature protéique – une *perméase*. Chaque perméase ne « sait » transporter qu'une substance ou un petit groupe de substances chimiquement apparentées.

Jacob et Monod ont montré que l'action inductrice du lactose s'exerce non pas directement sur les gènes qui instruisent la synthèse de l'enzyme et de la perméase – les *gènes de structure* –, mais sur un *gène opérateur*, dont la fonction est seulement d'autoriser ou d'interdire l'entrée en activité des gènes de structure. L'opérateur appartient lui-même à un segment régulateur qui jouxte les gènes de structure. Un tel module d'ADN est un *opéron*. L'*opéron-lactose* comporte trois gènes de structure contigus, dont le dernier, c'est-à-dire le plus éloigné du segment régulateur, ne semble pas indispensable. Enfin, Jacob et Monod ont découvert, en « nourrissant » le colibacille avec l'analogue utilisé dans le test précédent, que ce dernier a la même action inductrice que le lactose. Si, par contre, l'analogue est construit avec le glucose au lieu du galactose, il n'a aucune activité inductrice. C'est donc le galactose et lui seul qui est le facteur d'induction.

galactose-R : *activité inductrice*

glucose-R : *aucune activité inductrice*

Le processus intime de l'induction sort du cadre de cet ouvrage. Le schéma fonctionnel de la figure 32 se borne à esquisser la structure de l'opéron lactose et les grandes lignes de son expression en deux étapes : la transcription et la traduction.

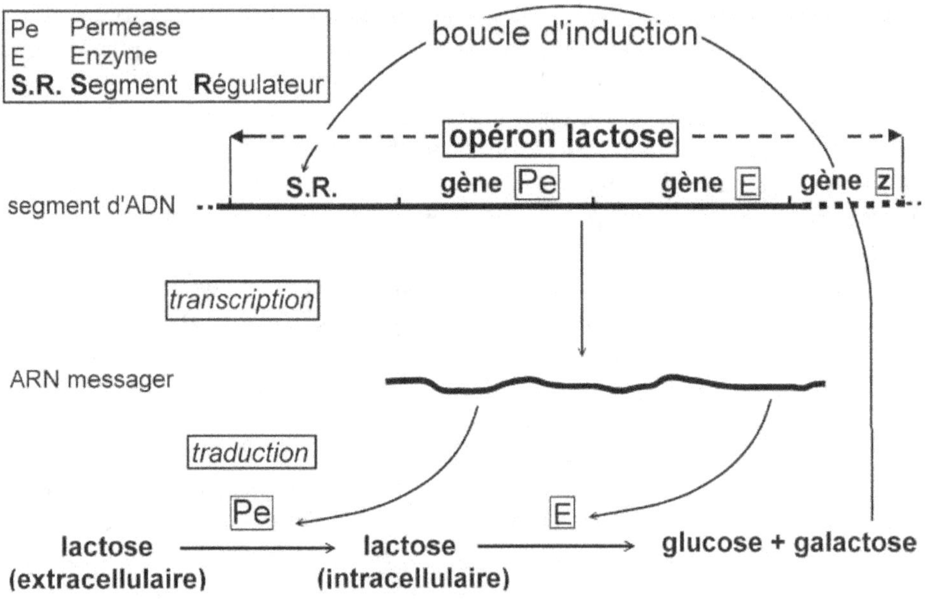

FIGURE 32. SCHEMA FONCTIONNEL DE L'OPERON-LACTOSE DU COLIBACILLE

L'opéron lactose est un segment d'ADN continu comprenant un segment régulateur et trois gènes codants :

- le gène Pe spécifie une perméase (Pe), qui facilite l'entrée du lactose dans la cellule ;
- le gène E spécifie une lactase (E), qui catalyse l'hydrolyse du lactose ;
- le gène z (indiqué par un pointillé) spécifie une enzyme dont le rôle est mal connu.

L'opéron lactose reste inactif tant qu'un *inhibiteur* protéique (non figuré sur le schéma) adhère au segment régulateur, en un site appelé gène opérateur (non figuré sur le schéma). Ce n'est qu'en présence de lactose dans le milieu que l'opéron lactose devient opérant. Le lactose s'accroche par sa partie galactose à l'inhibiteur, qui quitte alors le segment régulateur et libère ainsi l'expression de l'opéron. Cette action en retour stimulatrice exercée par le lactose sur l'opéron ayant en charge de l'utiliser est une *boucle de rétroaction positive*, ou *feed-back positif*. L'opéron apparaît comme une unité génique autorégulée : la substance à métaboliser est la *source* du signal activateur dont la *cible* est le segment régulateur de l'opéron. Grâce au *mode inductif* de son fonctionnement, l'opéron lactose (comme d'autres opérons du même type) s'adapte en quelques minutes aux variations de la disponibilité trophique offerte au colibacille par son milieu de vie. C'est dans sa capacité d'adaptation à la nature chimique de la source d'énergie disponible que le colibacille s'affirme comme un être vivant à part entière.

*

Toutes les molécules organiques pourvoyeuses n'ont pas la même valeur énergétique pour le colibacille. Seul le glucose s'intègre directement dans le métabolisme énergétique. Le lactose, lui, doit subir une hydrolyse, puis le galactose doit être converti en glucose, deux opérations qui consomment (un peu) d'énergie. En revanche, la biosynthèse de la lactase et de la perméase, qui consiste à assembler les acides aminés en longues chaînes protéiques, est beaucoup plus coûteuse. Or, tous les êtres vivants, y compris les plus simples, « savent » que la disponibilité d'énergie leur est comptée ; tous se soumettent au grand principe d'économie (il n'y a que l'homme, en tant qu'homme, qui s'autorise à le transgresser). Si donc le colibacille dispose de deux sources (par exemple glucose et lactose), il « choisira » la moins coûteuse (en l'occurrence le glucose).

Que font les organismes/cellules bactériens de l'énergie qu'ils se procurent ? Grandir, se diviser, grandir, se diviser encore... Cela revient, pour chaque cellule, à doubler sa masse à chaque cycle, qui dure par exemple 20 minutes à 37 °C ou 120 minutes à 20 °C, une croissance nécessitant une intense biosynthèse d'acides nucléiques et de protéines très gourmande en énergie. Bref, une vie toute simple mais intense.

Une partie du glucose s'engage dans le métabolisme respiratoire, au cours duquel, en présence d'oxygène, les atomes de carbone sont restitués au règne minéral sous forme de dioxyde de carbone. L'énergie libérée dans ce processus de dégradation oxydative du « carbone organique» en « carbone minéral » est transférée sous forme d'énergie chimique potentielle dans les « liaisons riches » des petites biomolécules telles que l'ATP, qui alimentent le pool cellulaire de « monnaie énergétique ».

Chez les bactéries l'usage principal qui en est fait consiste en la biosynthèse d'innombrables molécules organiques, notamment les constituants essentiels de la cellule : protéines et acides nucléiques. Seule la fraction « énergie libre » de l'ATP et consœurs, dont l'importance varie en fonction des conditions réactionnelles, est convertie en énergie potentielle. Le reste se dissipe sous forme de chaleur dans le milieu de vie (ou le milieu de culture) dont l'entropie s'accroît. La prouesse réaliséedans ce processus de transfert d'énergie couplé est qu'il a lieu à température constante : à la différence d'un feu de forêt, il n'enflamme pas son auteur.

La figure 33 donne le bilan énergétique global de la consommation de glucose, dont les atomes de carbone suivent deux voies divergentes : une part fait retour au minéral – par la voie du *catabolisme* – et l'autre part s'intègre dans les biomolécules – par la voie de l'*anabolisme*.

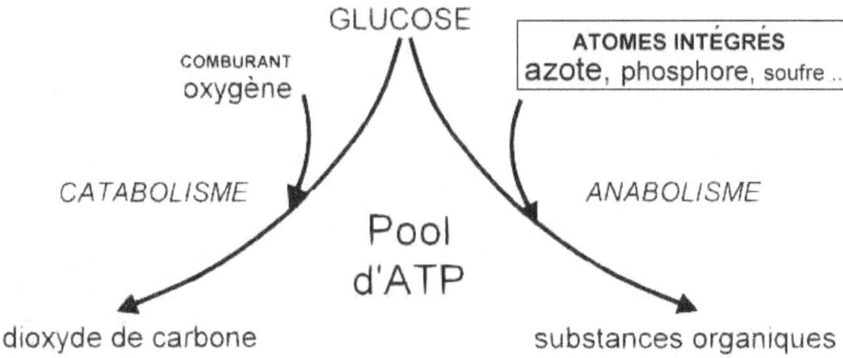

FIGURE 33. DESTINEE DU GLUCOSE DANS LA CELLULE BACTERIENNE

*

Beaucoup de molécules organiques contiennent de l'azote, certaines contiennent aussi du phosphore (les nucléotides, dont l'ATP fait partie) ou du soufre (quelques acides aminés). Chez le colibacille, une biosynthèse implique donc une trame organique du carbone à laquelle s'intègrent des atomes extraits de sels minéraux présents dans le milieu ou fournis dans le milieu de culture. Prenons le cas de la *méthionine*, l'un des vingt acides aminés constitutifs des protéines. Outre les atomes habituels des acides aminés (dont l'azote), la méthionine contient du soufre. Le colibacille extrait l'azote et le soufre, présents dans le milieu sous forme de sels minéraux (par exemple le chlorure d'ammonium et le sulfate de magnésium). La méthionine se forme dans une chaîne de trois réactions à partir d'un précurseur organique – l'*homosérine* – préalablement inséré dans la trame carbonée originelle (figure 34). Entre l'homosérine et la méthionine s'intercalent donc deux substances intermédiaires (I). Chaque réaction est catalysée par une enzyme spécifique (E)

Le colibacille contrôle son pool cytoplasmique de méthionine grâce aux propriétés singulières de l'enzyme E1. Dès que la méthionine s'accumule au-delà d'un certain seuil, elle inhibe l'activité de E1, bloquant ainsi à la source sa propre biosynthèse. Outre l'activité catalytique ordinaire à laquelle est dévolue le site actif, l'enzyme E1 exerce une *activité régulatrice* et dispose à cet effet d'un site régulateur qui épouse « en creux » la forme de la méthionine. La méthionine fonctionne comme un commutateur d'activité (on/off), un peu à la façon d'une diode en électricité. Cela tient à une cinétique très particulière des enzymes régulatrices, trop complexe pour être analysée ici.

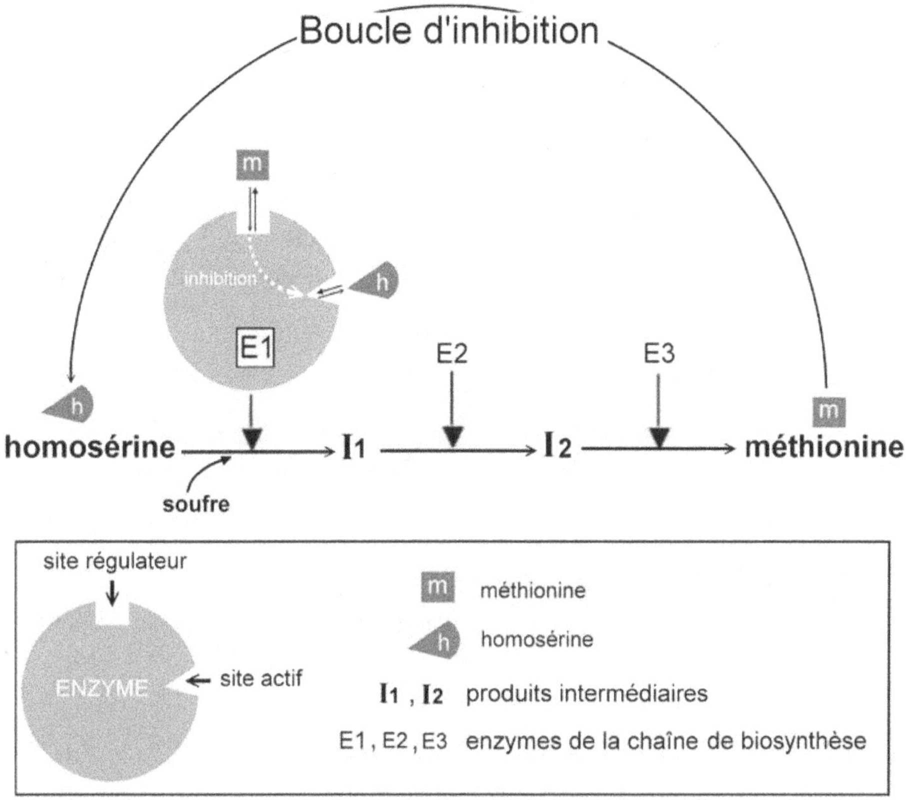

FIGURE 34. FONCTIONNEMENT DE LA CHAINE DE BIOSYNTHESE DE LA METHIONINE

La première enzyme, qui intervient en début de chaîne, a deux fonctions. D'une part, comme toute enzyme, elle catalyse une réaction (en l'occurrence celle qui insère l'atome de soufre). D'autre part, elle exerce une activité régulatrice, à laquelle est affecté un *site régulateur*, qui épouse en négatif la forme de la méthionine.

Lorsque la concentration intracellulaire de cette dernière atteint un seuil critique, elle sature le site régulateur, induisant alors à distance un changement de forme du site actif, qui devient incapable de fixer la méthionine. Le modèle de cette allostérie (du grec *allos*, autre, et *stereos*, solide, forme) a été élaboré par Monod, Wyman et Changeux en 1965. La chaîne de biosynthèse s'interrompt, en raison du blocage de sa première réaction.

Ce procédé, qui consiste en une action en retour modératrice sur une chaîne de biosynthèse est une *boucle de rétroaction négative*, ou *feed-back négatif* ; la source du signal de freinage est la substance produite et la cible de ce signal une enzyme agissant en début de chaîne. Grâce au *mode répressible* du fonctionnement des enzymes allostériques, le pool de chacun des métabolites essentiels fluctue peu autour de valeurs optimales d'activité. Les rétroactions négatives ont un *effet stabilisateur* favorable au « bien-être » des cellules.

Les boucles de régulation, activatrices ou inhibitrices, sont les moyens d'intégration des multiples voies métaboliques qui composent la chimie des êtres vivants (figure 35).

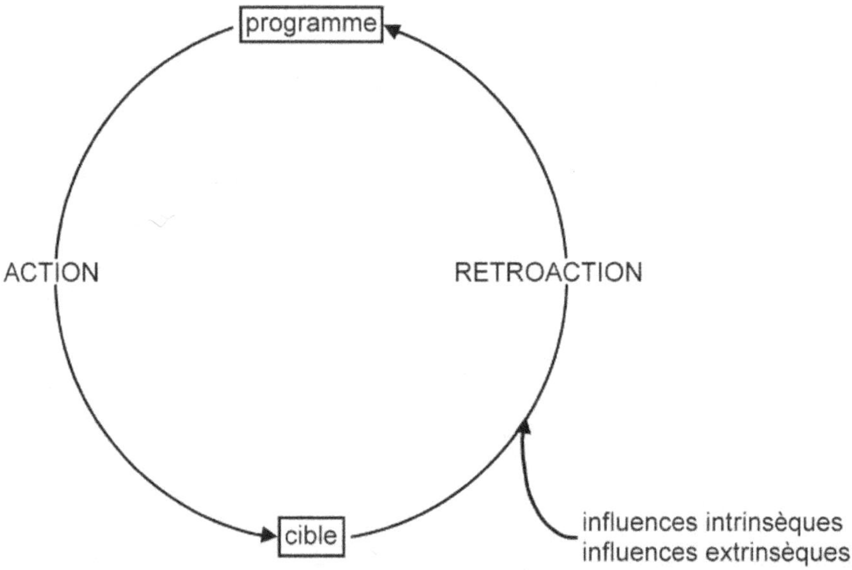

FIGURE 35. PRINCIPE D'UNE BOUCLE DE RETROACTION

L'effet rétrograde d'une boucle de rétroaction négative est une inhibition de l'action sur la cible. Par exemple, lorsque la concentration intracellulaire de méthionine dépasse un certain seuil (influence intrinsèque), elle inhibe l'enzyme allostérique qui « ouvre » la voie de la biosynthèse de méthionine. Dans ce cas, l'intervention du « programme méthionine » est anticipée puisque les trois enzymes actives de la chaîne de biosynthèse (parmi lesquelles l'enzyme allostérique de début de chaîne) préexistent à l'action.

L'effet rétrograde d'une boucle de rétroaction positive est une stimulation de l'action sur la cible. Par exemple, lorsque la source de carbone est le lactose (influence extrinsèque), l'opéron lactose du colibacille commande la synthèse des protéines (perméase et lactase) indispensables à l'utilisation du lactose (la cible). Dans ce cas, il s'agit d'une intervention actualisée du « programme lactose »

*

Prises dans leur ensemble, les bactéries sont des chimistes hors pair, capables d'utiliser toutes les sources organiques d'énergie, y compris les hydrocarbures. Certaines bactéries savent aussi extraire leurs éléments essentiels de molécules minérales stables. C'est ainsi que les bactéries bleues prennent leurs atomes de carbone dans le dioxyde de carbone. Beaucoup de biologistes pensent même que les « usines à photosynthèse » des cellules végétales vertes seraient d'anciennes bactéries apprivoisées au même titre que les mitochondries, ces « usines à respiration » communes aux cellules eucaryotes. D'autres bactéries réalisent le tour de force de métaboliser l'azote moléculaire de l'air, pourtant connu par les chimistes comme un gaz particulièrement inerte ; étymologiquement, le mot « azote » signifie « sans vie ». Les bactéries sont partout où la vie est possible, y compris là où il fait très chaud par exemple au plus près des sources thermales. L'organisme humain accueille dans les anfractuosités de sa peau des bactéries plus nombreuses que les cellules qui le composent ! Encore celles-là sont-elles inoffensives, au moins tant que la peau ne souffre pas de fissures, l'une des voies d'entrée empruntées par les bactéries agressives. On considère souvent les bactéries comme des ennemis irréductibles. Il est vrai qu'elles ne nous ménagent pas et certaines, comme l'agent de la tuberculose décrit par Robert Koch, vont même jusqu'à violer l'intimité de nos cellules. Mais l'équité oblige à rappeler que les bactéries de notre « flore intestinale » aident grandement à la digestion. Et il ne servirait à rien que la vache rumine tranquillement pendant des heures si elle ne logeait dans sa panse quelques kilos de « flore » digestive (bactéries et protozoaires) capables de digérer la coriace cellulose. Les végétaux bénéficient aussi des talents chimiques des bactéries. Ainsi, les légumineuses (comme le trèfle) doivent leur capacité à fixer l'azote de l'air aux cellules d'une bactérie – le *rhizobium* – qu'elles logent en grand nombre dans des nodosités maintenant racinaires. Bref, les performances écologiques des bactéries restent inégalées.

Les bactéries furent les premiers êtres vivants à asservir le milieu, c'est-à-dire à en capter la matière et l'énergie à leur profit : paraphrasant le terme d'« intelligence artificielle », j'avancerai que les bactéries sont l'expression biochimique élémentaire d'une « intelligence biologique ». De même que l'« ordinateur intelligent », l'individu-colibacille s'informe de l'état des lieux et des choses, grâce à ses boucles de rétroaction qu'il harmonise sur la base du principe d'économie à flux tendu. Qu'on offre du lactose au colibacille et il se met à l'utiliser ; mais qu'on ajoute en plus du glucose au milieu de culture et il remplace le lactose par cette nouvelle source d'énergie.

Qu'on ajoute maintenant un antibiotique au milieu de culture et le peuple *Escherichia coli* survit au cataclysme écologique, au prix d'une hécatombe.

3.2. Le grand écart énergétique des eucaryotes

La souche des Eucaryotes est apparue il y a environ deux milliards d'années. Très vite, les êtres pluricellulaires ont émergé de l'état unicellulaire ; très vite aussi les végétaux et les animaux ont divergé sur la façon de se nourrir – les végétaux s'imbibent alors que les animaux mangent – et sur la nature de l'énergie utilisée – lumière pour les végétaux verts, énergie chimique pour les champignons et les animaux. Une goutte d'eau de mare montre une grande variété d'eucaryotes unicellulaires. Les uns, comme la clostérie, sont déjà de véritables végétaux : ils sont dépourvus de motilité et leur cytoplasme est rempli d'un ou de quelques volumineux chloroplastes dont la couleur verte est due à la *chlorophylle* (du grec *phullon* : feuille), le pigment fixateur de la lumière exploitée par la photosynthèse. Les autres, mobiles et voraces, manifestent un comportement animal affirmé (figure 8).

Les champignons, qui sont dépourvus de motilité et s'imbibent comme les végétaux mais sont hétérotrophes pour le carbone comme les animaux, forment un groupe à part. Ils ont besoin d'un support qui soutienne les filaments mous constitutifs de leur appareil végétatif – le *mycélium*. Des champignons du sol, si nombreux et si variés en forêt, on ne voit que les « champignons à chapeau » – les *carpophores* – pendant la courte période de la cueillette. Le feutrage serré des filaments mycéliens qui constituent leur chair est suffisamment rigide pour s'élever hors du sol d'une hauteur excédant rarement un décimètre. L'autre aspect commun des champignons est celui des moisissures qui envahissent par exemple la surface tremblotante des confitures insuffisamment stérilisées. Si ces champignons s'étalent ainsi à la surface de leur support, c'est qu'ils ont besoin d'air pour respirer. Ils se procurent en effet l'énergie par oxydation aérobie d'une molécule organique, tel le glucose. À cet égard, le métabolisme d'un champignon comme *Neurospora* est comparable à celui d'une bactérie comme *Escherichia coli*. Ces deux espèces, autotrophes pour l'azote, le soufre et le phosphore mais hétérotrophes pour le carbone, se développent en boîte de Petri sur un milieu gélosé imprégné de solution minérale enrichie d'une source organique de carbone : un *milieu minimum*. Pour la culture de Neurospora, ce milieu doit aussi contenir de la vitamine B1. Rapidité du développement dans un temps court en conditions contrôlées, tel est l'intérêt de ces modèles expérimentaux utilisés en génétique par les biologistes modernes. Par contre, la plupart des champignons des forêts sont rebelles à la culture, en raison des rapports symbiotiques étroits qu'ils entretiennent avec les arbres dans les *mycorhizes* (du grec *mukes*, champignon, et *rhiza*, racine).

3.2.1. Les végétaux et l'exploitation de l'énergie lumineuse

Les végétaux se nourrissent de molécules et d'ions minéraux en solution, qu'ils absorbent à travers les membranes cellulaires, par diffusion simple en ce qui concerne l'eau, par diffusion facilitée ou pompage en ce qui concerne les ions minéraux. L'absorption se fait tantôt à travers toute la surface du végétal : c'est le cas des algues, qui baignent entièrement dans l'eau douce ou l'eau de mer ; tantôt par leurs racines : c'est le cas des plantes. De plus, les végétaux captent, par diffusion simple, le dioxyde de carbone de l'air ou de l'eau. La dualité morphologique des plantes – appareil foliaire / appareil racinaire – est consubstantielle de la dualité physique de leur milieu de vie – air/sol. Lorsqu'une plante a pu s'installer en un lieu qui convient à ses besoins – une place au soleil pour la fougère aigle ou un coin d'ombre pour le muguet, une atmosphère humide pour le bananier ou l'air marin pour l'oyat –, elle s'y laisse pénétrer de façon diffuse par les molécules ou les ions qui la nourrissent. Si elle est arrivée à l'état de graine (le cas le plus fréquent), elle commence à utiliser les réserves accumulées pendant sa formation. La graine germe et l'embryon qu'elle contient commence à croître. Mais il se trouve souvent en position inadéquate. Prenons l'exemple d'une graine de haricot qu'on vient de mettre en terre. Quelle que soit la position initiale, elle devra « s'arranger » pour que sa première tige se dirige vers le haut et sa première racine vers le bas. Si, par exemple, ces deux organes embryonnaires sortent horizontalement, on les voit bientôt s'incurver, la tige vers le ciel et la racine vers le sol. Incapable de bouger, la jeune plante ajuste sa position par un mouvement de croissance asymétrique : la croissance en longueur de la tige a lieu préférentiellement selon les génératrices inférieures, provoquant une courbure vers le haut. La racine est affectée par le phénomène inverse. Les plantes – presque toutes les plantes – compensent leur absence de motilité par des mouvements de croissance. Voyez un parterre de pensées : toutes les fleurs tournent leur corolle vers le soleil levant, un positionnement favorable à la visite optimale des insectes pollinisateurs. Il est obtenu par un accroissement différentiel du pédoncule floral. Mais leur position se fige dès que cette croissance s'arrête : à la différence des mouvements d'un animal ou d'une de ses parties, les mouvements de croissance des végétaux sont irréversibles. Dans le temps où ils s'accroissent, tous les végétaux présents dans un territoire donné s'organisent en une *formation végétale* (prairie, savane, garrigue, forêt...) qui aménage un *biotope* capable d'accueillir une faune associée. L'ensemble des êtres vivants habitant un biotope est une *biocénose* (du grec *bios,* vie, et *koinos,* commun) et l'ensemble de la biocénose et du biotope définit l'*écosystème*. Les formations végétales sont donc un facteur déterminant de l'édification des écosystèmes terrestres, une activité créatrice connexe de l'activité de photosynthèse puisque celle-ci contraint les plantes à se positionner correctement (selon leur espèce) par rapport au soleil. La formation végétale la plus complexe est la forêt. Sa stratification verticale correspond au partage de la lumière entre les végétaux de tailles différentes. Les grands arbres, dont les frondaisons sont en compétition pour une lumière maximale, ont grandi tout droit, après s'être orientés convenablement lorsqu'ils étaient encore des plantules, en tout cas celles qui, exceptionnellement, auront survécu... Les végétaux verts d'une prairie bénéficient du même éclairement. Ce n'est pas le cas des formations arborées, où les plantes basses, adaptées aux faibles luminosités, ne reçoivent qu'une lumière tamisée. Mais le mécanisme et le bilan de la photosynthèse sont les mêmes pour toutes.

*

Il est intéressant de détailler un peu la photosynthèse, en raison de son importance biologique primordiale et malgré son extrême complexité. Le développement qui suit en propose deux niveaux de compréhension.

Pour atteindre le premier niveau, il suffit de quelques expériences et observations élémentaires (figures 36 et 37) et de quelques lignes d'écriture (en français), servant à établir le bilan de matière et d'énergie de la photosynthèse.

Une célèbre expérience (figure 36A) montre qu'une feuille de géranium en pot synthétise de l'amidon en présence de lumière, ou seulement sa partie éclairée. L'examen des cellules du limbe foliaire montre que l'amidon se forme dans les chloroplastes. La couleur verte des chloroplastes est due à la chlorophylle, qui masque les couleurs d'autres pigments : la *xanthophylle* jaune et le *carotène* orangé. On peut les séparer en solution par migration différentielle dans un papier buvard (figure 36B). Ce *chromatogramme* révèle en outre l'existence de deux chlorophylles différentes : la *chlorophylle b* bleu-vert, la *chlorophylle a* verte, Tous ces pigments concourent à l'absorption de la lumière utilisée dans la photosynthèse.

Une autre expérience, non moins célèbre, sur une plante aquatique, l'*élodée du Canada*, montre qu'en présence de lumière, l'élodée produit des bulles d'un gaz qu'on peut identifier comme du dioxygène, après l'avoir recueilli dans un tube à essai (figure 37). Il est un peu plus délicat de mettre en évidence l'absorption par les plantes du dioxyde de carbone en présence de lumière. Considérons ce résultat comme acquis.

Les transferts de matière et d'énergie que réalisent les cellules chlorophylliennes en présence de lumière peuvent se résumer ainsi : absorption d'énergie lumineuse et de dioxyde de carbone, synthèse de substances organiques, tel l'amidon, où l'énergie lumineuse a été transférée ; rejet de dioxygène.

A. Mise en évidence de la synthèse d'amidon sous l'action de la lumière

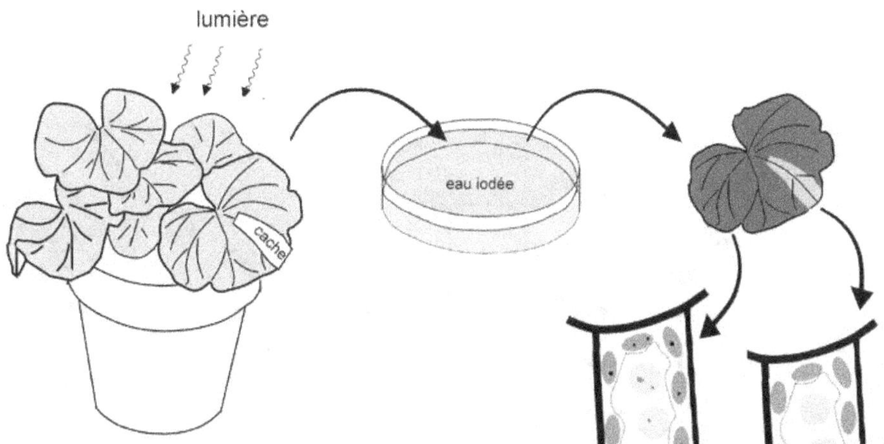

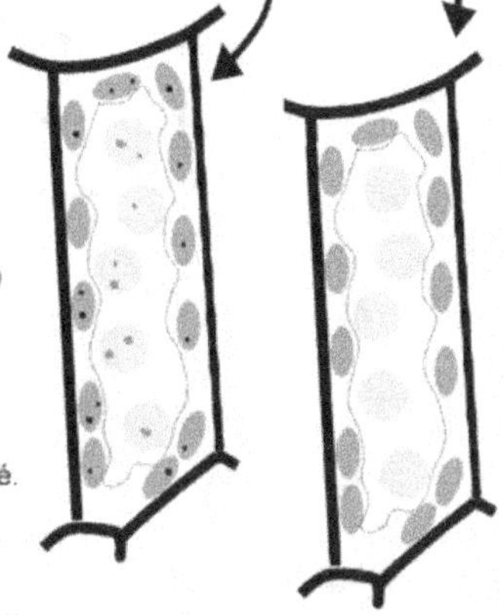

On éclaire, au laboratoire, une plante (le plus souvent un pélargonium) pendant une nuit, l'une des feuilles étant partiellement cachée.
Le lendemain, on trempe cette dernière dans l'eau iodée, un réactif qui colore l'amidon en bleu foncé.
On observe que le limbe se colore, à l'exception de la partie cachée.
Au microscope, les cellules montées dans l'eau iodée montrent des granules d'amidon bleu nuit, à l'exception de celles restées à l'obscurité.

B. Séparation des pigments photorécepteurs par chromatographie sur papier

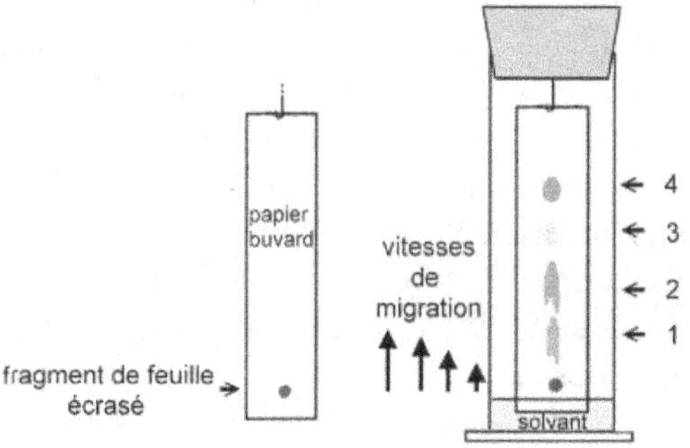

On écrase un fragment de feuille d'épinard sur un papier buvard, dont on trempe ensuite l'extrémité dans un solvant organique, qui imbibe le papier progressivement, entraînant dans son ascension les pigments, **à des vitesses différentes.**
Lorsqu'on retire le papier, on y observe quatre pigments échelonnés. De bas en haut:
1 - la chlorophylle b, vert bleu,
2 - la chlorophylle a, verte,
3 - la xanthophylle, jaune,
4 - le carotène, orangé.

Figure 36. Mise en evidence de la synthese d'amidon en presence de lumiere

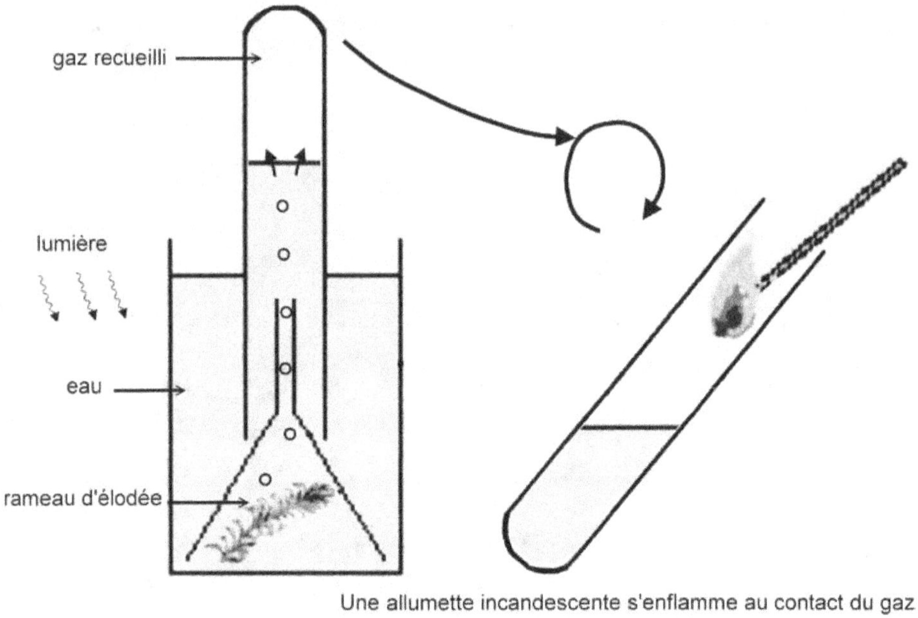

FIGURE 37. MISE EN EVIDENCE DU DEGAGEMENT DE DIOXYGENE EN PRESENCE DE LUMIERE

La photosynthèse engendre en quelques secondes de nombreuses molécules, toutes construites sur cette trame carbonée caractéristique de la chimie organique. Ni l'amidon, ni même le glucose qui le précède, n'est le premier terme de cette arborescence. Cependant, il est commode d'établir un premier bilan global de la photosynthèse sur la base d'une mole de glucose produite ; il permettra de bien établir la symétrie fondamentale entre photosynthèse et respiration. La première capte l'énergie lumineuse et la convertit en énergie chimique que la respiration exploite. Ainsi se révèle la subordination fondamentale des animaux qui consomment vis-à-vis des végétaux qui produisent, des *hétérotrophes* vis-à-vis des *autotrophes*.

Le dioxyde de carbone fournit le carbone des substances organiques. Mais la molécule de glucose contient aussi des atomes d'hydrogène et des atomes d'oxygène. Les premiers sont fournis par des molécules d'eau. Quant à la question de la source des seconds, qui peuvent *a priori* provenir aussi bien du dioxyde de carbone que de l'eau, elle sera abordée plus tard. Pour l'instant, on écrira seulement que la synthèse d'une mole de glucose nécessite six moles de dioxyde de carbone et six moles d'eau, et s'accompagne du dégagement de six moles de dioxygène. Dans cette opération, le système formé par les deux réactants et les deux produits s'est enrichi de 685 kilojoules, prélevés dans le milieu sous forme de photons.

$$\text{dioxyde de carbone} + \text{eau} \xrightarrow{\text{photons}} \text{glucose} + \text{oxygène}$$

nombre de moles 6 6 = 1 6

ΔE positif : ***685 kilojoules***

Dans toutes les équations, le bilan molaire sera écrit sous la réaction.

Connaissant les masses molaires des différents composants, à savoir :
dioxyde de carbone : 44 g **eau : 18 g** **glucose : 180 g** **oxygène : 32 g**
on montre aisément que la masse totale des produits est égale à la masse totale des réactants, conformément à la loi de conservation de la masse (Lavoisier).

La différence (positive) entre l'état énergétique final et l'état initial du système (ΔE) correspond à la quantité d'énergie accumulée dans une mole de glucose. On la calcule en réalisant la combustion du glucose dans une bombe calorimétrique. La quantité d'énergie dégagée sous forme de chaleur dans cet appareil est égale, en valeur absolue, à celle absorbée lors de la photosynthèse, conformément à la loi de conservation de l'énergie (Carnot). L'énergie accumulée dans le glucose provient de l'énergie lumineuse, exprimée en « grains de lumière » ou *photons*. Les radiations bleues et rouges utilisées dans la photosynthèse correspondent de façon précise à celles retenues par la chlorophylle ou les pigments qui lui sont associés, ce qui les désigne comme les capteurs de l'énergie solaire indispensable à l'activité assimilatrice des végétaux. En milieu marin, les algues vertes, brunes et rouges se partagent toute la gamme des radiations lumineuses, qui se répartissent inégalement en fonction de la profondeur, grâce à la diversité de leurs pigments surnuméraires.

Chaque molécule de glucose contenant six atomes de carbone, les quantités de moles annexées à l'équation précédente sont divisibles par six. Il est possible de les ramener à l'unité de carbone intégré. On obtient une écriture plus simple à manipuler, mais aussi plus proche du mécanisme chimique de base.

$$\text{dioxyde de carbone} + \text{eau} \xrightarrow{\text{photons}} \text{glucose} + \text{oxygène}$$

1 *1* = *1/6* *1*

Passons en écriture chimique, en explicitant les atomes de chaque substance.

$$CO_2 + H_2O \xrightarrow{\text{photons}} CH_2O + O_2 \quad (1)$$

1 *1* = *1* *1*

ΔE positif : **114 *k* J**

*

Passons au second niveau d'analyse en prenant appui sur quelques expériences fondamentales. Derrière le bilan global de la photosynthèse se cache un mécanisme sophistiqué aux rouages délicats, que la bionique n'est pas encore parvenue à copier. Sur le plan des transferts d'énergie, il comporte deux phases : une *phase photochimique* (ou « phase claire ») suivie d'une *phase thermochimique* (ou « phase sombre »), de dépendance différente vis-à-vis de l'énergie. La première dépend du facteur lumière alors que la seconde dépend du facteur thermique. Autrement dit, les réactions de la phase thermochimique sont d'autant plus rapides que la température ambiante est plus élevée (dans les limites, évidemment, de la tolérance des cellules), au contraire des réactions de la phase photochimique, qui sont indifférentes à la température.

L'événement initial de la phase photochimique est la conversion de l'énergie lumineuse en énergie chimique. Les chercheurs ont pu y accéder grâce aux techniques sophistiquées de l'optique moderne, qui maîtrisent la projection de petits jets de photons très courts (de l'ordre du centième de milliseconde) sur des cellules chlorophylliennes et la mesure rigoureuse de ses effets. Elles ont permis de comprendre l'essentiel du mécanisme photochimique.

Les expériences de Ruben *et al.* (1941) ont montré que les photons captés ne servent pas directement à intégrer le carbone « minéral » du dioxyde de carbone dans les trames carbonées organiques, mais permettent de décomposer les molécules d'eau. Les auteurs travaillaient sur des algues microscopiques d'eau douce, les *chlorelles*, qu'ils alimentaient en eau ou en dioxyde de carbone marqué à l'« oxygène lourd » (figures 8 et 38). Ils ont montré que le dioxygène dégagé provient exclusivement de l'eau. Il faut donc que deux moles d'eau se dissocient pour que soit libérée une molécule de dioxygène. En conséquence, il convient d'ajouter une mole d'eau sur chaque plateau de la balance pour équilibrer le bilan.

$$CO_2 + H_2O \xrightarrow{\text{photons}} CH_2O + O_2 + H_2O \quad (2)$$

moles *1* *2* *1* *1* *1*

ΔE positif : ***114 kilojoules***

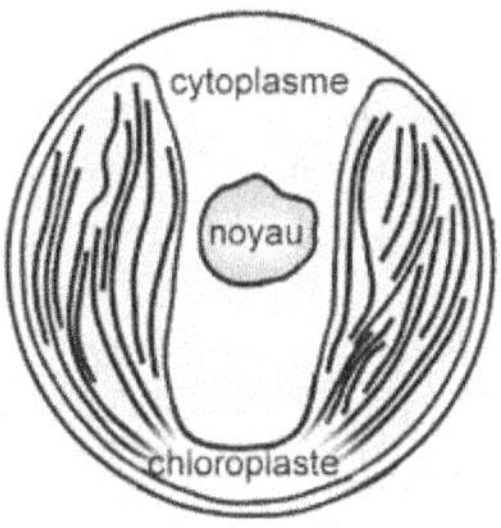

Le volumineux choroplaste de cette algue verte de 10 µm est pourvu, comme tout végétal d'un abondant système de membranes – les *thylakoïdes* – où se trouve la chlorophylle.

La petite taille des cellules permet de les cultiver dans un volume d'eau restreint dont la composition et la température peuvent être rigoureusement contrôlées.

Les expériences consistent à marquer, soit l'eau, soit le dioxyde de carbone, par des atomes d'oxygène lourd pourvus de deux neutrons supplémentaires, portant à 18 leur nombre de masse.
On détecte le marqueur à l'aide d'un spectrographe de masse.

FIGURE 38. LA CHLORELLE, MATERIEL EXPERIMENTAL DES EXPERIENCES DE RUBEN

Résultat des expériences de Ruben : seul l'oxygène lourd fourni par l'eau s'intègre dans les molécules de dioxygène.

Les molécules d'eau se scindent en leurs deux éléments atomiques. L'élément oxygène se retrouve intégralement dans les molécules de dioxygène libérées au cours du processus de photosynthèse. Que devient l'élément hydrogène qui, lui, n'est pas libéré sous forme moléculaire ? Des expériences réalisées par Robert Hill en 1937 sur des chloroplastes isolés ont montré que, sous l'effet de la lumière, les atomes d'hydrogène issus de l'eau entrent dans une réaction d'*oxydoréduction* (figure 39).

Hill utilisait une suspension de chloroplastes obtenue en broyant des feuilles dans un mortier. Il la mélangeait à une solution physiologique dépourvue de toute source de CO_2. Il ajoutait de l'hémoglobine au mélange. Cette molécule extraite des globules rouges, passant du rouge sombre au rouge vif en présence de dioxygène, était utilisée comme indicateur coloré dans l'expérience princeps.

Lorsqu'il éclairait le dispositif, Hill observait un dégagement de dioxygène, à condition que le mélange fût préalablement enrichi d'un "extrait cellulaire", qui apportait des molécules acceptrices d'électrons, de composition indéterminée.
Hill a ensuite montré qu'on pouvait leur substituer un corps pur, comme l'acide ascorbique (vitamine C) ou l'oxyde ferrique comme accepteur d'électrons.

Les atomes d'hydrogène libérés par la scission desmolécules d'eau, se scindent donc eux-mêmes en protons (ions H^+) et en électrons (e^-).

Voir la structure de l'atome d'hydrogène (Pour aider à comprendre (1)).

FIGURE 39. LE CHLOROPLASTE, MATERIEL EXPERIMENTAL DES EXPERIENCES DE HILL

Résultat des expériences de Hill: la dissociation des molécules d'eau en présence de lumière peut s'effectuer en l'absence de dioxyde de carbone.

La lumière agit donc sur les chloroplastes en cassant les molécules d'eau, dont les éléments se séparent dans un processus d'*oxydoréduction*.

Un processus d'oxydoréduction consiste en un *transfert* d'électron(s) entre un *donneur* qui s'*oxyde* et un *accepteur* qui se *réduit*. En l'occurrence, le donneur est l'eau et l'accepteur une molécule « avide d'électron(s) » : l'acide ascorbique ou l'oxyde ferrique dans le cas des expériences de Hill. L'accepteur *in vivo* a été identifié : c'est un composé nucléitidique : le nicotinamide-adénine-dinucléotide-phosphate dont on retiendra seulement l'acronyme – NADP. En schématisant quelque peu, on peut dire que le NADP (et son proche parent le NAD) sont aux électrons ce que l'ATP (et ses semblables) sont à l'énergie. Quant à l'eau, donneur d'électrons, son oxydation revient à en séparer les charges électriques sous forme d'électrons et de protons.

La phase photochimique de la photosynthèse, qui consiste, en dernière analyse en une conversion, dans les chloroplastes, de l'énergie lumineuse en énergie potentielle chimique, peut s'écrire :

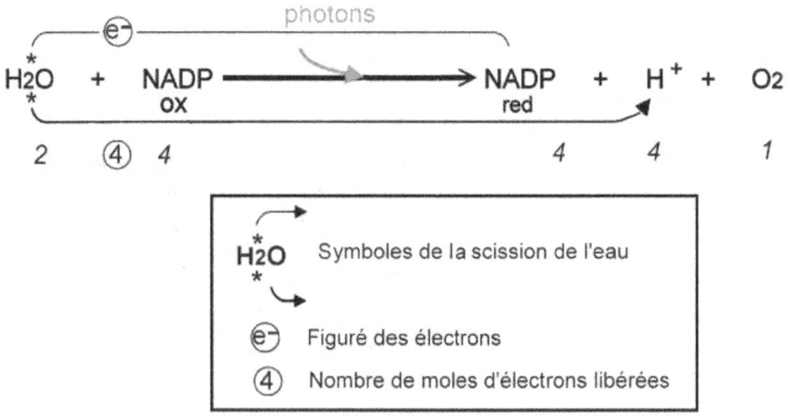

*

Pour aller plus loin, dans un troisième niveau de compréhension qui barbote dans un mélange d'infrastructure fine et de biochimie délicate, il faut s'appuyer sur quelques notions supplémentaires concernant d'une part l'organisation du chloroplaste et d'autre part les propriétés des électrons.

La structure intime du chloroplaste est proposée de façon schématique par la figure 40. Cet organite se singularise par une compartimentation complexe fondée sur des infrastructures membranaires – les *thylakoïdes* – délimitant des espaces clos que les biologistes s'accordent à désigner sous le vocable de *lumen*, malgré le risque de confusion avec l'unité de mesure des flux lumineux.

Le chloroplaste recèle la chlorophylle intégrée avec d'autres pigments dans des structures moléculaires complexes appelés *photosystèmes*. Les pigments sont pourvus d'« électrons baladeurs » – dits *délocalisés* –, un comportement évoqué par le *Pour aider à comprendre (6)*.

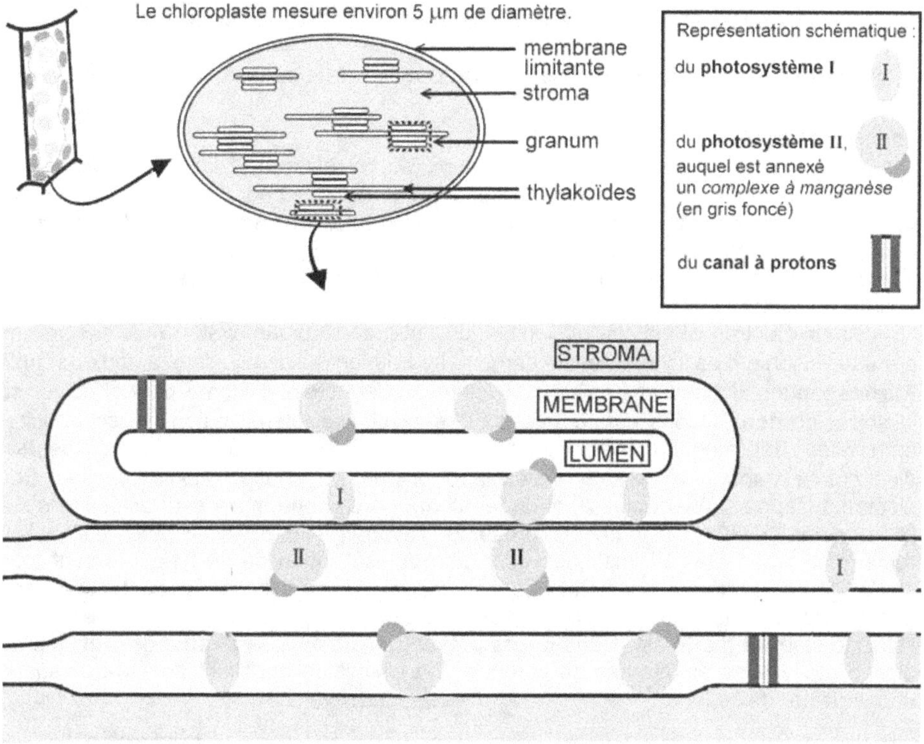

FIGURE 40. ORGANISATION DU CHLOROPLASTE

Les infrastructures membranaires des chloroplastes – les *thylakoïdes* – qui délimitent le *lumen* se présentent soit en unités dispersées dans le *stroma*, soit sous la forme de disques empilés – les *grana*. La surface considérable développée par ces membranes est un signe clair de l'activité métabolique intense du chloroplaste. Cette dernière est assumée par des complexes moléculaires – les *photosystèmes* – pourvus d'une *antenne collectrice de photons* constituée de centaines de molécules de pigments, dont le rôle est de capter les photons, de les drainer à la façon d'un entonnoir vers une trappe – le *centre réactionnel*– centré lui-même sur quelques molécules de *chlorophylle.* C'est à cet endroit qu'a lieu la conversion des photons en *potentiel d'oxydoréduction.* Les pigments photorécepteurs sont ancrés en position transversale adéquate dans les membranes des thylakoïdes par un emballage de protéines susceptibles de se déplacer horizontalement.

Il existe deux photosystèmes, le photosystème I, porteur de la chlorophylle a et localisé presque exclusivement dans les thylakoïdes, et le photosystème II, plus largement distribué et porteur de la chlorophylle b.

La cavité des thylakoïdes sert de pile d'accumulation des protons produits par la photosynthèse. L'énergie qu'elle reçoit est exploitée par des protéines creuses qui canalisent l'écoulement des protons vers le stroma. L'énergie libérée s'y trouve convertie en énergie chimique par la synthèse de molécules d'ATP.

Il est à noter que les thylakoïdes intergranaires forment sans doute un réseau continu qu'une simple coupe transversale ne peut représenter.

Pour aider à comprendre le rôle de la chlorophylle (6)

Lorsque des électrons se délocalisent

Le cas du benzène

Les atomes peuvent s'unir par un autre type de liaison que la liaison covalente : la *liaison π*, dont la nature ne peut être expliquée que dans le cadre du concept d'orbitale (hors du champ de cet ouvrage). La meilleure illustration qu'on puisse en donner est la molécule de benzène, de formule brute C_6H_6. Elle comporte six atomes de carbone fermés en un noyau hexagonal. Chaque atome est lié à chacun de ses deux voisins par une liaison covalente et à un atome d'hydrogène par une troisième liaison covalente. Il lui reste un électron célibataire disponible, qu'il met en commun avec l'un de ses voisins par une liaison π. Les six atomes de carbone se trouvent ainsi unis deux à deux par trois liaisons π qui s'ajoutent aux liaisons covalentes. Mais chaque atome peut effectuer sa liaison π de deux façons différentes, dont l'équivalence interdit qu'on puisse trancher entre elles. Une élégante hypothèse efface ce dilemme : la mise en commun des six électrons π dans une orbitale moléculaire unique de configuration circulaire. Ces électrons n'appartiennent plus à tel ou tel atome de carbone, mais sont *délocalisés* sur un anneau. Cette configuration présente l'avantage d'expliquer une disposition remarquable des atomes impliqués dans une délocalisation de ce type : ils sont tous situés dans un même plan. Cela tient à une propension naturelle de toute liaison interatomique à maintenir les atomes aussi proches que possible, ce qui correspond à l'état de stabilité maximale. Dans le cas présent, elle s'oppose à toute déformation du plan contenant les six atomes de carbone. Les chimistes appellent *noyau aromatique* une structure de ce type.

Le cas de la chlorophylle

La molécule de chlorophylle comporte un noyau aromatique complexe constitué de quatre cycles élémentaires pentagonaux intégrant un atome d'azote : les *noyaux pyrroliques*. Les atomes d'azote des quatre pyrroles sont reliés en croix à un atome central de magnésium. L'hémoglobine animale comporte aussi un noyau de ce type, mais il est centré sur un atome de fer. L'anneau d'électrons π impose la forme plane des noyaux aromatiques. Par ailleurs, il capte sélectivement certaines radiations lumineuses ; celles qu'il ne retient pas lui confèrent sa couleur (verte pour la chlorophylle, rouge pour l'hémoglobine). C'est la lumière (bleue et rouge) absorbée par la chlorophylle qui est utilisée par les végétaux dans la photosynthèse.

Des ramifications latérales sont branchées sur le cycle aromatique. La plus longue appartient à une catégorie de molécules carbonées linéaires, affectées aussi par des délocalisations électroniques mais non fermées : la xanthophylle jaune et le carotène orangé.

Enfin, les deux chlorophylles (a et b) et les pigments qui les accompagnent sont associés à des protéines dans les complexes moléculaires insérés dans les membranes internes du chloroplaste, à savoir les deux photosystèmes (**I** et **II**), dont quelques molécules de chlorophylle occupent le centre réactionnel.

Le benzène

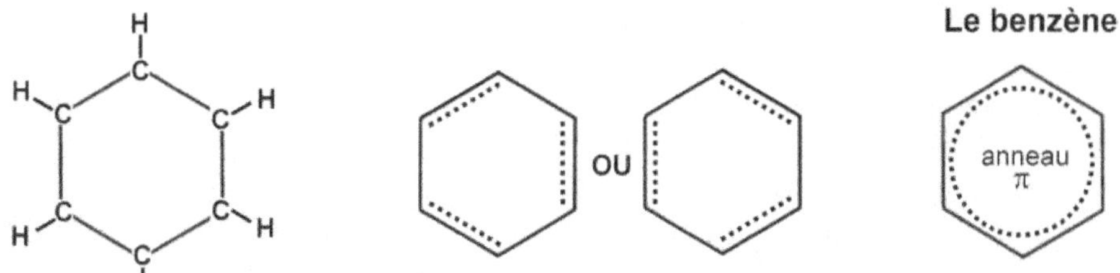

12 liaisons covalentes + 3 liaisons π

Délocalisation des électrons π

La chlorophylle

1, 2, 3, 4 noyaux pyrrol

* noyaux pyrrols évités par les électrons π

figuré censé représenter le "brouillard" des électrons π

représentation symbolique de l'anneau π délocalisé

liaisons covalentes entre les atomes des atomes de
carbone (**c**)
oxygène (**O**)
azote (**N**)

Mg atome central de magnésium

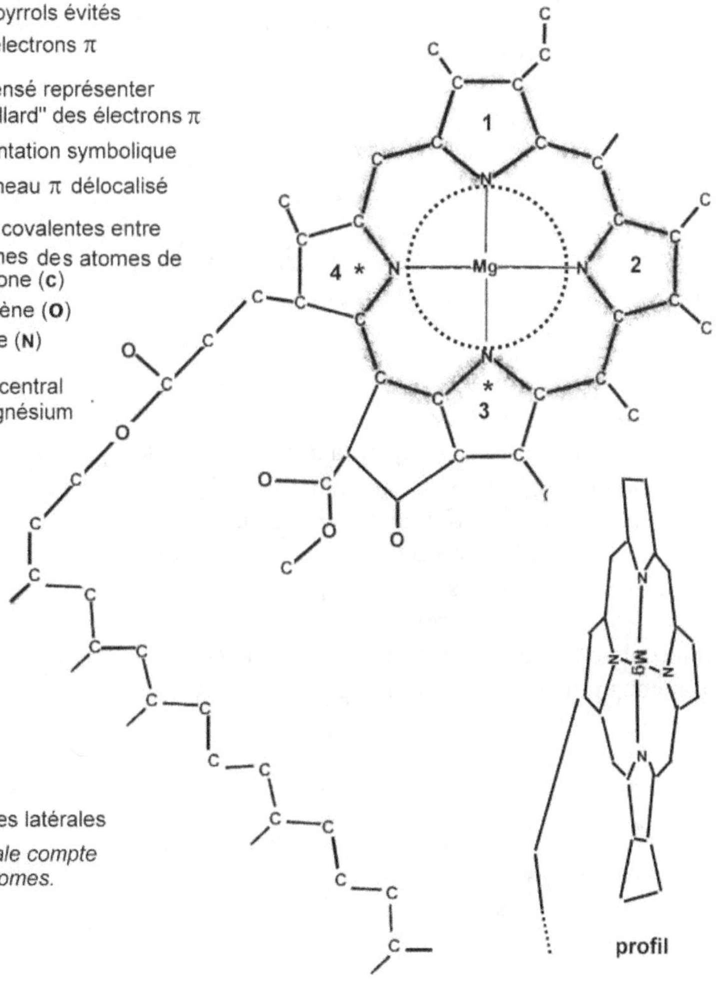

Habillage de chaînes latérales

La chaîne principale compte une vingtaine d'atomes.

Le passage qui suit se borne à résumer l'essentiel de la phase photochimique de la photosynthèse.

Un photon capté par tel ou tel pigment de l'antenne collectrice « ricoche » de proche en proche jusqu'à la trappe ouvrant sur le centre réactionnel, où il stimule un dispositif comprenant quelques molécules de chlorophylle agencées d'une façon particulière. Un électron π s'en trouve expulsé, aussitôt pris en charge par un accepteur initial (AEi) d'une chaîne d'oxydoréduction et transmis pour finir au NADP.

Des expériences réalisées sur les chlorelles (Joliot et all., 1969) montrent que la chlorophylle a est engagée dans un cycle comprenant quatre degrés d'oxydation ; à chaque étape, la chlorophylle gagne un degré d'oxydation en émettant un électron. Dans son dernier état, la molécule de chlorophylle a donc perdu quatre électrons sous l'action de quatre photons successifs.

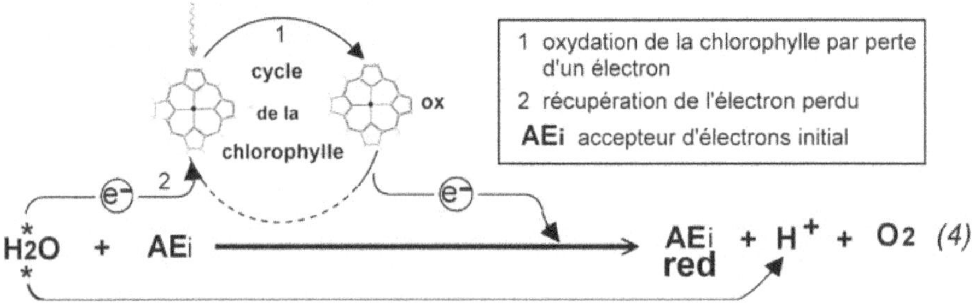

Un *complexe d'oxydation de l'eau* (ou *complexe à manganèse*), annexé au photosystème II, est impliqué dans le transfert de quatre électrons entre deux molécules d'eau qui les cèdent et la chlorophylle qui les récupère en une fois.

L'émergence du complexe à manganèse chez les bactéries bleues, il y a quelques milliards d'années, représente une avancée majeure dans l'utilisation de la lumière comme source d'énergie. D'autres bactéries, vertes ou pourpres, réalisaient déjà une sorte de photosynthèse où les électrons récupérés par la chlorophylle oxydée provenaient, non pas de l'eau, mais de substances beaucoup plus faciles à oxyder, par exemple les sulfures.

$$CO_2 + H_2S \xrightarrow{\text{photons}} CH_2O + S + H_2O$$

moles 1 2 → 1 2 1

rappel de l'équation *(2)*

$$CO_2 + H_2O \xrightarrow{\text{photons}} CH_2O + O_2 + H_2O$$

moles 1 2 → 1 1 1

La disponibilité des sulfures à la surface de la Terre restant cantonnée à des milieux sporadiques alors que l'eau est ubiquiste, l'« invention » du complexe à manganèse par les bactéries bleues a pu être exploitée à grande échelle par les chloroplastes des algues en milieu aquatique puis des plantes en milieu terrestre. La libération dans l'eau puis dans l'air du dioxygène, « déchet » de la photosynthèse mais comburant de la respiration, a conditionné l'essor de la vie animale.

La séparation des charges électriques de l'eau engendre un courant électrique. Mais il est rapidement converti dans les molécules d'ATP. La grande ambition bionique de mimer la photosynthèse vise au contraire à obtenir un courant électrique durable. Elle se heurte cependant à l'extrême complexité du problème. En effet, il ne suffit pas de frapper de l'eau avec des rayons lumineux : la « photolyse » directe de l'eau n'existe pas...

*

L'heure des bilans de la photosynthèse est arrivée Le bilan de la phase photochimique s'écrit ainsi :

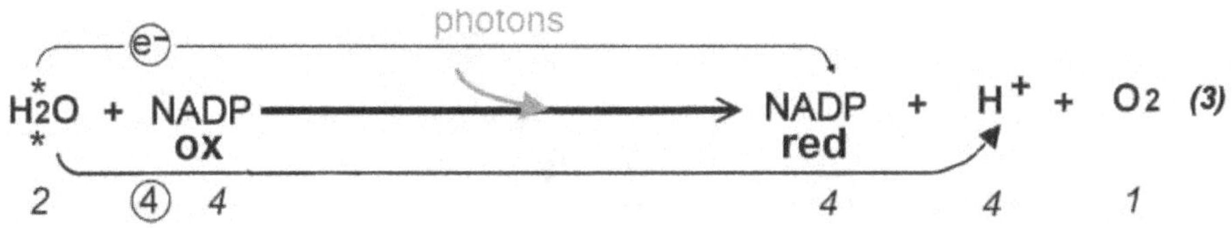

L'apport spécifique des végétaux est d'avoir en quelque sorte « codifié » la photosynthèse avec l'« invention » du chloroplaste, un organite sans doute dérivé, comme la mitochondrie, d'une bactérie intégrée dans le cytoplasme.

Chez les végétaux, les deux photosystèmes se disposent en série, le photosystème II se situant fonctionnellement en amont du photosystème I.
Les photons captés par ce dernier, privé de complexe à manganèse, ne servent pas à séparer les charges des molécules d'eau, mais à « doper » les électrons qu'il reçoit du photosystème II (figure 41).

Outre l'énergie véhiculée par le NADP (l'accepteur final au terme de la phase photochimique : AEf de la figure 42) et qui sera intégrée *in fine* dans la trame carbonée des substances organiques (pendant la phase thermochimique), l'écoulement des protons accumulés dans le lumen des thylakoïdes (dans la phase photochimique), à travers des canaux à protons, est couplée avec la synthèse de molécules d'ATP.

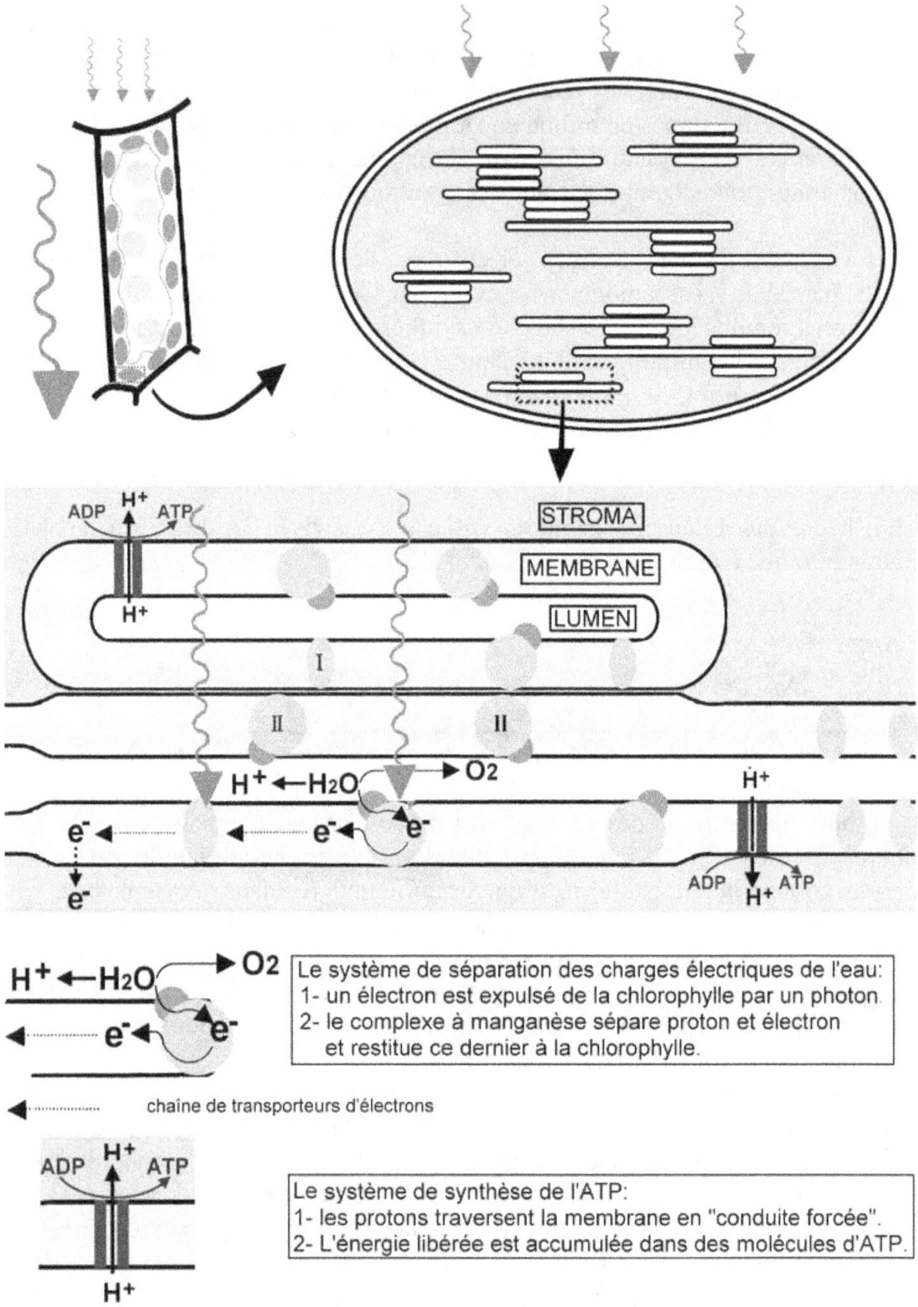

FIGURE 41. RECAPITULATION DE LA PHASE PHOTOCHIMIQUE DE LA PHOTOSYNTHESE

*

Si la phase thermochimique ne le cède en rien en complexité à la phase photochimique, elle ne se distingue pas dans ses principes énergétiques des innombrables réactions que pratiquent tous les êtres vivants. L'essentiel se déroule au cours d'un cycle découvert par Melvin Calvin en 1952. On se limitera à présenter une esquisse du cycle qui porte son nom (figure 42).

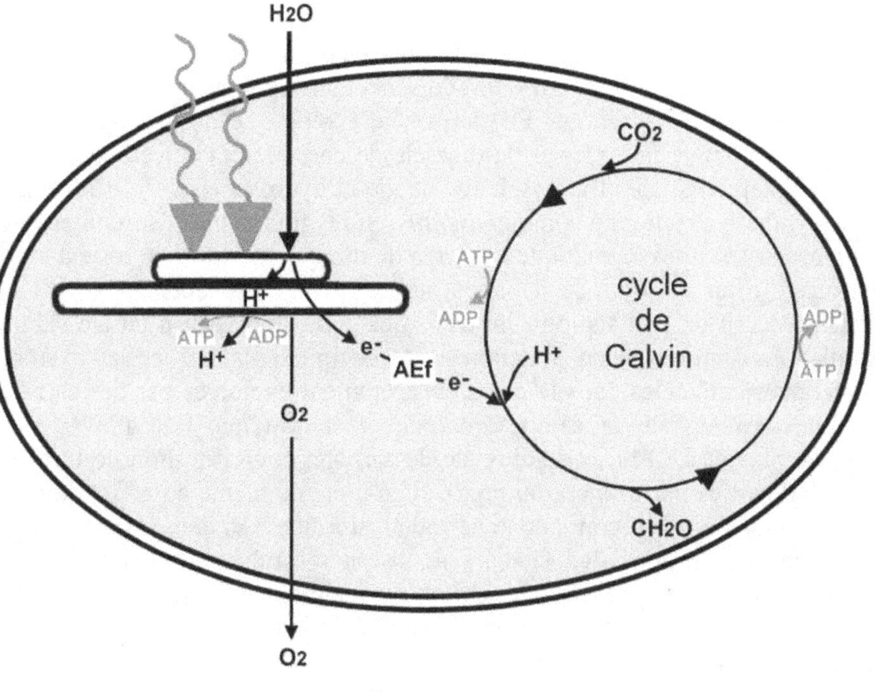

FIGURE 42. RECAPITULATION DES DEUX PHASES DE LA PHOTOSYNTHESE

Le bilan de la phase thermochimique s'écrit :

$$CO_2 + NADP_{red} + H^+ \longrightarrow CH_2O + NADP_{ox} + H_2O \quad (4)$$

moles 1 4 4 1 4 1

Les électrons, qui équilibrent électriquement le premier membre, sont inclus dans le NADP réduit.
Le bilan énergétique en termes de moles d' ATP n'est pas pris en compte.

Si on ajoute membre à membre les quantités molaires des réactants et des produits qui interviennent dans les réactions numérotées dans le texte, la valeur obtenue pour l'équation (2) « de chaque côté de la balance », est égale à la somme des valeurs obtenues pour l'équation (3), et l'équation (4).
À la différence de la réaction (1), la réaction (2) explicite les significations chimiques différentes des molécules d'eau à droite et à gauche, révélées par les expériences de Ruben.

*

Dans la production de glucose par photosynthèse, les flux de matière sont inversés par rapport à ceux qui se produisent dans la dégradation complète de ce métabolite par respiration. En termes d'écologie globale, la respiration fonctionne comme une *source* de dioxyde de carbone qui s'accumule dans les stocks interactifs de l'atmosphère et de l'hydrosphère. À l'inverse, la photosynthèse fonctionne comme un *puits*. Si les flux annuels sortant et entrant s'égalisent, les stocks aquatique et aérien de dioxyde de carbone restent stables, à l'image d'un lac dont le débit entrant serait égal au débit sortant. Un tel système décrit un état stationnaire des stocks. Or, le niveau d'un lac subit des oscillations naturelles en fonction des précipitations. Grâce aux archives climatiques contenues dans la glace et récemment explorées par des carottages profonds réalisés sur la calotte antarctique, on sait que l'air n'avait jamais contenu plus de 280 litres de dioxyde de carbone pour 1 million de litres d'air (soit 280 parties par million, ou ppm). Il en a été de même au cours du dernier million d'années et au cours de la période historique. Or, dans les années 1960, j'enseignais, à propos des facteurs de la photosynthèse, que l'air contenait 345 ppm de dioxyde de carbone. On en est maintenant presque à 400 ppm. Si les résultats de ces carottages se confirment, la concentration atmosphérique de dioxyde de carbone aurait augmenté, dans les derniers siècles, de 40 %. Dans la mesure où cet accroissement est sans précédent et qu'il coïncide, dans la période industrielle, avec l'utilisation intensive des carburants fossiles accumulés au cours de millions d'années, il est certain que le phénomène a, au moins pour une part, une cause anthropique. Il est également certain qu'il induit un accroissement de l'effet de serre. La discussion porte seulement sur l'importance du facteur anthropique sur cet effet.

Si l'on se déporte maintenant dans un passé lointain (à l'échelle du milliard d'années), la photosynthèse a eu de très importantes répercussions sur la composition de l'atmosphère et de l'hydrosphère : les bactéries bleues puis les végétaux verts ont assuré leur oxygénation. Simultanément, elles ont fait diminuer la concentration de dioxyde de carbone dans l'air et dans l'eau. Malgré sa hausse récente, elle reste très en deçà de la concentration la plus favorable pour la photosynthèse, ce qui pourrait témoigner d'une meilleure adéquation de la photosynthèse à l'atmosphère du temps jadis...

3.2.2. Les animaux et l'exploitation de l'énergie des substances organiques

À la différence des végétaux, qui se nourrissent par absorption diffuse, les animaux se nourrissent d'*aliments figurés*, comme le lait, la viande ou l'herbe, donc chaque goutte ou fragment est un gigantesque réservoir de molécules nutritives – les *nutriments*. Ils découpent les aliments qu'ils prennent, les ingèrent et les digèrent. Sur le plan trophique, c'est avant tout l'activité de préhension des aliments qui distingue les animaux des végétaux ; elle met en œuvre le *comportement alimentaire,* où s'impliquent grandement, chez les animaux organisés, le cerveau et les muscles. Une adéquation intime relie, d'une part, la morphologie, l'anatomie, la physiologie et l'activité cérébrale d'un animal et, d'autre part, son mode particulier de comportement alimentaire. Un examen rapide permet souvent de distinguer l'animal qui paît – l'*herbivore* (du latin *vore*, manger) – de l'animal qui chasse – le *carnivore*. Dans la savane, l'antilope, l'oreille aux aguets, broute consciencieusement, broie l'herbe sur la table d'usure de ses molaires, en avale enfin les bouchées insalivées. La panse pleine, l'antilope se met à l'abri pour régurgiter la bouillie et la passer à la meule une seconde fois : elle rumine. Mais si elle s'est laissé surprendre par le guépard tapi dans les hautes herbes, c'est une course folle qui s'engage pour la survie entre le prédateur et sa proie. L'issue en est incertaine ; si la chasse est réussie, le guépard peut se mettre à table. Il dépèce le cadavre, dont il partage éventuellement les morceaux avec des petits accourus pour le festin. Il lui faut aller vite, car les hyènes et les lions peuvent à tout moment lui contester sa prise. La viande est déchiquetée par les carnassières, qui n'ont ni le temps ni les moyens de la diviser finement à la manière des molaires d'herbivore. Les grosses bouchées ingurgitées seront attaquées par les enzymes intestinales (notamment des protéases), à partir de leur surface. On notera que les fins débris de végétaux issus de la digestion mécanique offrent à l'action des enzymes (essentiellement des glucidases) une surface d'attaque beaucoup plus grande. En revanche, les glucides végétaux les plus abondants – les molécules de cellulose, hydrolysées par des cellulases – sont beaucoup moins digestes que les protéines de la viande : il faut plus de temps de digestion pour transformer la cellulose en glucose que pour transformer les protéines en acides aminés.

Vers la fin du repas d'un prédateur, le cercle des vautours se rétrécit autour de la carcasse. Pour finir, les mouches nettoieront les os, au même temps que, sous l'effet des fermentations bactériennes, l'odeur de charogne empestera la savane... C'est le spectacle de tout un peuple, mammifères, oiseaux, insectes, bactéries, qu'on aura pu voir exploiter la proie, chacun à son tour, jusqu'à la faire disparaître ou la réduire à l'état de vestiges osseux. Plus tard, beaucoup plus tard, le cadavre du prédateur subira le même sort.

*

Mais revenons à la digestion. Lorsqu'elle est achevée, les aliments sont devenus une solution de substances assimilables susceptibles de traverser la paroi intestinale : ions minéraux, petites molécules organiques tels les sucres simples, les acides aminés, les acides gras, les bases azotées, les alcools gras, les vitamines. La présence de substances organiques variées dans le liquide intestinal est indispensable, car les animaux sont les êtres vivants dont le pouvoir de synthèse est le plus pauvre. Il leur faut, comme les champignons et la plupart des bactéries, une forme organique du carbone comme source principale d'énergie, mais aussi une source organique d'azote pour la construction des macromolécules nobles. Quant au métabolisme énergétique, le carburant roi est encore le glucose, comme chez les autres êtres vivants, végétaux verts compris. Il est le métabolite privilégié des cellules, issu de la digestion de différents glucides dont la nature dépend du régime alimentaire – c'est plutôt l'amidon pour les herbivores, le glycogène pour les carnivores – et parfois du groupe zoologique : ainsi, le lactose est la source quasi exclusive d'énergie chez le nourrisson de mammifère. Le glucose couvre les besoins continus des organes à activité permanente, comme le cerveau, le cœur, les reins, et les besoins discontinus mais intenses des muscles. Son importance stratégique lui vaut une attention toute particulière de la part des instances physiologiques de contrôle. Chez l'homme par exemple, le glucose est mis constamment à disposition des cellules, à raison d'un gramme par litre de sang, la valeur « normale » de la *glycémie*. Une baisse, même relativement modérée, du taux sanguin de glucose met en situation de détresse transitoire les cellules musculaires sollicitées par un effort violent ; qui n'a vu, à la télé, les cyclistes ailés, lancés à l'assaut d'un col, transformés par la fringale en pauvres créatures martyrisées par la pesanteur ? Une prise de « sucres rapides », et la machine musculaire repart. Mais lorsque le taux sanguin de glucose s'abaisse en dessous d'un seuil critique (à la suite, par exemple, d'une injection d'insuline non compensée), les cellules nerveuses connaissent une fringale redoutable pouvant conduire au *coma hypoglycémique* (du grec *hupo*, sous).

Une valeur élevée de la glycémie est indispensable à l'approvisionnement des cellules car le glucose ne peut traverser la membrane que « dans le sens de son courant », c'est-à-dire que le « niveau » de sucre (entendre « concentration ») doit être plus élevé dans le sang que dans le milieu intracellulaire. Mais, s'il faut une quantité « raisonnable » de sucre dans le sang, il est préférable de ne point trop en avoir car il a une fâcheuse propension à se lier aux protéines de la paroi des petits vaisseaux qu'il abîme à long terme. Ces atteintes insidieuses du système vasculaire, qui altèrent le fonctionnement de divers organes, sont les effets directs de l'*hyperglycémie* provoquée par le diabète. Le glucose a aussi ses inconvénients…

*

L'observation des actes nutritifs comparés chez les végétaux et chez les animaux faisait au contraire penser que l'organisme animal était incapable de produire de la matière sucrée. En effet, le sucre et la fécule formés en quantité considérable dans le règne végétal sont incessamment utilisés par les animaux qui les détruisent pour s'en nourrir. D'où résultent deux phénomènes en apparence corrélatifs, qui s'accomplissent constamment sous nos yeux, savoir : 1° Production abondante de matières saccharoïdes dans les végétaux, 2° Destruction rapide et incessante de ces mêmes produits pour l'alimentation des animaux.

Claude Bernard, 1853.

Nous sommes au milieu du XIXe siècle, à l'aube de la biochimie. On connaissait déjà la dépendance trophique des animaux vis-à-vis des végétaux : le *sucre* et la *fécule* produits par les végétaux semblaient être l'unique source de la *matière sucrée* utilisée par les animaux. Pour son travail de thèse, Claude Bernard recherchait au sein de l'organisme animal le site organique de *destruction des matières saccharoïdes* et, vu sa grande taille, le foie apparaissait comme un bon candidat comme « usine de transformation ». Les matières sucrées apportées par le sang devaient avoir disparu du sang à la sortie de l'organe. Claude Bernard observa le phénomène inverse dans ses fameuses expériences dites « du foie lavé ». Ainsi s'explique le *« au contraire »* que j'ai souligné dans l'épigraphe, Claude Bernard ayant, lors de la soutenance de sa thèse, en 1953, commencé son introduction en énonçant sa découverte, *la fonction glycogénique du foie* : *« J'établirai dans ce travail que les animaux aussi bien que les végétaux ont la faculté de produire du sucre. Je montrerai en outre que cette fonction animale, restée jusqu'ici inconnue, doit être localisée dans le foie. »* C'est la contre-épreuve qui conduisit Claude Bernard à sa découverte.

Pour établir ma contre-épreuve, un deuxième chien adulte et bien portant fut nourri exclusivement pendant sept jours avec de la viande (tête de mouton cuite), dont il mangeait à discrétion, et au bout de ce temps, il fut sacrifié comme dans le premier cas par la section au bulbe rachidien pendant la période digestive. Je recueillis aussitôt le sang des veines hépatiques pour y rechercher la matière sucrée, et quelle fut ma surprise quand je constatai très facilement et d'une manière non douteuse qu'il y avait des quantités considérables de sucre (glucose) dans le sang qui sortait du foie chez le chien qui, par le fait de son alimentation composée de viande, avait été privé de sucre pendant sept jours, absolument comme chez l'autre, qui pendant le même laps de temps avait au contraire fait usage d'aliments fortement sucrés.

Claude Bernard ne s'en tint pas aux expériences sur l'animal. En 1850 et 1851, il examina *post-mortem* le foie de cinq condamnés à mort.

Les expériences faites chez l'homme, pour correspondre physiologiquement à celles faites sur les animaux, devraient être instituées sur des individus surpris par la mort en état de santé.

Nous avons fait cinq observations sur des suppliciés. Sur ces cinq observations, deux ont eu lieu dans la période digestive, et les trois autres chez les individus à jeun depuis la veille : néanmoins, tous les foies contenaient du sucre.

(Claude Bernard, *Leçons de physiologie expérimentale appliquée à la médecine*, *troisième leçon*, 1855.)

Claude Bernard montra que le glucose provenait d'un glucide hépatique analogue à l'amidon, le *glycogène* (« qui engendre le sucre »). Scepticisme général. L. Figuier, professeur de pharmacie à l'université de Montpellier, opposait *« la physiologie du bon sens à la physiologie du merveilleux »,* s'interrogeant sur cette incongruité physiologique : pourquoi le corps fabriquerait-il du sucre alors que les aliments lui en prodiguent ? Le « bon sens » avait tort : le foie libère du sucre, par une simple réaction d'hydrolyse.

$$\text{glycogène + eau} \longrightarrow \text{glucose}$$

En travaillant *in vivo* sur des chiens à jeun, Claude Bernard découvrit que la veine sus-hépatique contenait du glucose alors que la veine porte en provenance de l'intestin n'en contenait pas (en réalité, elle en contenait moins). Il comprit que, la source exogène du glucose indispensable aux cellules faisant momentanément défaut, l'organisme lui substituait du glucose endogène d'origine hépatique. Il mit plus de temps à atteindre la signification physiologique profonde du phénomène. Il est clair que le foie ne peut indéfiniment livrer du glucose ; il lui faut bien de temps en temps reconstituer son stock de glycogène… Une hypothèse raisonnable est que le glucose entrant dans le foie par la veine porte y serait « condensé » en glycogène selon une réaction inverse de l'hydrolyse. Hypothèse confirmée.

$$\text{glucose} \longleftarrow \text{glycogène + eau}$$

Le foie stockerait donc le glucose au moment des repas (1) et le libérerait entre deux repas (2).

$$\text{glucose} \underset{2}{\overset{1}{\rightleftharpoons}} \text{glycogène + eau}$$

Cette transformation réciproque en un sucre simple et son condensé aurait pour fonction de maintenir le taux sanguin de glucose (la glycémie) au voisinage d'un gramme par litre de sang, une teneur suffisamment élevée pour satisfaire au transit du sucre à travers la membrane cellulaire, mais insuffisante pour endommager les petits vaisseaux. Claude Bernard eut le grand mérite d'en comprendre la raison physiologique. Il venait de découvrir le premier exemple d'*homéostasie* (du grec *homoios,* égal, et *stasis,* arrêt) du milieu intérieur (sang et lymphe), c'est-à-dire la stabilisation des paramètres physicochimiques fondamentaux.

La recherche des mécanismes régulateurs du milieu intérieur relève d'un nouveau chapitre de la physiologie expérimentale : l'*endocrinologie* (du grec *endon*, dedans, et *krinein*, secréter). La substance secrétée – une *hormone* (du grec *hormaô*, j'excite) – assure la communication à distance entre les cellules hormonales qui la produisent et les cellules-cibles qu'elle « excite », par l'intermédiaire du milieu intérieur. Ce dernier transporte donc lui-même les molécules messagères chargées d'assurer son homéostasie. Les hormones stabilisatrices de la glycémie, produites par le pancréas, agissent sur divers organes, principalement le foie. D'autres hormones, par exemple les hormones sexuelles, agissent sur l'organisation et le fonctionnement d'organes, par exemple les organes sexuels, dont l'activité dépend de facteurs extrinsèques et intrinsèques. Les hormones apparaissent donc comme les outils de la communication sociale entre les cellules d'un animal organisé. Cette question sera abordée dans le chapitre 4, consacré au fonctionnement global, ou *systémique*, de l'organisme animal.

3.3. Complémentarité trophique des êtres vivants, à l'échelle de la biosphère comme à l'échelle des écosystèmes

Les êtres vivants se nourrissent les uns des autres au sein des écosystèmes parcourus par des flux de matière et d'énergie qui, puisés dans le milieu minéral par les producteurs primaires, parcourent les chaînes alimentaires où les animaux se positionnent en tant que consommateurs (herbivores, carnivores, charognards et détritivores), et retournent enfin au milieu minéral par le canal des décomposeurs (champignons et bactéries).

Le métabolisme énergétique animal s'appuie sur des sources organiques (sucres et graisses principalement) issues directement ou indirectement de la production végétale et qui sont contenues dans les aliments. Les animaux se sont différenciés les uns des autres sur la manière de les prélever dans leur milieu. Ainsi se sont constituées les chaînes alimentaires propres à chaque écosystème, qui canalisent les flux d'énergie et de matières engendrées par les producteurs primaires végétaux. Les animaux s'y positionnent comme des *consommateurs*. Les *producteurs primaires* et leurs secrétions élaborent donc le stock organique des écosystèmes, issu des flux trophiques émanant du monde minéral et transmis aux autres êtres vivants. Les pionniers bactériens extrayaient l'énergie de réactions chimiques impliquant des molécules minérales, principalement les sulfures échappés de la profondeur de la Terre. Il en subsiste des témoins spectaculaires, mais anecdotiques au regard de la macroéconomie du vivant, telles les bactéries qui exploitent les « fumeurs noirs » au fond des océans. En l'absence complète de lumière (hormis celle projetée par les luminaires dont sont équipés certains animaux des grands fonds), ces bactéries animent les petits mais riches écosystèmes dispersés sur le plancher volcanique des océans.

L'essentiel de la production primaire est actuellement dû à ces chimistes émérites que sont les végétaux verts. À partir du dioxyde de carbone et grâce à l'énergie lumineuse, ils synthétisent des substances organiques dont ils consomment eux-mêmes une partie dans le métabolisme respiratoire, pour transformer le reste en une foule de substances azotées, soufrées, phosphorées. Ils savent aussi, en effet, y incorporer l'azote des nitrates, le soufre des sulfates, le phosphore des phosphates. D'une façon générale, les substances minérales leur suffisent comme substrats de leur métabolisme. Ils synthétisent toute la gamme des acides aminés qu'ils enchaînent dans leurs protéines, les quatre molécules azotées qu'ils enchaînent dans leurs acides nucléiques. Il faut y ajouter la panoplie complète des vitamines, ainsi qu'une grande variété d'huiles essentielles qui leur donnent leurs parfums. Bref, les végétaux, pris dans leur ensemble ou individuellement, présentent une gamme incomparable de produits de synthèse.

Les autres eucaryotes (animaux et champignons), chimiquement moins doués, canalisent les flux de matière et d'énergie des substances organiques créées par le savoir-faire biochimique des végétaux verts. Les animaux phytophages consomment les organes végétaux – tubercules, graines et fruits – gorgés de sucres, huiles et protéines, en dévorant ou en parasitant leurs tiges, feuilles et racines. Les animaux vivent aussi les uns des autres. Et ceux des champignons qui ne sont pas parasites vivent des produits de tous les morts, animaux et végétaux confondus.

Le monde vivant se présente donc au regard du naturaliste comme une vaste communauté d'espèces interdépendantes, dont chaque membre « comprend » la chimie de ceux, vivants ou morts, dont il se nourrit. J'entends par « comprendre » l'aptitude d'une espèce à sélectionner les aliments qui fourniront les molécules dont cette espèce a besoin mais qu'elle ne sait pas synthétiser. Les espèces dites *opportunistes* ou *généralistes* font leur marché de toute source de substances organiques, pourvu que celle-ci leur soit accessible dans le cadre de leur habitat et de leurs habitudes. Le gnou et le zèbre broutent les herbes des formations végétales ouvertes tout en surveillant les alentours ; le guépard sprinte dans la savane pour y capturer ses proies.

D'autres espèces sont, du point de vue du choix de leur nourriture, des *spécialistes :* le koala d'Australie qui ne mange que des feuilles d'eucalyptus ; *Phytophtora infestans*, ce champignon parasite qui a ravagé la pomme de terre en Irlande et fut responsable de la terrible famine de 1847, *Plasmopara viticola*, (le champignon responsable du mildiou) et le *phylloxéra* (un puceron), deux ravageurs de la vigne venus d'Amérique.

Un spécialiste strict est condamné si l'espèce ou les quelques espèces dont il se nourrit disparaît. Un opportuniste qui la consommait aussi pour des raisons de circonstance, par exemple à cause de son abondance, portera son appétit sur d'autres : « Qu'à cela ne tienne ! » est son credo. Tous les degrés existent entre opportunisme et spécialisation, et les circonstances peuvent restreindre les disponibilités alimentaires d'une espèce, l'engageant ainsi par effet d'entonnoir dans la voie d'une spécialisation alimentaire croissante.

Des contraintes écologiques sévères, par exemple d'ordre climatique, sélectionnent les rares espèces capables d'y faire face. Par contrecoup les espèces situées au degré suivant de la chaîne alimentaire doivent restreindre leur menu. Elles s'engagent dans la spécialisation. Les rennes sauvages ne trouvent guère pour se nourrir dans la toundra que… le « lichen des rennes ». Mais les migrations qu'ils effectuent leur permettent d'élargir leur régime alimentaire.

L'interdépendance des espèces ne se limite pas à la question de la nourriture. Il y a l'habitat que certaines espèces construisent pour toute une biocénose. C'est ce que font les coraux ou les essences forestières. Il y a aussi les relations directes d'espèce à espèce.

1. Les relations à bénéfice réciproque définissent la *symbiose*. Ce crabe qui brandit avec ses pinces une anémone de mer en guise de menace défensive lui concède en contrepartie les reliefs de son repas.
2. Les relations à bénéfice unilatéral définissent le *commensalisme*. Il n'est pas rare de trouver, dans les moules qu'on récolte soi-même sur les rochers, un petit crabe à corps mou, le *pinnothère*, qui trouve chez son hôte un abri sans lui causer dommage.

Les exemples de symbiose et de commensalisme sont innombrables, plus encore en milieu marin qu'en milieu terrestre. On comprend que certains esprits soient tentés de voir dans ces bijoux associatifs la main de la Providence.

Bref, l'univers du vivant se montre diversifié dans les multiples écosystèmes qui constituent cette fine pellicule ajourée qui tapisse la surface de la planète Terre : la *biosphère*. Depuis son apparition, il y a plusieurs milliards d'années, celle-ci à évolué en se pliant constamment aux incessantes fluctuations géographiques et climatiques de l'environnement, dans une complémentarité des espèces qui naissent, prospèrent, s'éteignent et se remplacent. Les êtres vivants sont tenus de rester « à l'écoute » des perpétuels changements de leur milieu, une vigilance ininterrompue qu'on appelle « adaptation ».

3.4. Le problème de l'adéquation au milieu du dynamisme vital

3.4.1. Les bactéries et les avantages du nombre

Les boucles de rétroaction procurent aux bactéries des facultés d'adaptation rapides aux variations de la disponibilité trophique du milieu en métabolites énergétiques, comme les sucres, ou en « métabolites de construction », comme les acides aminés. Quelques minutes leur suffisent pour modifier en conséquence leur équipement enzymatique, en jouant sur la synthèse et/ou sur l'activation des protéines compétentes.

Lorsque le savoir-faire d'une souche de bactéries est impuissant à affronter un changement écologique quelconque, comme la menace d'un antibiotique contre lequel il ne peut proposer d'antidote, la survie de ladite souche s'en trouve compromise, faute de trouver rapidement une réponse génétique innovante. Lorsqu'un microbe – par exemple le staphylocoque doré, tant redouté des médecins hospitaliers – est confronté à un nouvel antibiotique vis-à-vis duquel il est désarmé, c'est l'hécatombe. L'*antibiogramme* permet de sélectionner les antibiotiques auquel le microbe est *sensible*. Mais après quelques mois d'utilisation, tel antibiotique peut se révéler inefficace face à des bactéries ayant appris à s'en protéger et qui engendrent par multiplication cellulaire une *souche résistante*. Il faut diriger contre elle un autre antibiotique. La course infernale entre l'attaque et la défense reprend. Ainsi peuvent apparaître, par sélections successives, des *souches multi-résistantes* « immunisées » contre la plupart des antibiotiques connus, voire tous. La hantise des médecins hospitaliers... Depuis la découverte de la pénicilline, en 1928, par Sir Alexander Fleming, c'est un combat sans fin que se livrent les microbes et les thérapeutes. L'hôpital, terre d'accueil privilégiée des microbes pathogènes car terre de promiscuité pour organismes affaiblis, est en première ligne ; il est confronté en permanence à ces *maladies nosocomiales* rebelles qui, sans répit, se jouent des obstacles qu'on leur oppose. Il s'y trouve toujours quelques microbes prêts à proliférer dans l'organisme de malades au système immunitaire défaillant.

Que se passe-t-il au sein d'une population bactérienne qui se trouve soudainement confrontée à un antibiotique donné, par exemple la *pénicilline* ? Avant cet événement, les bactéries se multipliaient à un rythme soutenu, par exemple à raison d'une division toutes les demi-heures, suffisant pour faire dériver d'une seule cellule, en une seule journée, une population clonale comprenant soixante-dix mille milliards de cellules identiques entre elles et identiques à la cellule originale ! Identiques, sauf mutation ou recombinaison. Imaginons qu'une cellule sur dix mille milliards soit ainsi devenue résistante à la pénicilline, le clone contiendra soixante-dix cellules mutantes relativement à ce caractère. Elles ne pourront se distinguer de la masse des cellules restées sensibles à l'antibiotique si celui-ci n'est pas présent dans le milieu. Mais si on l'y ajoute, elles seront sélectionnées parmi toutes les autres par leur immunité vis-à-vis de cette substance agressive.

Le principe de l'antibiogramme repose sur la transposition *in vitro* de ce mécanisme de sélection (figure 43). Il permet de trier les antibiotiques auxquels le microbe est devenu résistant de ceux auxquels il est encore sensible. Le milieu de culture complémenté par l'antibiotique fonctionne comme un *crible de sélection* expérimental.

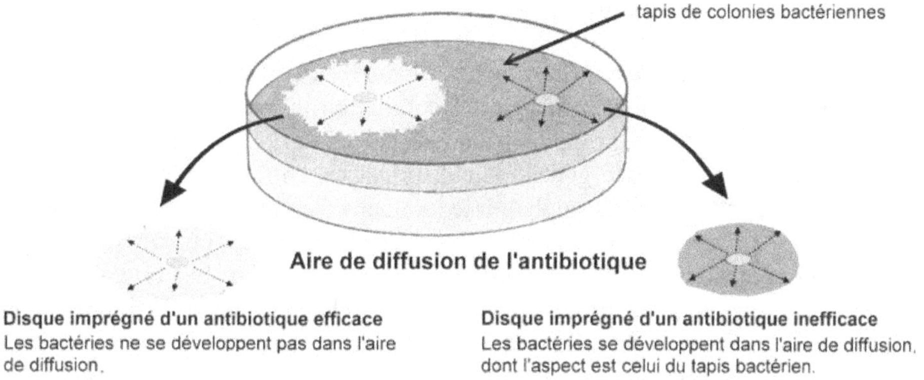

FIGURE 43. PRINCIPE DE L'ANTIBIOGRAMME

En quoi consistent ces événements génétiques instantanés et transmissibles aux descendants dans les cellules qui en sont le théâtre ? D'une façon générale, les mutations, qui affectent tel ou tel gène de l'unique chromosome, sont des erreurs de réplication de l'ADN ; elles ont donc lieu en prélude à la division. La plus simple est la mutation ponctuelle, qui résulte, rappelons-le, d'un appariement illégitime entre deux bases. Pour reprendre les conventions d'écriture utilisées dans le chapitre 2, B1 s'apparie avec B4 au lieu de s'apparier avec B3 ou B2 s'apparie avec B3 au lieu de s'apparier avec B4. Confrontées au crible de la sélection naturelle (ou anthropique dans l'exemple que nous avons choisi), elles connaîtront trois destins différents selon la sélectivité du milieu. Les unes, qui n'ont à subir aucune pression sélective, pourront se transmettre silencieusement ; d'autres qui sont défavorables au moment où elles apparaissent feront long feu ; d'autres enfin, beaucoup plus rares, pourront être l'objet d'une « faveur sélective ». Dans le cas d'une mutation conférant la résistance à un antibiotique, la protéine mutante ajoute une fonction acquise à sa fonction première. Il se trouve que, très souvent, elle est moins efficace dans sa fonction première que la protéine « normale ».

D'où ce paradoxe que les cellules mutées ont à souffrir, en l'absence d'antibiotique, d'une « défaveur sélective » de la part de leur milieu par rapport aux cellules non mutées Seule l'adjonction de l'antibiotique renverse l'avantage sélectif au profit de la cellule résistante, révélant la mutation.

Au contraire de la mutation, qui modifie un gène préexistant, la *conjugaison bactérienne,* découverte en 1946 par Joshua Lederberg, *recombine* le chromosome bactérien (figure 44A) par remplacement de gènes préexistants, ou par ajout de gènes nouveaux portés par de petits modules génétiques surnuméraires, les *plasmides*. De taille variable mais au moins dix fois plus courts que le chromosome, plus ou moins nombreux selon leur nature et leur mode de division, les plasmides ne sont pas indispensables à la cellule bactérienne : ils ajoutent des « gènes facultatifs » aux « gènes nécessaires » portés par le chromosome. Les gènes apportés par les plasmides peuvent aussi s'insérer dans le chromosome. Avant les travaux de Lederberg, la microscopie électronique avait fourni des images de copulation entre deux bactéries, mais l'analyse du phénomène en était restée au stade descriptif. Lederberg montra, chez le colibacille, que des gènes étaient transférés entre les copulants, que le transfert s'effectuait entre une bactérie donneuse et une bactérie receveuse, enfin que les gènes acquis par cette dernière étaient transmissibles aux descendants. Ces propriétés apparentent la conjugaison bactérienne à un phénomène sexuel, avec une asymétrie entre « bactérie mâle » donneuse et « bactérie femelle » receveuse. Mais, à la différence de la sexualité des eucaryotes, la conjugaison des bactéries n'est pas précédée par ce mécanisme chromosomique complexe qu'est la méiose ; de plus le chromosome « mâle » n'est transmis que partiellement et en segments de taille variable ; enfin un plasmide peut s'inviter au transfert. Il s'agit donc d'une sexualité atypique, une *parasexualité* (du grec *para*, à côté de). C'est souvent des plasmides qui servent de vecteurs aux gènes de résistance aux antibiotiques (figure 44B). À la fin des années 1950, K. Ochiai puis T. Akiba constatent l'apparition d'une résistance simultanée à trois antibiotiques d'une bactérie responsable de la dysenterie : *Shigella*. Ils démontrent que ce caractère de résistance se transmet *in vivo* entre les bactéries intestinales des malades. Enfin, ils reproduisent *in vitro* cette transmission entre shigelles et colibacilles. L'ensemble de ces résultats s'accorde mieux avec une transmission horizontale (entre cellules de même génération) d'un plasmide qu'avec la transmission verticale (d'une génération à la suivante) d'une mutation génique classique. Depuis ces travaux initiaux, les découvertes de plasmides de résistance aux antibiotiques (plasmides R) se sont multipliées.

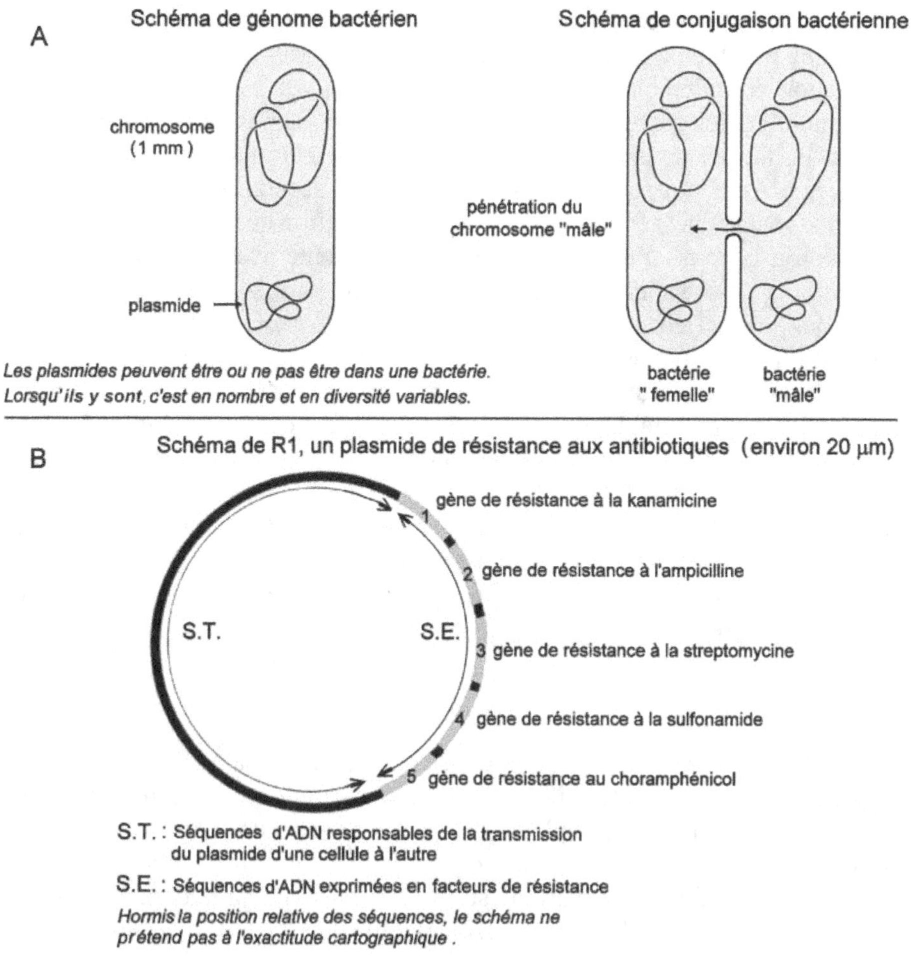

FIGURE 44. ELEMENTS DE GENETIQUE BACTERIENNE

Il existe deux autres moyens de transfert horizontal de gènes utilisés par des bactéries. La *transformation bactérienne* par absorption d'ADN moléculaire à travers la paroi bactérienne, découverte par Frédérick Griffith en 1928, s'est heurtée à l'incrédulité de la communauté scientifique. Griffith avait obtenu le transfert de matériel génétique de bactéries mortes dans des bactéries vivantes, qui s'en trouvaient génétiquement transformées. En 1944, Avery *et al.* montrèrent le pouvoir transformant de l'ADN seul, administrant une première preuve indiscutable que l'ADN est le support quasi universel de l'information génétique. Les bactériophages peuvent aussi transporter des gènes bactériens d'une cellule à l'autre, en même temps que leur propre génome. Ce mécanisme est la *transduction*.

Avec la conjugaison, la transformation et la transduction, qui mettent en commun de nombreux gènes d'opportunité, les bactéries disposent de capacités d'adaptation considérables, qui se jouent des barrières d'espèce. Doués d'une grande mobilité, les gènes peuvent se séparer d'un chromosome et se rattacher à un autre, ou former un module indépendant de type plasmide, grâce à de petites séquences d'ADN qui sont de véritables outils de séparation ou d'accrochage. Mais ce « socialisme génétique » est tout sauf « altruiste ». Un bactériophage transfère son génome d'une cellule hôte à la suivante avec « l'espoir » de s'y reproduire, et c'est accidentellement qu'il entraîne parfois avec lui un morceau du génome bactérien. Quant à la conjugaison, c'est peut-être le moyen « égoïste » pour un plasmide de changer d'hôte. On connaît en effet des plasmides qui n'ont d'autre gène que celui assurant leur propre transfert ! Si les gènes de résistance semblent surgir brusquement à l'occasion d'un événement apparemment inédit (la production et l'utilisation d'antibiotiques), c'est parce qu'ils préexistent évidemment à la découverte de Fleming, de même que les antibiotiques qu'ils combattent. C'est un champignon, *Penicillium*, qui fabrique la pénicilline, non pour notre bien mais parce qu'il est soumis à la lutte de voisinage immémoriale et sans merci qu'il livre aux bactéries, des bactéries qui, elles-mêmes, se défendent.

*

Les cibles de la sélection darwinienne, sont, chez les bactéries, les gènes ou groupes de gènes qui se modifient *in situ* par mutation ou, venus d'un autre génome, qui s'ajoutent ou remplacent les gènes préexistants par *recombinaison.* Une recombinaison qui se substitue « pour le meilleur ou pour le pire » à un gène préexistant de même fonction est dite *homologue.* Une recombinaison qui enrichit le chromosome d'une ou plusieurs unités géniques est dit *hétérologue.* Le mécanisme de la recombinaison bactérienne (produite par conjugaison, transformation ou transduction) est trop multiforme pour être présenté ici.

Pour sortir de l'anonymat, le gène muté, remplacé ou ajouté doit bénéficier de la part du milieu où il s'exprime d'une « bienveillance froide » favorisant la multiplication des cellules qui le portent. Le milieu est un eugéniste impitoyable puisque la sélection darwinienne qu'il opère sur les postulants à l'existence est une sélection pour la reproduction, à la différence du « darwinisme social », ce concept créé pour décrire les relations interhumaines.

Cinquante ans après *L'Origine des espèces*, la génétique naissante commençait à explorer l'origine des « petites variations » soumises au crible du milieu que Darwin avait postulées sans avoir les moyens de les connaître. Le rythme rapide et soutenu des divisions binaires, qui se confond avec le rythme de succession des générations, est un atout maître des facultés d'adaptation des bactéries aux changements du milieu. En tant que cellules-organismes, les bactéries bénéficient au mieux du jeu des contraintes que le milieu exerce sur le hasard des événements génétiques ; depuis le temps lointain de leur émergence, elles mettent le grand nombre au service de leur prospérité. Paradoxalement, c'est la puissance de la transmission culturelle propre à *Homo sapiens* qui, au XXe siècle, a révélé l'ampleur des capacités évolutives des bactéries. Dans sa naïveté, l'homme a pensé avoir vaincu les bactéries pathogènes ; en s'adaptant rapidement aux antibiotiques, les bactéries pathogènes l'ont désenchanté. Mais la vie parasitaire adoptée par certaines bactéries, qui préoccupe tant l'homme lorsqu'il en est la cible, n'est pour les bactéries, prises dans leur ensemble, qu'un moyen parmi d'autres d'exploiter les disponibilités infinies du milieu : l'homme n'est-il pas un écosystème comme un autre ? Toutes les bactéries pathogènes n'ont pourtant pas que des relations agressives vis-à-vis de leur hôte, ou plutôt pas toujours. L'agressivité inhérente au pouvoir d'envahissement des microbes est contrebalancée par les défenses immunitaires de l'hôte. Un état de « guerre froide », qui n'empêche pas les services ordinaires entre commensaux : offrir un biotope bien chauffé d'un côté, participer à la digestion de l'hôte de l'autre. Mais que ce dernier devienne vulnérable et l'équilibre se rompt : le colibacille qui proliférait en silence dans les voies digestives déclenche une infection qui se conclut parfois par une septicémie.

3.4.2. Les eucaryotes et les avantages de la sexualité

Les champignons et les êtres organisés sont, comme les bactéries, soumis aux contraintes sélectives que le milieu fait peser sur les « petites variations » induites par la variabilité de leur génome. Mais ils disposent d'un nouvel outil d'adaptation aux changements écologiques : la sexualité. Si leurs gènes mutent par les mêmes mécanismes que les bactéries, la redistribution des variants est innovante. Elle repose sur un mécanisme codifié de recombinaisons génétiques propre à la méiose, un thème qui sera abordé dans le quatrième chapitre, consacré aux spécificités des êtres organisés.

L'animal humain s'est doté du rôle singulier de créateur dans les processus évolutifs. Tout en obéissant lui-même (en tant qu'animal) aux lois de la génétique pour ce qui concerne sa propre évolution biologique, il a su (en tant qu'humain) les mettre à son service dans la composante culturelle. Un contemporain de l'aurochs des cavernes n'en croirait pas ses yeux en contemplant les bœufs de boucherie ou les vaches laitières que l'homme a créés à partir des descendants de l'aurochs par manipulation génétique, et cela en seulement dix mille ans ! Mais lui-même ne sort pas génétiquement indemne de sa confrontation avec les vaches laitières... Chez les mammifères, le sucre de lait est une source importante d'énergie, au moins pendant la première partie de l'existence. Son utilisation nécessite une hydrolyse préalable du sucre de lait en glucose et galactose catalysée par la lactase (voir supra). Or l'invention par l'homme de l'élevage il y a environ dix mille ans a eu pour conséquence de prolonger l'alimentation lactée au-delà du sevrage. Jared Diamond explique dans son livre *De l'inégalité parmi les sociétés* (Gallimard, 1997) la différenciation qui s'est opérée dès le début du néolithique, d'une part entre les populations de chasseurs-cueilleurs et les populations d'éleveurs-agriculteurs. Sur le plan de l'alimentation, les éleveurs de brebis, de chèvres et de vaches, nomades ou sédentaires, et les populations plutôt spécialisées dans l'agriculture, ont été soumises à des pressions sélectives opposées, du point de vue de l'utilisation des aliments lactés. Michel Raymond en analyse le mécanisme dans son *Cro-magnon toi-même ! Petit guide darwinien de la vie quotidienne* (Editions du Seuil, 2008). Laissons-lui la parole.

Faites boire un grand verre de lait à un adulte. S'il est d'origine asiatique ou amérindienne, il est probable que ce verre de lait provoquera chez lui des troubles digestifs plus ou moins sévères : signes de son intolérance au lactose, composé spécifique du lait des mammifères. Bien sûr, cette intolérance n'existe pas à la naissance, elle apparaît peu après le sevrage. L'adulte est normalement intolérant, car les enzymes permettant de digérer le lactose sont programmées pour ne plus être produites après un certain âge, qui correspond approximativement au sevrage. Par contre, de nombreux adultes européens peuvent boire du lait sans problème ; ils sont tolérants au lactose. La différence individuelle entre tolérance et intolérance au lactose est d'origine purement génétique. Cette tolérance est récente en Europe, elle date de la sélection, par l'homme, de races bovines spécialisées dans la production du lait, il y a de cela environ cinq mille ans. Chose remarquable, cette tolérance au lactose n'existe que dans des populations humaines ayant domestiqué des animaux dans le but d'en consommer directement le lait. Que s'est-il passé ?

On ne sait évidemment pas comment s'est fait culturellement le passage à la consommation de lait de vache. Par contre, une étude a clairement montré qu'il y a eu coévolution, génétique et culturelle, entre la vache et l'homme. Chez l'homme, on trouve le gène de la tolérance au lactose surtout dans les régions géographiques où, chez la vache, existent aussi les gènes impliqués dans la forte production de lait. Le processus a certainement été graduel : plus la tolérance au lactose était forte, plus les vaches laitières étaient sollicitées et sélectionnées pour la reproduction ; d'où une augmentation de la production moyenne de lait par vache, et une augmentation de la fréquence des adultes buveurs de lait au fil des générations, par sélection naturelle. Ce processus s'accompagnait d'un changement dans les pratiques d'élevage, dans le but de sevrer les veaux plus tôt – ce qui est documenté archéologiquement – afin de disposer de plus de lait pour la consommation humaine. Et ainsi jusqu'à l'époque actuelle, où l'on observe la plus forte fréquence d'adultes tolérants au lactose dans le nord de l'Europe, dans une zone qui a été le berceau des races bovines laitières.

Le fait, pour un adulte, d'ajouter du lait à son régime alimentaire, nécessite donc un ajustement génétique, dans un endroit bien précis de l'ADN, afin de pouvoir métaboliser le lactose. Cet ajustement s'est produit au moins quatre fois, tout à fait indépendamment : une fois en Europe du Nord, il y a environ cinq mille ans, et trois fois en Afrique de l'Est, entre environ trois mille et sept mille ans. Les mutations en jeu ne sont pas les mêmes dans les quatre cas (ce qui permet d'établir l'indépendance des événements) bien que l'effet physiologique, la tolérance au lactose, soit similaire : cette répétition d'une évolution, dans des environnements similaires (la présence de races bovines laitières) est une des plus sûres signatures de la sélection naturelle.

4

Les êtres organisés et la vie sociale des cellules

Chapitre 4

Le zygote, cellule mère des êtres organisés

Les interactions sociales de proximité lors de l'embryogénèse

Les moyens de la communication à distance entre les cellules

1. Les hormones et la transmission de l'information par le milieu intérieur

2. Le message nerveux et la transmission de l'information par le neurone

Les atouts génétiques de la compétition chez les êtres organisés

L'avènement de la cellule eucaryote, plus grande et plus complexe que la cellule bactérienne du fait de sa compartimentation interne, s'est produit il y a au moins deux milliards d'années, sous la forme d'organismes unicellulaires, les *Protistes*. Ils ont rapidement divergé sur la façon de se nourrir en Protophytes, à orientation végétale, et en Protozoaires, à orientation animale. L'observation d'une goutte d'eau de mare (figure 8) suffit à donner un aperçu convaincant de la diversité de leurs représentants actuels.

La cellule eucaryote se divise selon le processus complexe de la *mitose*, qui répartit équitablement chacun des chromosomes dans les deux cellules filles. Une fois cette opération terminée, ces dernières se séparent chez les protistes comme elles le font chez les bactéries. Mais chez certaines des algues vertes d'eau douce, comme la spirogyre, les cellules nées de quelques mitoses successives restent soudées en un filament qui représente un état pluricellulaire rudimentaire. Ces Métaphytes primitifs sont pourtant clairement apparentés aux algues vertes restées unicellulaires, comme la *clostérie*. Les végétaux organisés sont les plantes, apparues en milieu terrestre.

Chez les animaux, le passage de l'état unicellulaire à l'état pluricellulaire ne se perçoit qu'à l'échelle des embranchements. Les Métazoaires les plus primitifs sont les éponges, des organismes primitifs aquatiques qui ne présentent aucune différenciation notable, que ce soit en organes à l'échelle macroscopique, ou en tissus à l'échelle microscopique. L'éponge de toilette, de taille décimétrique, donne une image de cet embranchement des *Spongiaires*. Un peu plus haut dans l'échelle de la complexité se situe l'embranchement des *Cnidaires*, ces « animaux-fleurs » qui semblaient hésiter, aux yeux des biologistes pionniers, entre le statut végétal et le statut animal. Les représentants emblématiques de cet embranchement sont les anémones de mer et les coraux d'une part, les méduses d'autre part : les premiers vivent fixés tandis que les seconds nagent en pleine eau. Presque tous sont des prédateurs marins qui capturent leurs proies grâce à des tentacules urticants. Leur morphologie montre un axe de polarité, marqué par l'ombrelle et les « bras » de la méduse et par la couronne de tentacules surmontant la colonne gastrique chez l'anémone de mer, mais la bouche, située respectivement à la base de l'ombrelle et entre les tentacules, est placée là sur un corps sans tête. La différenciation cellulaire se limite à un nombre restreint de types cellulaires, parmi lesquels figurent des neurones et des cellules musculaires non regroupés en tissus clairement constitués.

La foule hétéroclite des vers comporte tous les animaux qui ne partagent que la forme allongée du corps : les « vers plats », comme le ver solitaire, les « vers ronds », comme l'oxyure, un hôte du tube digestif fréquent chez les enfants, les « vers annelés » comme le ver de terre. Leur organisme comporte des organes et des tissus, dont le plan d'organisation diffère profondément dans les différents groupes. Mais alors que l'organisme des vers plats et des vers ronds se construit sur la base de deux feuillets embryonnaires – l'*ectoderme* et l'*endoderme* –, l'embryogenèse des vers annelés (embranchement des *Annélides*) dispose d'un troisième feuillet – le *mésoderme* – aux riches potentialités organogènes. Ce sujet sera abordé dans le présent chapitre.

Les *Mollusques* où se rangent les gastéropodes les bivalves et les céphalopodes, ainsi que les *Arthropodes*, qui regroupent les crustacés, les araignées et les scorpions et les insectes, en sont issus. L'embranchement des *Vertébrés* s'attache aussi sur la branche maîtresse des Métazoaires. Ils gardent de leur origine une segmentation d'organes tels que les vertèbres.

L'embranchement des *Échinodermes* (« animaux à peau piquante »), qui regroupe notamment les oursins et les étoiles de mer, occupe une place à part parmi les animaux pourvus d'un troisième feuillet embryonnaire. Leur symétrie rayonnée pentaradiée est bien visible sur une étoile de mer : il suffit d'effectuer une rotation de 72 degrés autour de l'axe de polarité pour que l'un des cinq bras prenne la place du bras suivant.

4.1. Le zygote, cellule mère des êtres organisés

Résultat de la loterie combinatoire propre à la reproduction sexuée, le zygote est doté d'un génome qualitativement original, transmis par mitoses réitérées à l'ensemble des cellules du corps. De nombreux organismes, notamment les végétaux, ne dérivent pas directement d'un zygote, mais indirectement d'un zygote ancestral, propagé à l'identique par multiplication végétative. Voyez les roses. De même que les livres sont des copies conformes d'une œuvre originale, les roses du commerce sont des copies conformes d'une variété créée par un obtenteur. Le bouturage et le greffage sont au clonage des rosiers ce que l'imprimante est au clonage des livres avec, dans les deux cas, un label garantissant les « droits d'auteur », la création génomique du zygote, obtenue par hybridation, équivalant à la création intellectuelle de l'auteur, à cette différence près qu'elle est abandonnée au hasard, à l'instar de l'écriture automatique des surréalistes.

La création aléatoire du *génome zygotique* est le résultat d'une double loterie : celle de la formation des gamètes par le processus de la méiose, suivie de la fusion de deux gamètes par le processus de fécondation cellulaire.

4.1.1. La formation des gamètes, issus des recombinaisons méiotiques

La méiose consiste en une suite de deux divisions particulières, au cours desquelles s'effectuent des recombinaisons selon deux modalités différentes.

Dans un organisme donné, une cellule qui entre en méiose ne diffère pas, sur le plan du caryotype, d'une cellule qui entre en mitose ordinaire. Les *cellules somatiques* (du grec *sôma*, corps) qui se renouvellent par mitoses, comme les cellules de l'épiderme ou les cellules souches des cellules du sang, exposent un caryotype formé de paires de chromosomes homologues dont le nombre est caractéristique de chaque espèce. En raison de cette parité, les cellules somatiques sont dites *diploïdes* ; elles comportent deux lots *haploïdes* de chromosomes (du grec *haploos*, simple).

Les *cellules germinales*, qui sont à l'origine des gamètes, sont dans le même état diploïde que les cellules somatiques ; chez l'homme, par exemple, elles ont quarante-six chromosomes, semblables deux à deux à l'exception des chromosomes sexuels pour le sexe masculin (figure 5). Rappelons qu'un même site homologue, ou *locus*, est occupé sur deux chromosomes homologues par deux gènes allèles de même fonction mais pas nécessairement identiques. Par exemple, un locus du chromosome 9 humain porte un gène spécifiant une enzyme responsable de la transformation du galactose en glucose. Lorsque l'un des allèles est porteur d'une mutation, transmise par l'un ou l'autre des parents, l'enzyme qu'il spécifie est inactive. Mais l'allèle normal suffit à instruire la synthèse de l'enzyme. C'est seulement si les deux allèles sont défectueux que se déclare une maladie grave du nourrisson, la *galactosémie*, car le galactose issu de la digestion du lactose est présent dans le sang en concentration anormale. L'effet d'un tel gène – dit *récessif* – est masqué en présence de son allèle normal – dit *dominant*. Il est à noter que, dans l'impossibilité d'expérimenter sur l'homme, l'analyse de la transmission des maladies héréditaires a largement contribué au développement de la génétique humaine. Les cartes publiées des vingt-trois types de chromosomes humains mettent encore l'accent sur les éventuelles déficiences génétiques. Pour être juste, les cartes génomiques affichent un nombre croissant de gènes dont on a découvert l'activité normale. Sur le chromosome 9 humain, un locus est affecté à la détermination du groupe sanguin ABO. On peut y trouver trois gènes différents : un gène responsable du « caractère A », un gène responsable du « caractère B », enfin un gène O récessif (« non A » et « non B »). Il est aisé de combiner ces trois gènes deux à deux pour identifier génétiquement les quatre groupes sanguins O, A, B et AB possibles, et prévoir leur transmission d'une génération à la suivante.

Pour comprendre l'originalité génétique de la méiose, il convient d'abord de suivre la migration d'une paire de chromosomes homologues (par exemple les chromosomes 2 humains), en la comparant à celle des mêmes chromosomes lors de la mitose (figure 45A), où chaque chromosome est représenté avec une seule chromatide). Le chromosome d'origine maternelle (6m) et le chromosome d'origine paternelle (6p) sont morphologiquement identiques, mais génétiquement différents. La première division de méiose se distingue fondamentalement d'une mitose par le fait que les deux cellules filles ne reçoivent qu'un seul chromosome, maternel ou paternel, les centromères restant indivis (figure 45B), alors que dans une mitose ordinaire, chaque cellule fille reçoit l'un et l'autre.

*

Derrière la *réduction chromatique* opérée par la méiose, à savoir la diminution de moitié de la quantité d'ADN contenue dans les gamètes, est l'aspect quantitatif du processus. Les gamètes, cellules haploïdes, se distinguent ainsi des cellules somatiques diploïdes constitutives de tous les tissus de l'organisme. De ce point de vue purement quantitatif, la réduction chromatique est indissociable de la fécondation qui, en réunissant deux gamètes haploïdes, restitue la diploïdie. L'alternance d'une phase diploïde et d'une phase haploïde caractérise le cycle de reproduction sexuée des eucaryotes.

Mais la réduction chromatique se comprend comme le moyen d'un réassemblage des gènes par recombinaison, conduisant à la création de génomes originaux. À la différence des cellules somatique qui, étant issues d'un processus de mitose, sont génétiquement identiques entre elles, les gamètes sont génétiquement distincts les uns des autres. L'aspect qualitatif de la méiose, consistant en recombinaisons génétiques, est au cœur même de la reproduction sexuée, dans son dialogue avec la fécondation.

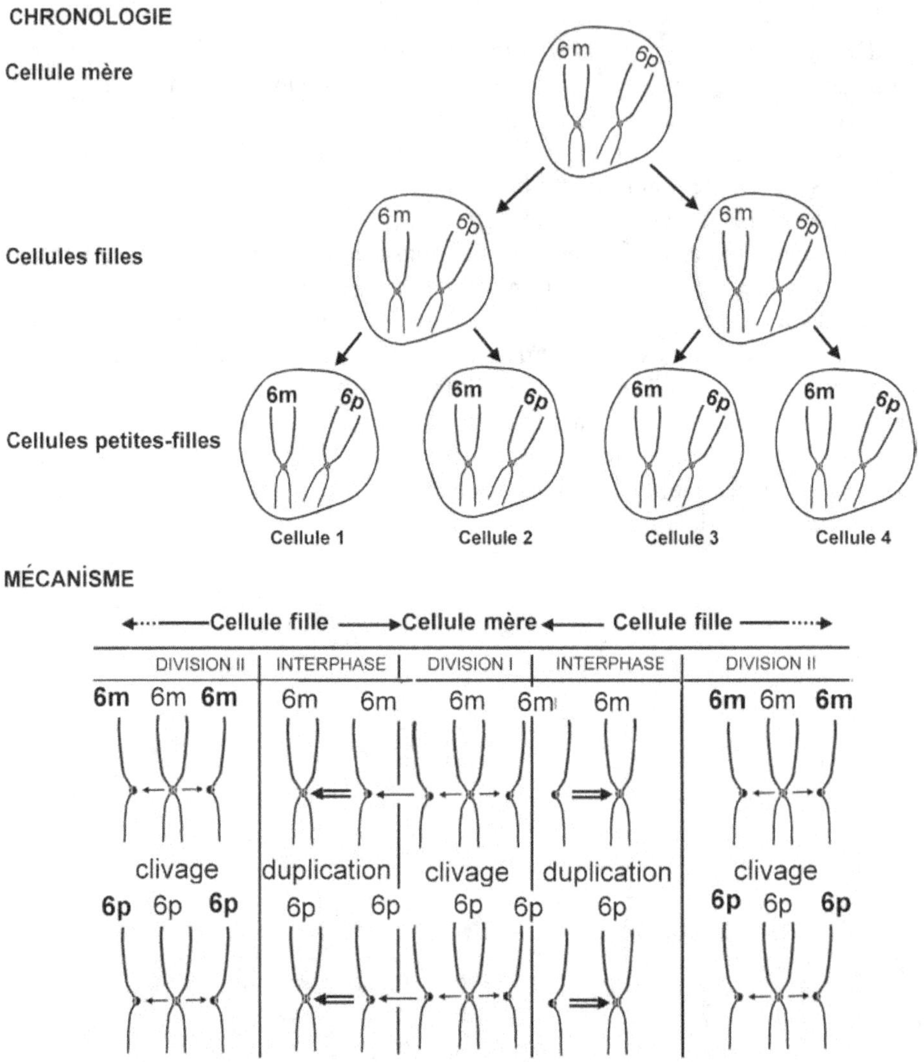

Figure 45A. Comparaison mitose-meiose
1 - La processus de la mitose

La mitose est le mode ordinaire de la division des cellules alors que la méiose, qui comporte deux divisions successives, n'intervient que lors de la formation des gamètes. Pour une meilleure comparaison, et bien que chaque mitose soit autonome, l'analyse portera sur une séquence de deux mitoses.

Chaque chromosome conserve son identité morphologique de « chromosome 6 » à travers les transformations qu'il subit au cours d'un cycle. Lors de chaque interphase, il restaure par duplication sa structure à deux chromatides attachées par le centromère.

Les cellules nées d'une mitose recevant les deux chromosomes homologues (6m et 6p), un résultat qui vaut pour l'ensemble du caryotype, elles sont génétiquement identiques.

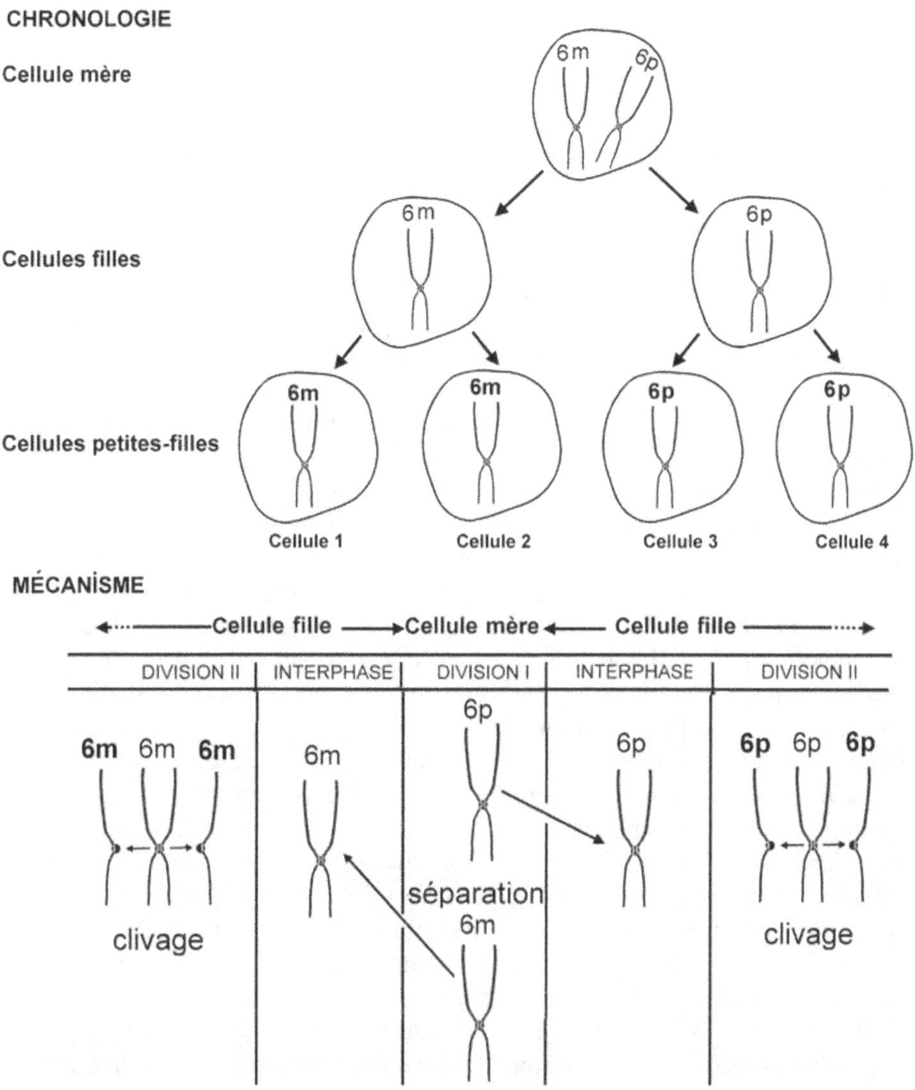

FIGURE 45B. COMPARAISON MITOSE-MEIOSE
2 - LA PROCESSUS DE LA MEIOSE

Les centromères ne se clivant pas lors de la première division, ce sont des chromosomes entiers qui se disjoignent. Les cellules filles ne recevant que l'un ou l'autre des chromosomes homologues (6m ou 6p), elles sont génétiquement différentes.

Le clivage des centromères, qui se produit lors de la seconde division, se solde par la formation de deux cellules 6m et de deux cellules 6p. Au vu des images, on s'attendrait à ce que les quatre cellules petites-filles soient génétiquement, identiques deux à deux. Il n'en est rien, en raison d'un processus génétique propre aux eucaryotes, qui n'affecte pas la morphologie du chromosome : le *crossing over*.

Si l'on envisage maintenant la migration simultanée de deux paires de chromosomes homologues, (6 et 9 par exemple), on comprend aisément que dans un cas sur deux les chromosomes seront réassortis (6p avec 9m et 6m avec 9p) et que leurs locus s'en trouvent recombinés. C'est ce qu'on appelle « la ségrégation indépendante des paires de chromosomes homologues », premier mode de recombinaison génétique, mathématiquement simple.

Le second mode de recombinaison aléatoire, d'approche mathématique plus complexe, se produit pendant l'appariement des chromosomes homologues, en prélude à la première division de méiose : c'est le *crossing over* ou *enjambement*, une recombinaison obtenue par un processus de « couper-coller ». En admettant que les chromosomes homologues représentés sont les chromosomes 9 humains, le gène du locus L1 pourrait être responsable de la galactosémie et le gène du locus L2 de la transmission des groupes sanguins ABO.

Dès que les chromosomes deviennent identifiables, en début de première division, on les voit appariés deux à deux, chromatide contre chromatide et centromère contre centromère. Puis ces derniers s'écartent, faisant apparaître un ou plusieurs entrecroisements de chromatides non-sœurs : les *chiasmas* (du grec *khiasma*, croisement). Les chiasmas migrent vers les extrémités des chromatides en même temps que les centromères s'éloignent l'un de l'autre. Un chiasma n'est donc pas un point de soudure et d'échange entre deux chromatides non-sœurs, puisqu'il glisse le long de ces dernières, mais il est la signature cytologique d'une recombinaison par crossing over (figure 46).

La figure 47 associe une microphotographie de chromosome de salamandre montrant deux chiasmas et une interprétation schématique d'une double recombinaison chez la drosophile. Le crossing over étant un phénomène aléatoire, on comprendra que sa fréquence est d'autant plus grande que les deux locus impliqués sont plus éloignés l'un de l'autre sur le chromosome. Morgan *et al.* ont pu dresser, pour chaque chromosome, une carte factorielle des gènes pour lesquels une mutation était connue, sur la base des fréquences des recombinaisons. Ils ont établi que le nombre de cartes factorielles correspondait au nombre haploïde de chromosomes, un résultat qui a pu être étendu à tous les modèles expérimentaux d'eucaryotes.

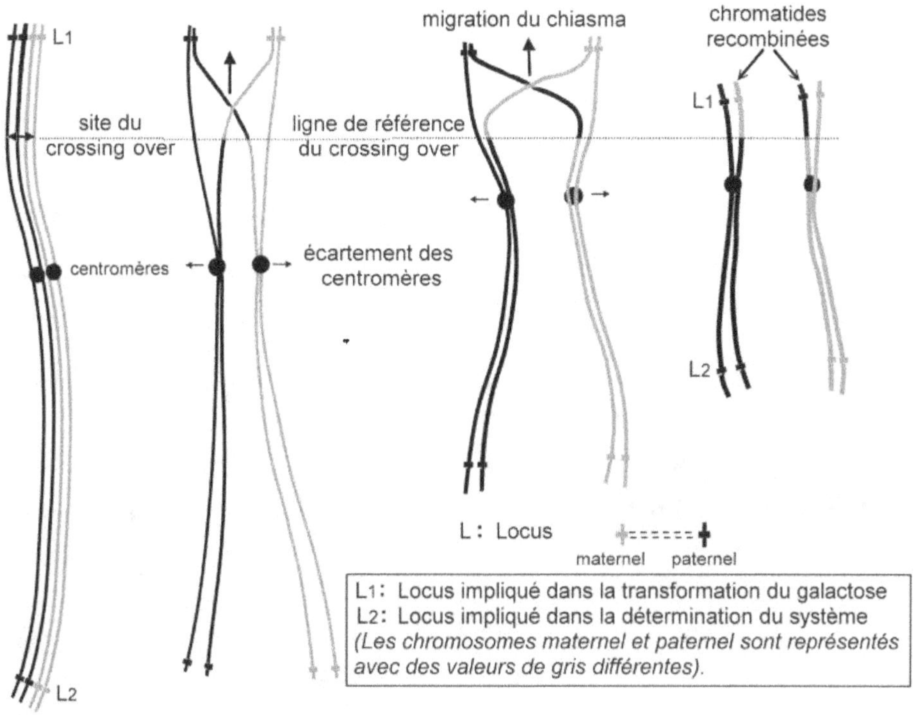

FIGURE 46. RECOMBINAISON ENTRE DEUX CHROMATIDES NON SŒURS

*

Chez les animaux et les végétaux supérieurs, la méiose est étroitement liée à la formation des gamètes, cellules haploïdes génétiquement distinctes des cellules dont elles dérivent et distinctes les unes des autres, alors que les cellules somatiques sont diploïdes et génétiquement semblables. En réunissant dans le zygote les chromosomes des gamètes, la fécondation restaure la diploïdie et boucle le cycle de la reproduction sexuée.

En résumé, les quatre produits de méiose se partagent les quatre chromatides, plus ou moins remaniées en fonction du nombre de crossing over qui les ont affectées, composant chaque paire de chromosomes homologues. En fin de compte, le seul élément invariant d'un chromosome, reproductible au fil des méioses, est son centromère...

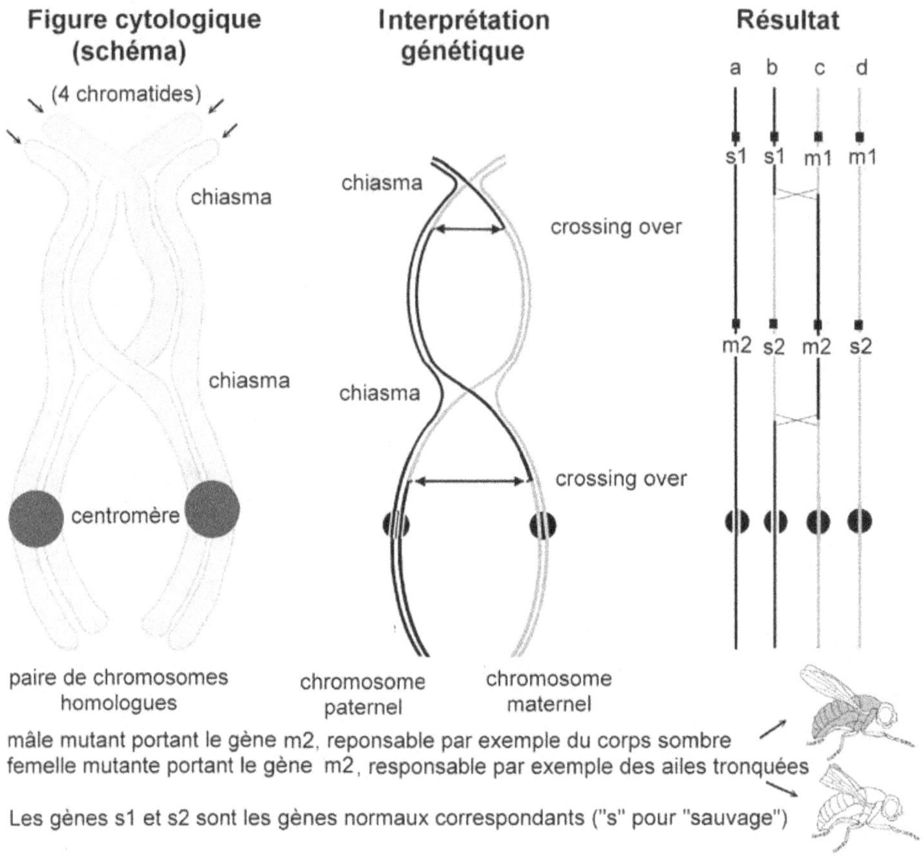

FIGURE 47. CORRESPONDANCE ENTRE CHIASMAS ET CROSSING OVER

On utilise, chez la drosophile, des souches mutantes *pures*, que l'on reconnaît au fait que les mouches de chaque souche, croisées entre elles, donnent naissance, au cours des générations successives, à des mouches portant toutes le caractère muté de leurs ancêtres.

Si l'on croise entre elles deux souches mutantes dont les gènes (1 et 2) responsables des caractères mutés sont localisés sur le même chromosome (c'est le cas de la souche à corps noir et de la souche à ailes tronquées), elles engendrent une génération de mouches indemnes des deux caractères mutés. Mais croisées entre elles, ces dernières engendrent une deuxième génération comprenant des mouches à corps noir et à ailes tronquées. Que s'est-il passé ?

Lors de la formation des gamètes chez les individus de premières génération, il se produit, entre chromatides non sœurs (b et c), deux crossing over qui recombinent les gènes 1 et 2 de telle sorte que les deux gènes mutés se retrouvent sur la chromatide c.

Un individu de deuxième génération résultant de l'union d'un gamète mâle et d'un gamète femelle portant tous les deux une chromatide c portera les deux caractères mutés.

Les individus de première génération contenant un gène allèle sauvage de chacun des gènes mutés (en raison de la diploïdie), ce gène *dominant* masque l'expression de son allèle muté *récessif.*

4.1.2. La loterie génétique de la fécondation concrétisée dans le zygote

La reproduction sexuée implique, de la part des êtres organisés, des dispositifs écologiques, physiologiques, et aussi comportementaux chez les animaux, aptes à permettre la rencontre des gamètes. Les stratégies mises en œuvre sont innombrables.

En raison de leur immobilité, les plantes « confient » généralement au milieu le soin de transporter leurs gamètes mâles, contenus dans le pollen, jusqu'aux gamètes femelles, contenu dans l'ovule du pistil, au sein duquel se trouve le gamète femelle. Les plantes utilisent des vecteurs physiques, principalement le vent, ou des vecteurs biologiques, principalement les insectes pollinisateurs.

Les animaux fixés aquatiques aménagent autour d'eux un « milieu de reproduction » restreint où ils libèrent leurs gamètes de façon synchronisée. La ponte des coraux, d'observation récente, est un événement spectaculaire qui se déroule en quelques minutes. Les œufs (1), qui s'échappent des *polypes* comme le feraient dans l'air d'innombrables petits ballons, sont fécondés dans l'eau de mer par les spermatozoïdes, libérés en un nuage à peine perceptible. La simultanéité de la libération des gamètes est coordonnée par des signaux des phéromones. Chez les huîtres, un individu mâle un peu plus réactif que les autres sert de starter. Il libère son sperme, qui déclenche aussitôt la ponte des femelles, laquelle provoque à son tour l'éjaculation des mâles. La libération conjointe des gamètes en un temps très court, dans l'espace restreint de la reproduction, crée les conditions de promiscuité offrant aux minuscules cellules les chances optimales de se rencontrer dans l'immensité de l'océan.

(1) Question de mots. Avant que la terminologie scientifique ne s'en mêle, le mot « œuf » (du latin *ovum*, œuf) désignait pour tout le monde et sans ambiguïté le « produit de la ponte » chez les animaux ovipares. Or, les biologistes le chargèrent d'une acception scientifique : « produit de la fécondation du gamète femelle par le gamète mâle ». Chez l'oursin ou l'huître, le sens vernaculaire et le sens biologique coïncident. Mais ils diffèrent profondément quand il s'agit de désigner l'« œuf d'oiseau » (figure 2) ! Il convient donc, pour éviter toute confusion, d'utiliser le mot « œuf » en son sens commun, qui fait consensus, et de lui substituer le mot « zygote » (du grec *zugos*, couple) pour désigner la cellule issue de la fusion des gamètes. Le mot « ovule », employé différemment chez les végétaux et les animaux, souffre de la même ambiguïté. Ainsi, l'expression « ponte ovulaire », qui désigne chez les mammifères la libération dans la trompe de la partie du follicule de De Graaf incluant le gamète femelle, est à plusieurs titres imprécise. Notamment, l'« ovule » est un gamète femelle n'ayant pas achevé sa maturation cytologique ; en ce sens, c'est un ovocyte ! On continuera cependant de parler de « cytoplasme ovulaire » pour désigner le cytoplasme du zygote, presque identique au cytoplasme de l'ovule... ou de l'ovocyte, en réservant le substantif « ovule » pour la reproduction des plantes.

Les animaux libres se meuvent pour se reproduire. En milieu aquatique, les uns pratiquent la *fécondation externe*, à l'instar des animaux fixés. C'est par exemple la *fraie* de poissons osseux, qui revêt des modalités variées entre deux modes extrêmes : la « reproduction communautaire » des poissons de pleine eau à comportement grégaire et l'engagement de couples de reproducteurs dans un mariage plus ou moins fidèle... Le premier cas est bien illustré par les sardines, qui se reproduisent au sein des bancs et laissent ensuite dériver leurs œufs fécondés au gré des courants. À l'inverse, la reproduction complexe de l'épinochette des rivières françaises est « affaire de couple ». Le mâle construit un nid à double entrée tissé avec des brindilles, puis effectue une parade nuptiale avec une femelle, qu'il guide ensuite vers le nid (figure 48,1). Après qu'elle y a pénétré, le mâle lui mordille la queue, un stimulus qui déclenche la ponte, suivie du départ de la femelle (figure 48,2). Le mâle entre à son tour dans le nid et féconde les œufs, qu'il surveille contre d'éventuels prédateurs, Après l'éclosion des œufs, le mâle peut entamer avec une autre femelle un nouveau cycle de reproduction.

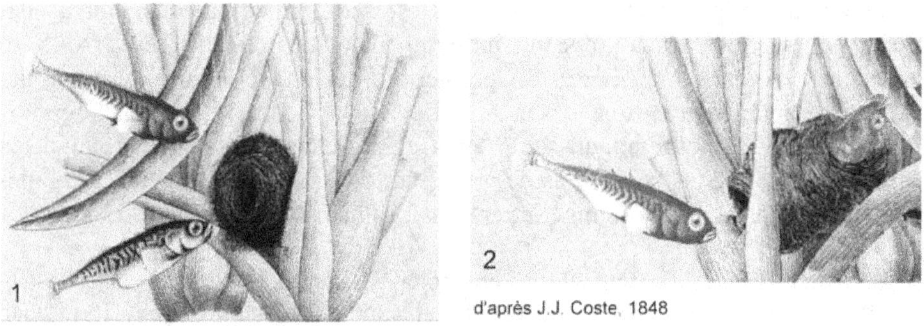

FIGURE 48. REPRODUCTION DE L'EPINOCHETTE

Les poissons cartilagineux (requins et raies), pratiquent, quant à eux, la *fécondation interne*, par le moyen de l'accouplement. Voilà comment Buffon décrit l'accouplement chez les requins dans sa monographie *Du squale requin,* (volume 3 de *L'Histoire naturelle*).

Ils se rapprochent ; et souvent, lorsque le mâle a soutenu contre un rival un combat dangereux et sanglant, ils s'appliquent l'un contre l'autre, de manière à faire toucher leur anus. Maintenus dans cette position par les appendices crochus du mâle, par leurs efforts mutuels [...], *ils voguent dans cette situation contrainte, mais qui doit être pour eux pleine de charme, jusqu'à ce que la liqueur vivifiante du mâle ait animé les œufs déjà parvenus au degré de développement susceptible de recevoir la vie.*

La fécondation interne nécessite le plus souvent un organe copulateur mâle assurant l'intromission du sperme. Chez les requins, il s'agit d'une paire d'appendices situés près des nageoires pelviennes. Ce procédé de reproduction offre aux œufs de meilleures chances de survie que la fécondation externe. Corrélativement, les œufs sont moins nombreux et plus gros, l'organisme maternel étant en mesure de consacrer à chacun d'eux une part plus grande de la ressource. Si la fécondation interne est facultative en milieu aquatique, elle est nécessaire en milieu terrestre, l'air étant incompatible avec la vie active de cellules nues. Tous les animaux qui se reproduisent en milieu terrestre pratiquent donc la fécondation interne. Il en est ainsi chez les mollusques terrestres, comme l'escargot, chez les araignées et les scorpions, chez les reptiles, les oiseaux et les mammifères. La fécondation interne conduit, dans certains cas, à la rétention plus ou moins longue de la cellule-œuf dans les voies génitales femelles, où elle accomplit alors une partie plus ou moins longue de son développement. Chez les mammifères, animaux *vivipares*, c'est toujours un organisme constitué qui est délivré lors de la parturition. À l'opposé, les insectes, les reptiles actuels et les oiseaux sont *ovipares*. Un mode intermédiaire est l'*ovoviviparité*, qui se caractérise par le développement du zygote à l'intérieur de l'enveloppe de l'œuf au sein des voies génitales femelles. Chez la vipère, par exemple, les œufs éclosent dans le corps de la femelle peu avant la libération des petits.

L'accouplement ne s'accompagne pas nécessairement d'une fécondation interne. Chez les grenouilles et les crapauds, la longue étreinte du couple se conclut, au moment de la ponte, par l'émission de la semence mâle (la « fumée de pipe ») sur les œufs qui sortent du corps de la femelle.

Faciles à élever en aquarium, produisant une ponte abondante d'œufs volumineux qui supportent d'être manipulés, coupés, disséqués, greffés, divers amphibiens sont d'excellents modèles expérimentaux dans les mains expertes des embryologistes. La fécondation et le développement embryonnaire (ou *embryogénèse*), qui s'effectuent dans l'eau, sont ouverts à l'observation directe.

*

En contraste avec la diversité des processus écologiques et physiologiques qui préparent la rencontre des gamètes, le mécanisme cytologique de la reproduction sexuée est profondément unitaire. Nous le suivrons chez le *xénope*, ou « crapaud à griffes », un amphibien originaire originaire d'Afrique du Sud qui présente un fort dimorphisme sexuel : la femelle est plus grande que le mâle, respectivement 13 et 10 centimètres. Sans doute échappé d'un laboratoire, le xénope s'est acclimaté en France au point d'être maintenant considéré comme une espèce invasive.

Pendant l'accouplement, qui dure plusieurs heures, le mâle étreint l'abdomen de la femelle avec ses pattes antérieures. Au fur et à mesure que cette dernière expulse ses quelques milliers d'œufs, le mâle les asperge de semence en jets successifs. Rendus solidaires par leurs enveloppes gélatineuses, les œufs sont pondus sans orientation privilégiée (premier registre de la figure 49).

L'œuf vierge est une cellule sphérique à noyau excentré qui, avec son millimètre de diamètre, fait figure de géante dans le monde des cellules (second registre). Sa taille est suffisante pour que les mains des embryologistes s'en emparent... Le cytoplasme se singularise par une richesse exceptionnelle en substances de réserves – le *vitellus* – de plus en plus abondantes depuis le pôle antérieur jusqu'au pôle postérieur ; elles permettront à l'embryon de se construire sans avoir à se nourrir. Il existe de plus des molécules d'ARN, distribuées en un gradient inverse du gradient vitellin ; elles serviront à instruire la synthèse des protéines, lorsque le noyau se consacre entièrement à l'activité de division, au tout début de l'embryogenèse. L'œuf, bicolore, comporte dans son hémisphère antérieur sombre une mince couche sous-membranaire de granules de pigment noir, absente de l'hémisphère postérieur. Cette distribution du pigment confère à l'œuf vierge une polarité antéropostérieure, que signale le troisième registre, alors que l'hétérogénéité du cytoplasme n'y est pas représentée.

Avant d'être fécondé, l'œuf est dans un état léthargique. La pénétration du spermatozoïde dans l'hémisphère antérieur, marquée par une petite dépression, a pour effet immédiat de réveiller l'activité de l'œuf. Ce dernier se désolidarise de sa gaine et s'oriente, l'hémisphère sombre vers le haut : c'est la *réaction d'orientation*, qui protège l'œuf des rayons ultraviolets. Quelques minutes après la rotation d'orientation a lieu une *réaction de symétrisation*, qui affecte cette fois la région corticale de l'œuf (cinquième registre). Il se produit une rotation de 30 degrés de la cape pigmentaire, laissant sur son sillage une traînée de particules résiduelles qui forme le *croissant gris*, à l'opposé du point de pénétration du spermatozoïde. Le croissant gris marque la face dorsale de l'embryon : alors que la polarité antéropostérieure est un héritage maternel, la polarité dorsoventrale ne se met en place qu'au moment de la fécondation.

Mais la manifestation la plus précoce de l'activation de l'œuf est la propagation d'une « onde calcique » qui envahit en moins d'une minute la totalité de la membrane à partir du point d'entrée du spermatozoïde (troisième et quatrième registres). Ce phénomène fugace et invisible qui consiste, en chaque point de la membrane atteint par l'onde, en une entrée d'ions calcium, peut être visualisé grâce à l'injection d'une sonde fluorescente sensible aux ions calcium. Il se produit, en chaque point de la membrane atteint par l'onde, une brève émission de photons, en sorte qu'une onde de lumière accompagne l'onde calcique et la révèle. L'onde calcique est le commutateur qui enclenche le réveil de l'œuf.

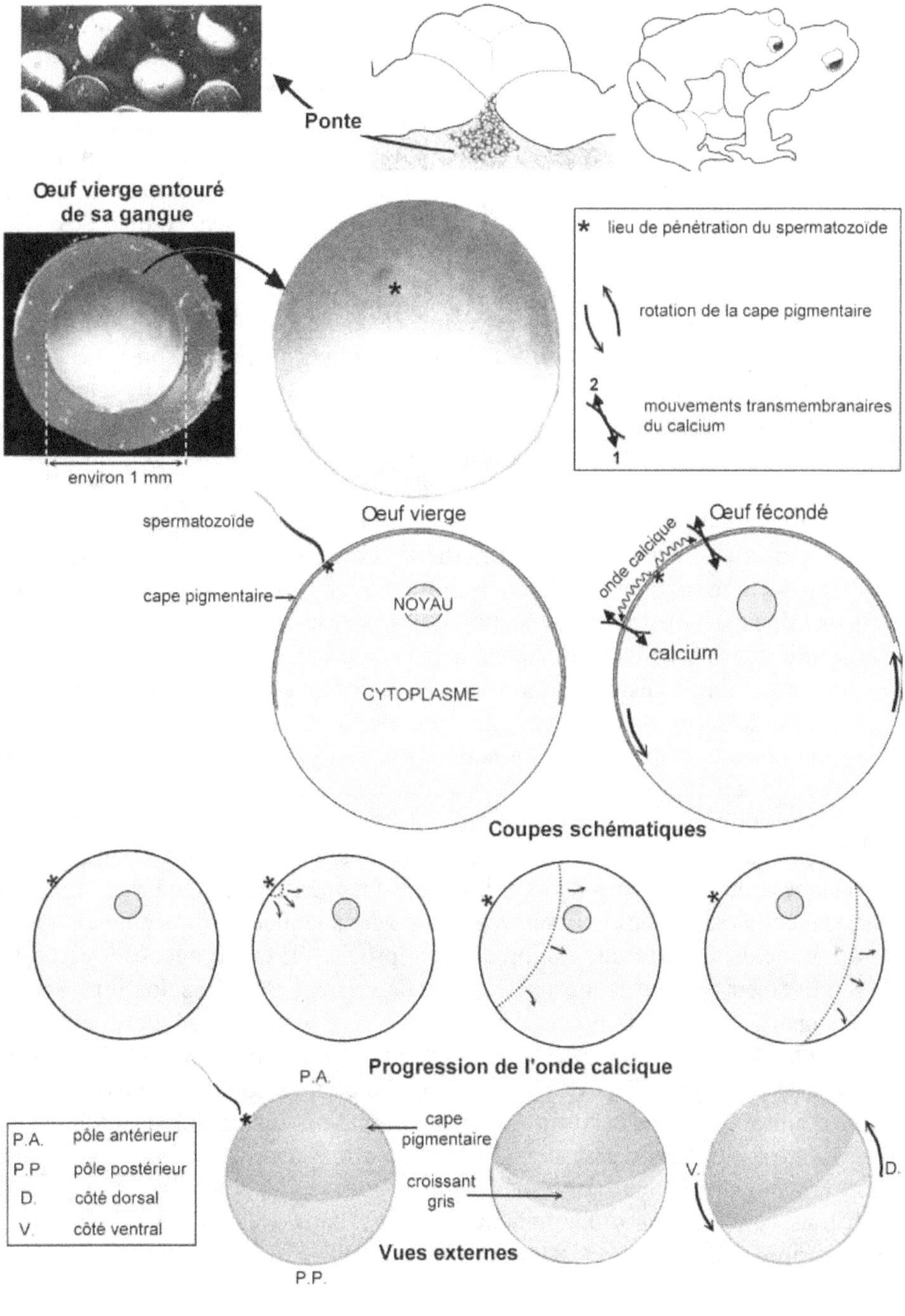

FIGURE 49. FECONDATION CHEZ LE XENOPE

4.2. Les interactions sociales de proximité lors de l'embryogenèse

Fruit de la fécondation, le zygote est une cellule génétiquement originale. Il entame un processus ininterrompu de multiplication cellulaire, suivie de différenciation cellulaire, dont naîtra l'organisme animal ou végétal, un organisme formé d'un nombre incalculable de cellules interconnectées. On pourrait penser que le nouveau génome se charge d'emblée de programmer cette construction prodigieuse. Il n'en est rien. C'est le *génome maternel* qui pilote les premiers actes de l'embryogenèse, *via* les molécules d'ARN accumulées pendant la maturation de l'œuf. Cependant, les *gènes zygotiques* vont entrer en scène dès que la première phase, de multiplication pure, s'achève.

Doté d'un noyau, d'un cytoplasme et d'une membrane, le zygote porteur d'un être organisé en puissance ne se distingue pas, dans son essence, d'une cellule d'eucaryote unicellulaire. Il se singularise pourtant par la capacité de sa membrane à maintenir ensemble les deux cellules filles issues de sa première division, par des liens physiques parfois ténus. Ainsi l'embryon humain, alors qu'il est seulement constitué de huit cellules issues des trois premières divisions du zygote, s'en laisse enlever une sans pour autant que son développement en soit perturbé... Dès ce stade pourtant, les liens sociaux sont intenses : les cellules communiquent entre elles en même temps qu'elles communiquent avec leur milieu. Les signaux intercellulaires s'accroissent et se diversifient au fur à mesure que les cellules deviennent plus nombreuses. En même temps, celles qui, en nombre croissant, se trouvent enfouies au sein de l'embryon ne peuvent communiquer qu'avec leurs congénères. Bref, l'Essence de l'être organisé, c'est la vie sociale, impliquant l'immersion de chaque cellule constitutive dans un milieu d'un type nouveau, le milieu intérieur, riche en signaux à forte connotation biochimique.

Cependant, lors des premiers stades du développement, le milieu intérieur se résume à un continuum aqueux imbibant les membranes jointives (ainsi que la paroi cellulosique des cellules végétales), dans lequel les molécules, organiques ou minérales, diffusent de proche en proche. L'embryogenèse végétale est relativement simple et discrète : elle a lieu dans l'ovule, enclos lui-même dans le pistil, chez les plantes à fleurs (au sens vernaculaire du terme). L'embryogenèse animale est notablement plus complexe. Point de sang ni de nerfs dans l'embryon ; les cellules établissent uniquement des rapports de proximité. Mais cette forme de communication intercellulaire exclusivement locale est d'une telle complexité qu'elle suffit à la construction d'un organisme multicellulaire. Nous suivrons l'embryogénèse des grenouilles, crapauds et tritons, qui se laisse facilement observer dans l'eau d'une mare ou d'un aquarium.

4.2.1. Déroulement de l'embryogenèse

La figure 49 montre la progression de l'embryogénèse d'un triton. Il s'agit du *triton à crête*, qui mesure une quinzaine de centimètres. Les conventions des dessins et de leurs légendes de la figure précédente sont préservées. Le processus commence par la phase de *segmentation*, ainsi appelée parce que le cytoplasme se segmente, à volume constant, en parts de plus en plus petites. Chaque cellule – appelée *blastomère* – hérite d'une copie conforme du noyau zygotique qui se multiplie par une suite ininterrompue de mitoses. Dans une première phase, dite de *clivage synchrone*, toutes les cellules se divisent à l'unisson. Il en résulte un accroissement du nombre des blastomères selon une loi exponentielle : 1, 2, 4, 8 et ainsi de suite jusqu'à 256 blastomères correspondant à 8 cycles. À partir du stade 8, les blastomères héritent de parts cytoplasmiques inégales, selon leur position dans l'embryon : les *micromères* antérieurs et les *macromères* postérieurs. Puis les mitoses se ralentissent et le clivage devient *asynchrone*, les micromères se divisant plus vite que les macromères (registre I de la figure 50). L'embryon prend bientôt l'aspect d'une petite mûre – la *morula* –, qui se creuse progressivement d'une cavité excentrée vers le pôle antérieur – le *blastocèle.*

Il se forme en quelques jours un embryon sphérique et creux, de volume et de forme inchangés – la *blastula* – constitué de plusieurs milliers de cellules : (registre II).

Au cours du clivage synchrone, les gènes, accaparés par leur activité de multiplication, n'ont alors aucune activité de transcription. Durant cette période, ils sont suppléés dans la fonction transcriptionnelle par les ARN messagers d'origine maternelle présents dans le cytoplasme ovulaire. Les protéines dont ils instruisent la synthèse sont indispensables au métabolisme intense des cellules embryonnaires. L'œuf vierge a en quelque sorte reçu une procuration de la part du *génome maternel* pour une synthèse protéique ne devant intervenir qu'après la fécondation. Il n'est donc pas seulement cette cellule bourrée de réserves nutritives comme elle a été trop souvent représentée. Son cytoplasme contient aussi les informations nécessaires au bon déroulement de la phase initiale de l'embryogénèse. Le cytoplasme porte donc, dans son hétérogénéité, l'empreinte maternelle qui va influer sur la destinée des cellules en fonction de leur position sur la blastula.

C'est pendant le clivage asynchrone que le *génome zygotique* entre en activité de transcription, tout en poursuivant son activité de réplication.

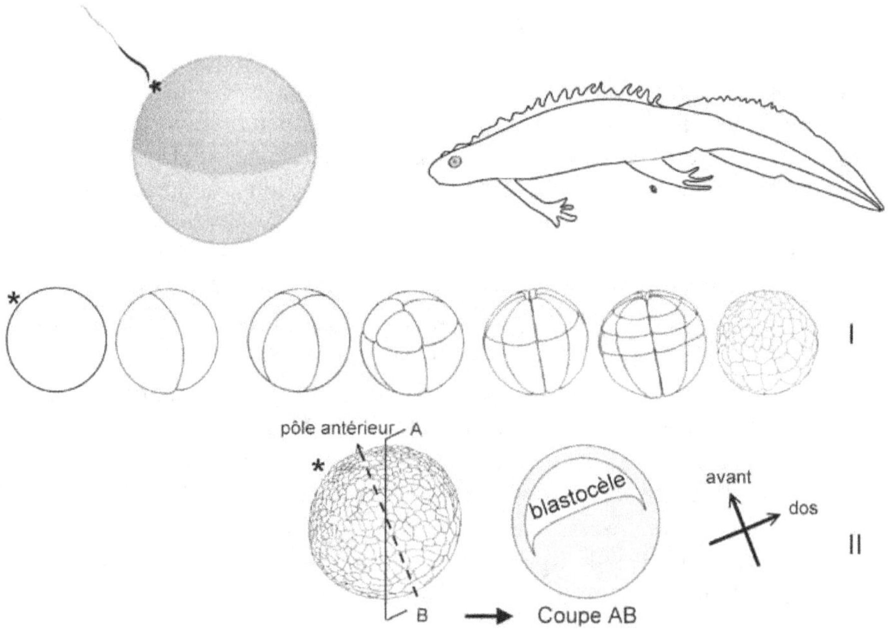

FIGURE 50. SEGMENTATION CHEZ UN TRITON

Si les principes de la segmentation sont universels, les modalités sont diverses dans le règne animal. Elles peuvent dépendre de l'histoire du vivant, comme cela a déjà été évoqué à propos de la loi de von Baer (figure 26 : segmentation radiaire et segmentation spirale). Mais, indépendamment de l'histoire, elles dépendent aussi de la charge de l'œuf en vitellus. Une charge vitelline de faible à abondante, mais distribuée selon un gradient, autorise une *segmentation totale*. Par contre, un vitellus surabondant et complètement séparé de la partie « noble » de la cellule ne permet qu'une *segmentation partielle* limitée à cette dernière. Il en est ainsi chez des animaux phylogénétiquement très éloignés, comme les requins, les oiseaux, les reptiles et les pieuvres. Voilà un excellent exemple de convergence (figure 51).

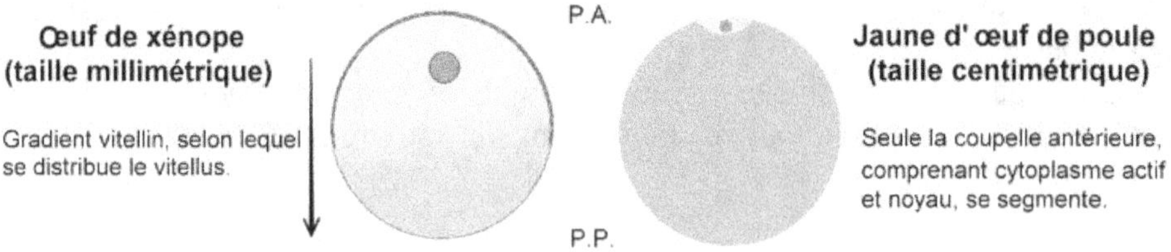

FIGURE 51. ŒUF D'AMPHIBIEN ET JAUNE D'ŒUF DE POULE

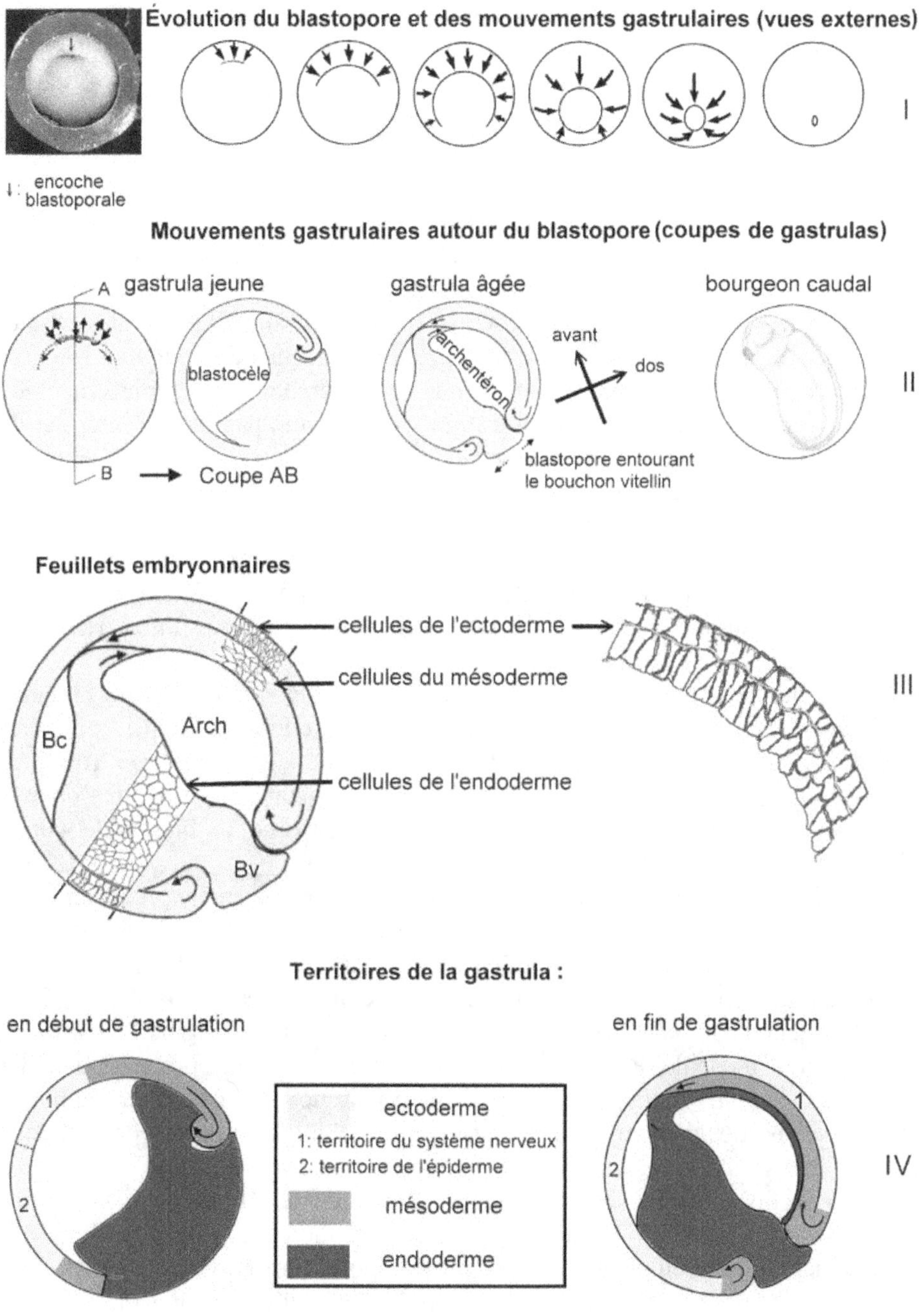

FIGURE 52. GASTRULATION CHEZ UN TRITON

*

Au terme de la segmentation, l'œuf s'est transformé en un embryon sphérique de même taille que lui, la *blastula*, formé de plusieurs milliers de cellules : les *blastomères*. La blastula est creuse et sa cavité, le *blastocèle*, est remplie d'un liquide qui représente le milieu intérieur primordial.

*

Suite à la segmentation, remarquable par la stabilité morphologique du cytoplasme de l'œuf, qui se partage sans bouger entre les blastomères, la *gastrulation* se signale au contraire par la migration collective de cellules superficielles, focalisée sur un bourrelet arqué – ébauche du *blastopore* (du grec *blastos*, bourgeon, et *porus*, trou) – qui se différencie à l'emplacement du croissant gris (figure 52). Les cellules qui y convergent passent à l'intérieur du germe à la façon d'un tapis roulant et s'insinuent sous l'épiderme étiré, au plafond du blastocèle. Le blastopore s'agrandit progressivement dans un mouvement d'enveloppement visible à la surface de l'embryon : des lèvres latérales prolongent l'encoche initiale, enfin une lèvre ventrale ferme le blastopore. Ce dernier se rétrécit alors et enferme au pôle postérieur un *bouchon vitellin*, ainsi appelé parce qu'il est constitué de grosses cellules riches en vitellus (registre I de la figure 52).

Au terme de la gastrulation, la *gastrula* a encore la même forme et la même taille que l'œuf, mais c'est maintenant un embryon composé de trois territoires – les *feuillets embryonnaires* – et d'une cavité – l'*archentéron* (du grec *archetupos*, primitif, et *enteron*, intestin) –, cet « intestin primitif » qui s'ouvre à l'endroit du blastopore et dont l'expansion comprime le blastocèle contre l'ectoderme (registre II).

Les *feuillets embryonnaires* sont l'ectoderme, l'endoderme et, nouveau venu issu de cellules de revêtement, qui se glisse entre ces derniers, le mésoderme. L'émergence évolutive de ce feuillet médian, riche de nouvelles potentialités, signe un moment crucial de l'histoire du règne animal, à la fin de l'ère précambrienne. Chez les amphibiens, le mésoderme est à l'origine du squelette, de l'appareil musculaire, de l'appareil circulatoire. Le sang, propulsé dans les vaisseaux par le cœur, établit un lien trophique et relationnel entre les différentes parties d'un organisme, est un atout fonctionnel décisif des animaux supérieurs : vers annelés, mollusques, arthropodes, vertébrés.

Si la destinée des différents territoires est scellée dès la fin de la gastrulation (registres III et IV), la différenciation morphologique des cellules ne s'effectuera qu'un peu plus tard et progressivement. Il ne s'agit pour l'heure que de territoires *présomptifs,* dont on peut prédire la destinée seulement lors d'un développement normal.

Au terme de l'embryogenèse, l'embryon s'allonge et commence à bouger dans sa gangue. L'éclosion de la larve est imminente.

4.2.2. Eléments d'embryogenèse expérimentale

Le registre IV de la figure 52 localise les territoires présomptifs des trois feuillets de la gastrula. L'ectoderme donnera l'enveloppe épidermique de l'organisme et le système nerveux. Les deux autres seront totalement absorbés dans la gastrula, l'endoderme en raison du mouvement d'enveloppement et de fermeture du blastopore, le mésoderme en raison de l'invagination des cellules autour du blastopore. L'endoderme est à l'origine du tube digestif et des poumons ; le mésoderme est à l'origine du squelette, de l'appareil musculaire et de l'appareil circulatoire. Or, en migrant à l'intérieur de la gastrula, le territoire présomptif du mésoderme échappe à l'observation directe. Il a fallu y placer des repères. La technique mise au point par l'embryologiste W. Vogt en 1925 consiste à placer des marques colorées, utilisant différents pigments non toxiques, en différents endroits de la blastula. On peut voir alors les marques s'étirer, converger vers le blastopore et disparaître à l'intérieur de la gastrula. Des coupes histologiques permettent d'en suivre les mouvements.

Les différents territoires repérés sur la blastula sont-ils d'entrée contraints d'accomplir leur destinée présomptive, ou bien des circonstances du développement peuvent-elles les en faire dévier ? La nature donne à observer de rares cas de dévoiement, pouvant engendrer des monstruosités chez l'animal et chez l'homme. Dans leur livre *La Vie* (Larousse 1962), Jean Rostand et Andrée Tétry consacrent un chapitre entier aux *« monstruosités simples »,* qui ont, *« de tout temps, frappé l'imagination humaine »...* Mais l'homme pouvait-il lui-même créer des monstres ? Dès la fin du XIXe siècle, les pionniers de l'embryologie expérimentale, Chabry, Driesch, Dalcq, Spemann, ont entrepris de dévier le cours normal du développement pour tenter d'en comprendre la dynamique. Il fallait qu'une main de virtuose sache exécuter des gestes techniques de haute précision sur des œufs de taille millimétrique comme celui de la grenouille, voire déci-millimétrique comme celui de l'oursin. Dans une expérience célèbre réalisée en 1901, Spemann avait obtenu une duplication de l'embryon de triton, en ligaturant un œuf avec un cheveu ! Grande figure de l'embryologie, expérimentale, Hans Spemann (1869-1941) fut couronné par le prix Nobel en 1935 pour ses travaux sur les œufs de grenouille et de triton.

D'innombrables expériences d'embryologie expérimentale ont été faites ou sont en cours à travers le monde. Certaines ont le titre enviable d'« expérience fondamentale ». La figure 53 présente trois d'entre elles : deux « expériences historiques » de Spemann et l'« expérimentation moderne » de Gimlich et Gerhart qui assigne à un certain blastomère le rôle de starter de l'embryogenèse.

Dès le début du XXe siècle, on pressentait que l'œuf embryonné recèle les potentialités de son développement dans sa seule moitié dorsale. Une hypothèse dont l'expérience de ligature réalisée par Spemann en 1901 étayait la vraisemblance.

En 1901, Spemann réalise des expériences de ligatures sur un œuf de triton au stade des deux blastomères. Il se trouve que, dans la majorité des cas, le premier clivage qui les sépare s'effectue selon le plan de symétrie du croissant gris, situé au dos de l'œuf. Spemann ligature l'œuf selon ce plan de clivage. Les deux blastomères, contenant chacun une moitié dorsale et une moitié ventrale, engendrent des embryons jumeaux au stade du bourgeon caudal.
Lorsque, exceptionnellement, le premier plan de clivage est perpendiculaire au plan de symétrie, seul le blastomère dorsal engendre un embryon ; le blastomère ventral produit seulement, par une suite de mitoses anarchiques, un amas informe de cellules. L'œuf de triton et sa seule dorsale contiennent donc les mêmes potentialités embryogènes.

En 1924, Spemann et son élève Hilde Mangold réalisent, toujours chez le triton, des expériences de greffe. Ils prélèvent un fragment de la région dorsale du blastopore d'une jeune gastrula d'une espèce et le transpose dans la région ventrale d'une gastrula du même âge mais d'une autre espèce. La gastrula donneuse est plus sombre que la gastrula receveuse, ce qui permet d'identifier des cellules du greffon sur son hôte et de suivre leur évolution. Il se forme deux larves siamoises : une larve « légitime » (1) et une larve surnuméraire plus petite (2), organisée à partir de cellules empruntées pour la plupart à la gastrula hôte.

En 1986, Gimlich et Gerhart réalisent chez le xénope des expériences de greffe au stade 32 de la segmentation. Ils transplantent l'un des blastomères postéro-dorsaux d'une blastula donneuse dans la région ventrale d'une blastula receveuse de même âge (greffe 1). Ils obtiennent des embryons siamois accolés ventre à ventre. Le résultat de cette expérience, à savoir l'obtention d'un embryon surnuméraire, ressemble étrangement à celui des expériences de Spemann et Mangold, avec cette particularité qu'il est obtenu à un stade plus précoce du développement.
Le « principe organisateur » siège dans un blastomère héritier de la région cytoplasmique ventrale (**#**), par conséquent différente de la région cytoplasmique héritée par l'organisateur de Spemann. Si l'on soumet la région ventrale de l'œuf vierge, qui deviendra la blastula receveuse, à l'action des rayons ultraviolets, seul se développe l'embryon surnuméraire (greffe 2). Les rayons ultraviolets ont pour effet de désorganiser les protéines indispensables à la migration des biomolécules lors de la réaction de symétrisation consécutive à la fécondation. Cette expérience élégante conjugue une *suppression de fonction* sur le site normal suivie d'une *restitution de fonction*... opérée sur un autre site de la même blastula ! Elle démontre ainsi que la région greffée (postéro-dorsale) est indispensable à l'organisation d'un embryon normal. Le centre inducteur unique présent dans la région postéro-dorsale de la blastula est nécessaire et suffisant pour que se forme un embryon normalement constitué ; c'est le *centre de Nieuwkoop* (*). Son action est antérieure à celle de l'organisateur de Spemann.

(*) *Les substances inductrices primordiales, situées en position postérieure au stade de l'œuf vierge, sont amenées en position postérodorsale par la rotation corticale induite par la pénétration du spermatozoïde.*

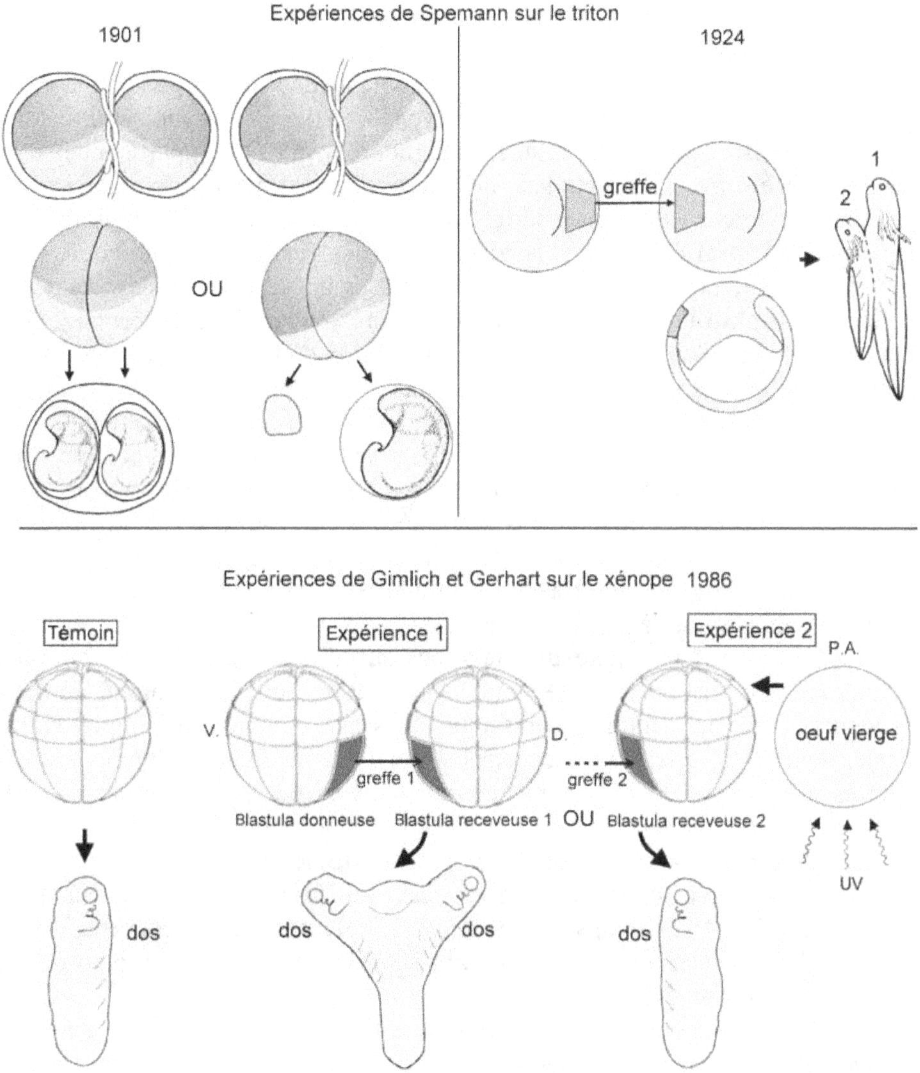

FIGURE 53. QUELQUES EXPERIENCES FONDAMENTALES D'EMBRYOLOGIE EXPERIMENTALE

Très vite l'attention s'était portée sur le premier élément de différenciation morphologique : l'encoche blastoporale. Mais ce n'est qu'en 1921 que Spemann, assisté de son élève de l'« école de Fribourg » Hilde Mangold, réalisa, chez le triton, des expériences de greffe décisives quant à la compréhension du déterminisme de l'embryogénèse. Le greffon est prélevé au-dessus de la lèvre dorsale du blastopore et implanté dans la région ventrale de la gastrula receveuse. Il se forme deux embryons siamois, l'embryon surnuméraire s'étant organisé à partir de cellules qui, pour la plupart, appartiennent à la gastrula receveuse. Ces cellules, destinées primitivement à s'organiser en intestin, deviennent les matériaux du système nerveux, des muscles, du squelette ! Le greffon les a donc détournées de leur vocation première. Il a *induit* une réorientation du « projet » initial d'embryogenèse en conférant aux cellules de la gastrula receveuse l'aptitude à faire autre chose que ce à quoi elles étaient destinées. Son action débute par l'induction du blastopore autour duquel vont s'effectuer les mouvements gastrulaires. Cette petite région de l'embryon exécute, à ce moment du développement, le programme génétique de l'embryogénèse ; elle ne partage ce privilège avec aucune autre, comme l'ont montré des expériences complémentaires, sur lesquelles nous ne pouvons nous étendre ici. Son action inductrice est donc nécessaire et suffisante à l'édification d'un embryon normal ; à ce titre, elle mérite le qualificatif de *centre organisateur*. On a pu montrer enfin qu'elle peut transmettre ce pouvoir, par simple contact, à une région de la gastrula qui en est originellement dépourvue. D'où cet apparent paradoxe que le processus d'organisation d'un embryon complexe pourrait émaner de seulement une ou quelques biomolécule(s) produite(s) par le centre organisateur, agissant comme un simple signal déclencheur. Il aura fallu la circonstance d'une violence faite à l'embryon pour révéler la souplesse de ses capacités adaptatives, perverties par la main de l'homme en un monstre siamois, le plus souvent non viable...

Le centre organisateur de Spemann fut identifié comme le *primum movens* de l'embryogénèse chez les amphibiens, au point que les expériences antérieures furent un temps interprétées en référence à ce concept. Ainsi, Charles Houillon écrit dans son livre *Embryologie* (Hermann, 1967) à propos de l'expérience de ligature effectuée par Spemann en 1901 : « [...] *seul le blastomère qui contient le croissant dépigmenté donne un embryon normalement constitué* ». Une conclusion qui, sans être formellement incorrecte, désigne implicitement la région du croissant gris comme étant la source des signaux organisateurs. En toute rigueur, elle aurait dû poser la question d'un rôle éventuel du cytoplasme ovulaire postéro-dorsal.

Or, dans une série d'expériences de microchirurgie embryonnaire pratiquées sur de jeunes blastulas de xénope et datées de 1969, Peter Nieuwkoop démontre que les blastomères postéro-dorsaux émettent des signaux inducteurs vis-à-vis desquels les blastomères sus-jacents, notamment ceux qui formeront le centre de Spemann, sont réceptifs. Ces blastomères inducteurs constituent le *centre de Nieuwkoop*. Non, décidément, les cellules obèses occupant la région « vitelline » de l'embryon sphérique ne sont pas cantonnées dans un rôle de simples nourrices !

Ce fut un nouvel élan de l'embryologie expérimentale. De nombreux travaux confirmèrent et complétèrent les expériences fondatrices de Nieuwkoop. Soit, à titre d'exemple, les ingénieuses expériences de Gimlich et Gerhart pratiquées sur l'embryon de xénope au stade de 32 blastomères et datées de 1986 (figure 54). Elles produisent le même effet basique que les expériences fondamentales de Spemann : provoquer l'apparition d'un blastopore. Le centre de Nieuwkoop, capable de mimer l'action de l'organisateur de Spemann, situé à son voisinage immédiat et intervenant antérieurement à lui, semble bien donner l'impulsion première de l'embryogenèse. Le centre de Nieuwkoop et l'organisateur de Spemann apparaissent liés par un rapport de cause à effet.

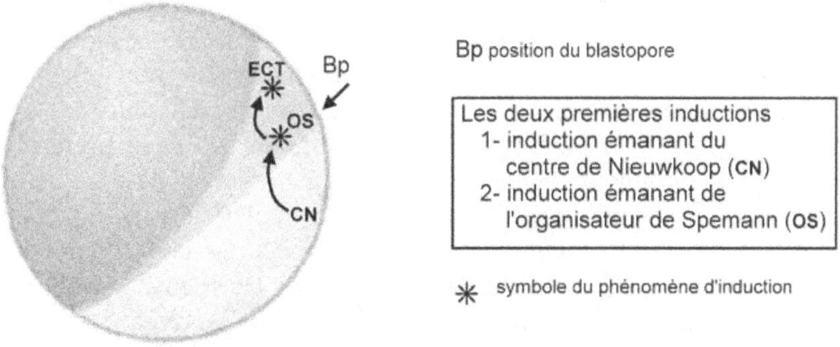

FIGURE 54. LES INDUCTIONS PRIMORDIALES

La séquence des deux premières inductions, émanant successivement du centre de Nieuwkoop et de l'organisateur de Spemann, donne le signal du départ pour l'organogenèse. Pour cette raison, elle est qualifiée d'*induction primaire*.

D'ores et déjà se dessine le contour d'un schéma de l'embryogénèse en cascade d'inductions, un système de causalité évoquant la théorie des dominos qui veut que la chute de l'un d'eux soit provoquée par la chute du précédent et entraîne la chute du suivant. Cette image (employée aussi en politique...) est cependant trop grossière dans le cas de l'embryogenèse, pour deux raisons. Primo, les chutes successives des dominos sont entre elles exactement de même nature alors que les inductions successives d'une séquence de développement embryonnaire sont qualitativement différentes, par leur effet et aussi, nous le verrons, par leur processus biochimique. Secundo, si la chute de chaque domino est irréversible (jamais le domino ne se redresse), il peut y avoir des remords dans le cours de l'embryogénèse, comme le montrent de façon spectaculaire les expériences de Spemann de 1921. Celles-ci révèlent, en les dévoyant, les capacités d'adaptation des cellules engagées dans le développement, qui s'interprètent comme une aptitude à ajuster discrètement chaque étape aux circonstances du moment, c'est-à-dire comme une fonction régulatrice. La régulation repose sur la plasticité des cellules embryonnaires. Ainsi, de même qu'un adolescent peut changer d'orientation professionnelle, un blastomère initialement voué à fournir des cellules intestinales peut être détourné de cette vocation première – qui n'était donc que présomptive – et fournir par exemple des cellules nerveuses. Mais lorsque survient un raté d'aiguillage en un point donné de la cascade, toutes les opérations ultérieures sont déviées, et la conséquence est d'autant plus grave que l'incident est précoce ; à la limite, le développement engendre un monstre ; contrariée par un grain de sable, l'harmonie cède devant la catastrophe. Monstre naturel, monstre expérimental de Spemann, le processus causal est identique. Dans une cascade causale, il y a une « cause première ». On a pu croire qu'elle était associée au centre de Spemann, mais les expériences de Nieuwkoop de 1969 ont montré l'antériorité du centre éponyme : le centre de Nieuwkoop intervient avant – et sur – la région du centre de Spemann. Dans l'état actuel des connaissances, les centres de Nieuwkoop et de Spemann se désignent comme les deux premiers dominos. Parce qu'elle donne le signal du départ pour l'organogenèse, et qu'elle suffit à promouvoir l'organisation d'un embryon complet, leur action incitatrice est appelée *induction primaire.* Les capacités de régulation diminuent ensuite progressivement au cours de l'embryogénèse. De même que la reconversion professionnelle devient de plus en plus difficile avec l'âge, la capacité d'adaptation des cellules embryonnaires s'amenuise au fil du développement.

*

De la mise en place du système nerveux des vertébrés à l'organogenèse de l'œil, c'est une séquence d'inductions de plus en plus restreintes qui se dessine. Spemann, encore lui, parvint dans le premier quart du XXe siècle à en élucider les grandes lignes, grâce aux expériences habituelles d'ablation (suppression de fonction) et de greffe (restitution de fonction) sur des embryons d'amphibiens au stade de bourgeon caudal.

Unique en son genre au sein du règne animal, le système nerveux des vertébrés est un axe tubulaire dorsal, qui se différencie dans la région céphalique en un cerveau creusé de ventricules et dans le tronc en une moelle épinière, creusée du canal de l'épendyme. Le système nerveux se forme à partir de l'ectoderme dans le processus de *neurulation* (figure 55). Chez les insectes et les vers annelés, le système nerveux central – une chaîne de ganglions pleins – se forme aussi à partir du feuillet ectodermique, mais en position ventrale.

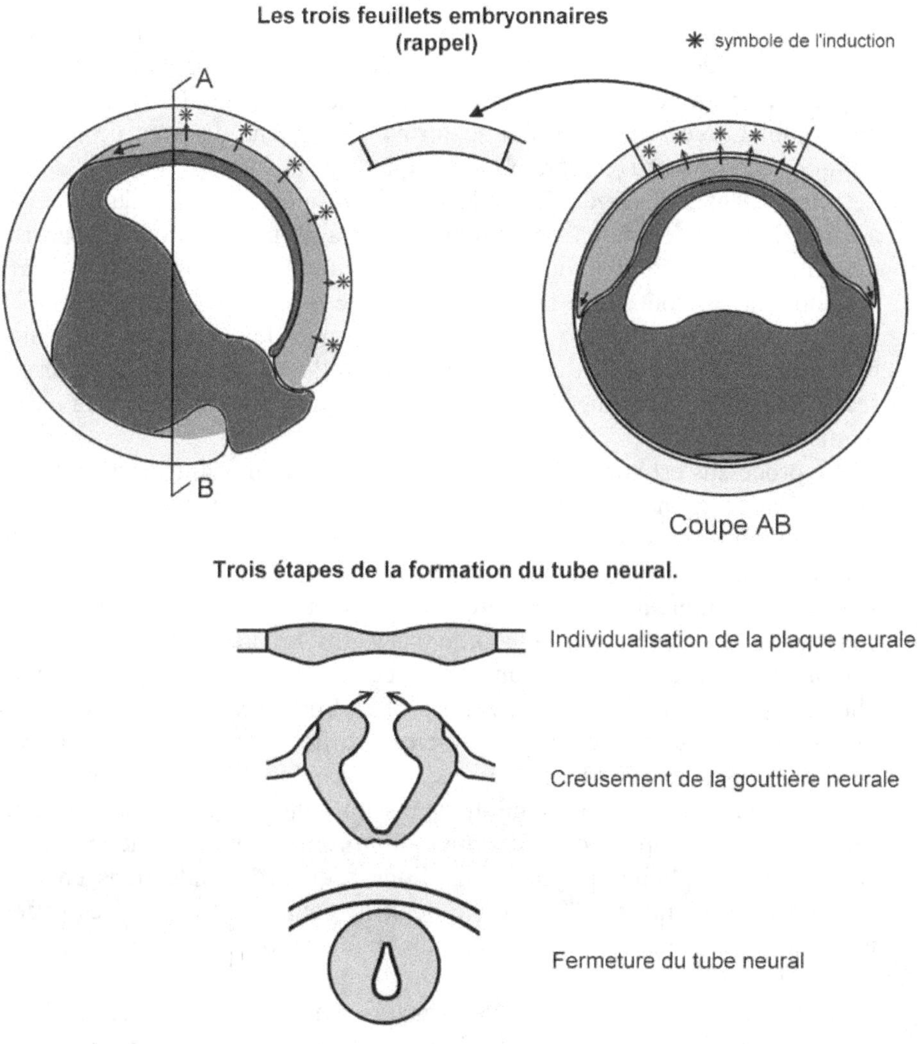

FIGURE 55. FORMATION DU TUBE NEURAL A PARTIR DE L'ECTODERME

Spemann élucida les grandes lignes de l'organogenèse de l'œil en travaillant sur des embryons de *grenouille rousse* au stade du bourgeon caudal (figure 56). L'une des expériences consistait à greffer une vésicule optique en position ventrale. Le pauvre animal se dota d'un œil ventral surnuméraire ! L'étrangeté de ce résultat illustre on ne peut mieux l'ampleur du pouvoir d'intervention que s'octroie l'homme sur le cours des choses de la vie. En l'occurrence, Spemann contraignait l'ectoderme ventral à dévier de sa destinée présomptive, à savoir l'épiderme, pour engendrer la cornée et le cristallin d'un œil... De plus, c'est un œil complet, avec sa rétine, qui se formait. La rétine dérivant de la vésicule optique, excroissance cérébrale en direction de la lumière, elle est de nature nerveuse. Dans le dialogue de l'induction, la vésicule optique induit le cristallin à partir de l'ectoderme mais, en retour, le cristallin induit la rétine à partir de la vésicule optique. Pour « faire un œil de grenouille », il suffit donc d'un peu d'ectoderme au contact de la vésicule optique – voilà pour les matériaux – et d'un déclencheur chimique diffusible – voilà pour les instructions initiales – ; après quoi l'ébauche de l'organe se « débrouille en interne » sur la base des seules instructions échangées localement entre tel ou tel élément et à tel ou tel moment.

Ce processus est une *induction secondaire*. Si ses modalités peuvent, dans le détail, varier d'une espèce à l'autre, les principes en sont universels. On retiendra qu'un événement ponctuel chimiquement bien circonscrit suffit à enclencher la mise en œuvre d'un processus de complexité croissante : aux séquences d'inductions secondaires de plus en plus étroites répondent les constructions progressives et coordonnées des organes. Mais un niveau de complexité peut en cacher un autre ! Le cas de la rétine, cette fine membrane photosensible, est à cet égard instructif. Sous une grande homogénéité morphologique se cache une histologie stratifiée complexe : une couche de cellules nerveuses photosensibles (cellules à cônes et à bâtonnets) revêtue extérieurement de neurones de transmission, que le nerf optique relie au cerveau. Cette complexité histologique de la rétine naît aussi, de même que la complexité morphologique de l'œil, d'une séquence d'inductions enclenchée par un signal chimique. Voilà donc deux niveaux de structure très différents mais dont la mise en place obéit aux mêmes lois. Une sorte de fractale dynamique.

Le troisième et ultime niveau de structure s'ouvre sur l'intimité biochimique de l'embryogénèse, au sein de la cellule. Dans un blastomère, dont le microscope donne seulement des images figées, les acides nucléiques et les protéines œuvrent, invisibles, en un constant dialogue entre cytoplasme et noyau. Ce chapitre de biologie moléculaire appliqué à l'embryogenèse est trop pointu pour être abordé ici. On s'en tiendra donc à des généralités.

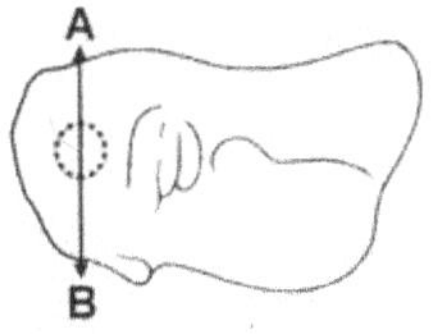

Embryon de grenouille au stade du bourgeon caudal

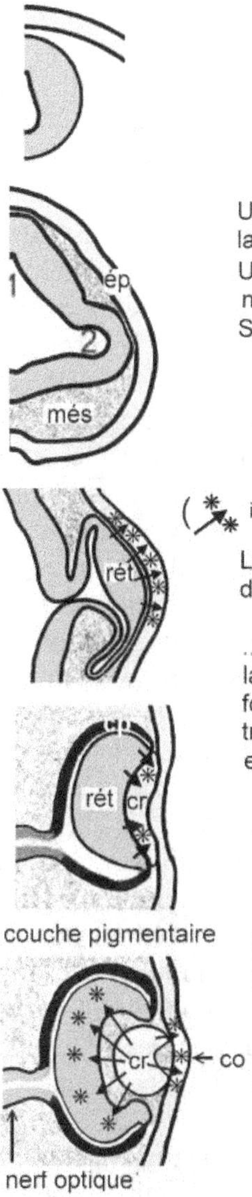

Une hémisection AB pratiquée dans la région céphalique montre la partie évasée du tube nerveux, à l'origine du cerveau (1).
Une évagination latérale de la paroi du tube nerveux (2) donne naissance à une *vésicule optique*, ébauche initiale de l'oeil.
Sa paroi externe vient au contact de l'épiderme (ép).

Le tissu interstitiel ou mésenchyme (més), qui s'interpose entre l'épiderme et la paroi nerveuse, induit la formation de la vésicule optique à partir de cette dernière.

(induction)

La face externe de la vésicule optique s'épaissit au contact de l'épiderme...

...puis se déprime en une cupule, qui correspond à l'ébauche de la rétine (rét). Au contact de cette cupule, l'épiderme s'épaissit, formant l'ébauche du cristallin (cr) dont les cellules deviennent transparentes. Quant à la paroi interne de la vésicule optique, elle deviendra la couche pigmentaire (cp).

L'ébauche de rétine induit la formation du cristallin.

Le cristallin s'individualise et acquiert sa forme globuleuse.
Simultanément, l'ébauche de la rétine s'incurve vers l'intérieur.

Le cristallin induit à son tour la transformation de la paroi extérieure de la vésicule optique en rétine fonctionnelle.
Vers l'extérieur, elle induit aussi la transformation de l'épiderme en cornée transparente (co).

Schéma d'œil de vertébré

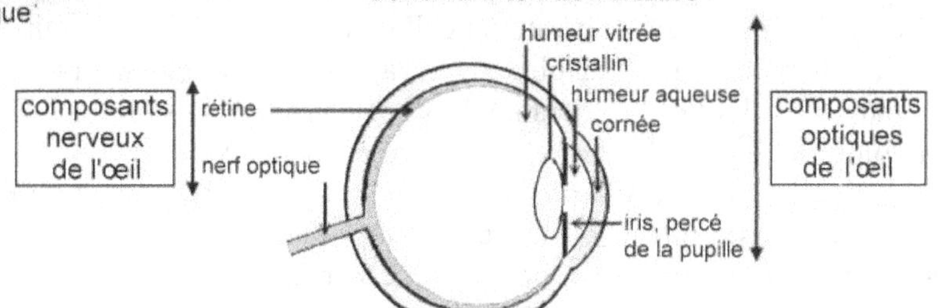

FIGURE 56. INDUCTIONS GUIDANT L'ORGANOGENESE DE L'ŒIL

4.2.3. Le niveau moléculaire de l'embryogenèse

Un signal chimique diffusible, de nature protéique, émis par une cellule à capacité inductrice, diffuse de proche en proche au sein de l'embryon. Certaines cellules l'ignorent. Les seules cellules concernées, dites *compétentes* vis-à-vis de ce signal, doivent cette aptitude à une protéine membranaire réceptrice, dont une extrémité « trempe » dans le milieu extracellulaire. C'est une sorte d'antenne qui « reconnaît » la protéine signal. La membrane est à la cellule ce que les papilles du goût sont à l'organisme de mammifère ; elle est le « récepteur sensoriel » de la cellule. L'extrémité interne de la protéine réceptrice, qui plonge dans le milieu cytoplasmique, s'en trouve activée. Commence alors une cascade de réactions, la *transduction* du message, qui aboutit dans le noyau au contact de *gènes cibles*, pour un temps « sensibles » au dernier message transducteur. Ceux des gènes qui sont concernés, c'est-à-dire compétents, voient leur fonction de transcription activée pour les uns, inhibée pour les autres. Il en résulte une modulation de la biosynthèse d'ARNm et de leur traduction en protéines. Certaines d'entre elles feront progresser la différenciation cellulaire, purement biochimique d'abord, morphologique ensuite. Les autres poursuivront les échanges d'informations entre les cellules, en tant que nouveaux signaux inducteurs, nouvelles antennes ou nouveaux signaux transducteurs (figure 57). C'est ainsi que le génome est à tout instant informé de l'état de l'embryogenèse et qu'il programme l'étape suivante, comme un architecte suit la mise en œuvre des plans d'un édifice.

Pas à pas les cellules se différencient, sur des rails qui divergent selon l'appartenance de chacune à tel ou tel organe, dans l'organe à tel ou tel tissu, voire même à telle ou telle partie d'un tissu complexe (comme la rétine). À tous ces niveaux, l'*effet de position* est prédominant, et à tous ces niveaux, c'est le même paradigme qui s'applique : une séquence biochimique conduisant à une différenciation progressive des cellules, des tissus, des organes. Ainsi s'accomplit la « métamorphose » d'une cellule unique en un être organisé, constamment réitérée au fil des générations.

Démonter les rouages d'une séquence d'inductions revient à suivre à la trace le parcours de l'information depuis la cellule émettrice du signal initial jusqu'à la cellule compétente qui l'exploite... ou à suivre le trajet inverse, comme le faisait jadis l'explorateur remontant le fleuve jusqu'à sa source. Le fleuve de l'embryologiste emprunte en effet des voies déjà explorées par la biologie moléculaire : les *voies de signalisation,* où convergent les signaux à l'entrée des cellules. Il en existe plusieurs, correspondant à autant de familles de signaux. Comme toujours en recherche, on y accède par le biais de leurs dérèglements, par exemple le dérèglement tumoral, qui affecte le plus souvent les organismes adultes. C'est pourquoi les recherches sur le cancer ont grandement contribué à leur élucidation.

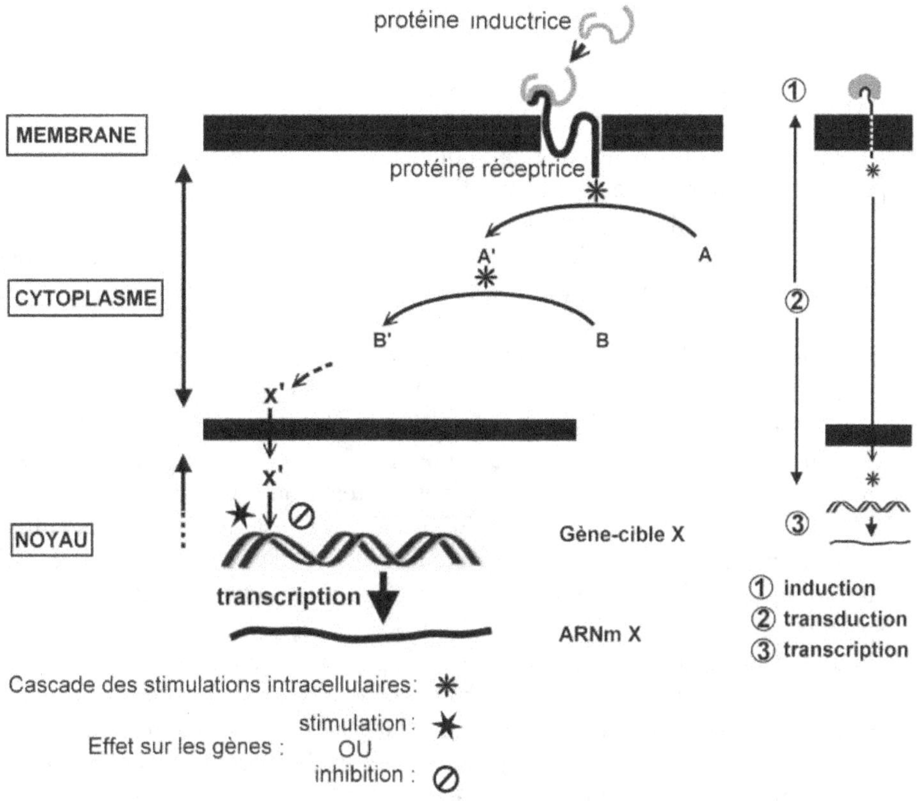

FIGURE 57. SCHEMA D'UNE VOIE DE SIGNALISATION

Une cellule compétente pour un signal extracellulaire porte dans sa membrane un récepteur capable de le « reconnaître ». Le signal et son récepteur sont deux molécules protéiques complémentaires par leur forme et leur affinité chimique. Lorsque la molécule signal se lie à la molécule réceptrice, cette dernière s'en trouve modifiée sur sa face interne, ce qui déclenche une cascade de réactions qui constitue la *transduction* intracellulaire du signal. Son dernier chaînon (molécule x') franchit le noyau et stimule (ou inhibe) un ou plusieurs gènes : les cibles moléculaires ultimes. Les gènes stimulés sont transcrits en ARNm, qui seront ensuite traduits en protéines.

Un même signal entraîne, chez l'adulte, des réponses variées selon les catégories cellulaires et, lors de l'embryogénèse, selon leur stade de différenciation. Ainsi le TGFβ (Transforming Growth Factor β) intervient dans la régulation de la prolifération et de la différenciation cellulaires, mais aussi dans l'aptitude des cellules à se lier ou se séparer, et va jusqu'à « décider » de leur vie ou de leur mort. Les gènes cibles sont dans chaque cas différents.

À l'inverse, une même cellule peut recevoir simultanément, à un moment donné de sa différenciation, différents messages à effet synergique ou antagoniste, captés par des récepteurs distincts et empruntant des voies de signalisation différentes. C'est le moyen d'une modulation infiniment subtile du développement.

*

L'aiguillage des cellules sur les rails de la différenciation commence avant qu'en apparaissent les premiers indices morphologiques. Il se joue donc nécessairement à l'échelle des biomolécules. Le rebond de l'embryologie expérimentale dans la deuxième moitié du XXe siècle repose sur les progrès considérables de la biologie moléculaire, accomplis à cette époque grâce aux techniques d'identification, de dosage et de détection *in vivo* de molécules telles que l'ADN, l'ARN messager, les protéines. Dans la première moitié du XXe siècle, si l'on savait déjà déceler la présence d'ARN dans le cytoplasme (par coloration à la pyronine par exemple), on était encore incapable de discriminer telle molécule particulière d'ARN parmi toutes ses consœurs. On sait maintenant le faire, de même qu'on sait discriminer une espèce particulière de protéines, sur la base de sa carte d'identité, à savoir la séquence des bases azotées ou la séquence des acides aminés. Il reste que détecter *in vivo* notre ARN ou le distinguer *in vitro* au sein d'un mélange reste une prouesse, tant sa quantité intracellulaire est infime ! L'aiguille dans la botte de foin... Il faut à l'embryologiste des temps modernes, outre l'habileté manuelle, des guides et des sondes.

Pour fabriquer une sonde, on associe une « tête chercheuse », qui se fixe spécifiquement sur la cible, et un « révélateur », qui en indique la présence en émettant un signal lumineux ou des ondes radioactives. La nature fournit elle-même l'unité de ciblage dans la gamme inépuisable de ses macromolécules complémentaires : elle « propose » ainsi au chercheur (par l'intermédiaire de laboratoires spécialisés) de « choisir » l'anticorps capable de se lier à la protéine ciblée qu'il identifie comme antigène, ou l'acide nucléique capable de s'hybrider avec l'acide nucléique ciblé, selon le principe de complémentarité des bases azotées... L'unité de signalisation peut être une molécule fluorescente – capable d'émettre des signaux lumineux – qu'on « accroche » à l'unité de ciblage. C'est le principe de la technique d'*immunofluorescence*, qui permet par exemple de localiser une cible à l'intérieur même de la cellule. Quant aux sondes nucléiques, on peut les fabriquer avec des « pièces détachées » (les nucléotides) radioactives. Elle permet par exemple de cibler tel gène dans le noyau, tel ARN dans le cytoplasme ou le noyau.

Grâce aux sondes, on peut remonter les inductions successives au plus près possible de la source. En tant que médiateurs entre programme d'organisation et outils de son expression, les ARNm sont en embryologie ce que le cours du fleuve est en géographie. Leur origine est double : les ARN maternels, qui opèrent en tout début d'embryogenèse, sont relayés, à partir de la segmentation asynchrone, par les ARN zygotiques (figure 58).

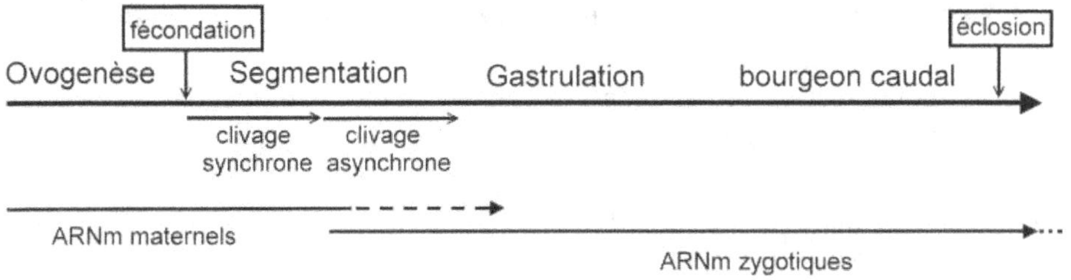

FIGURE 58. RELAIS DES ARN MESSAGERS AU COURS DE L'EMBRYOGENESE

*

Lorsque, à l'éclosion, le nouvel animal accède à la vie libre, son degré de développement est très variable selon la stratégie de reproduction de l'espèce considérée. Les œufs pauvres en vitellus libèrent des larves nageuses minuscules dont le feuillet médian est encore indifférencié. C'est le cas des larves planctoniques de *patelle* et de *néréis* (figure 26). Elles subissent des métamorphoses dominées par la construction des organes. La charge vitelline abondante des œufs d'amphibiens autorise une organogenèse embryonnaire complexe conduisant à une larve équipée de branchies, d'un cerveau et de muscles, d'organes des sens perfectionnés. Les métamorphoses combinent la résorption des organes adaptés à la vie aquatique (comme les branchies et les nageoires) et la construction des organes adaptés à la vie terrestre (comme les poumons et les pattes). Enfin, les œufs surchargés en vitellus donnent naissance à des animaux qui ressemblent à des adultes en miniature, mais sexuellement immatures : les *jeunes*. C'est le cas des requins, des pieuvres, des oiseaux.

Deux exceptions d'importance méritent l'attention. Les insectes les plus évolués, comme les mouches et les papillons, présentent une phase larvaire, en dépit d'une surcharge vitelline de leurs œufs. Mais les larves d'insectes n'ont pas la même signification que les larves d'amphibiens. Aussi complexes que les adultes, elles consacrent leur vie à se nourrir et atteignent une taille égale, voire supérieure, à celle des adultes. Ces derniers se consacrent à la reproduction et à la dispersion. Chez les mammifères, qui, au contraire, naissent d'œufs dépourvus de vitellus et à segmentation totale, le développement d'un seul jet n'en conduit pas moins jusqu'au stade juvénile. Cela tient aux relations fœto-maternelles qui nourrissent en continu l'embryon, puis le fœtus, par l'intermédiaire du placenta.

Les cellules des jeunes et des adultes disposent maintenant de deux moyens de communiquer : une communication de voisinage, qui se poursuit après la vie embryonnaire, et une communication systémique par le milieu intérieur. Un second moyen de communication systémique, propre aux animaux, est le système nerveux.

4.3. Les moyens de la communication à distance entre les cellules

La communication de voisinage se poursuit après l'embryogenèse, ne serait-ce que dans le cadre du contrôle de la division cellulaire, qui permet d'intégrer les nouvelles cellules dans le tissu et l'organe auxquels elles appartiennent. Une multiplication anarchique échappant à ce contrôle produit une tumeur, anodine ou envahissante.

L'épiderme de mammifère se renouvelle continûment à partir de sa base, les nouvelles cellules refoulant les plus anciennes vers l'extérieur. La couche superficielle, constituée de cellules défuntes, s'exfolie, en sorte qu'en chaque endroit du corps, l'épiderme garde une épaisseur constante. Mais l'aspect morphologique et histologique de l'épiderme varie selon la région du corps : épiderme souple et sensible des doigts, épiderme corné de la plante du pied ou épiderme velu du crâne. Les verrues plus ou moins abondantes qui parsèment l'épiderme sont de petites tumeurs, bénignes dans la mesure où leur croissance s'interrompt spontanément. Il en est de même de la plupart des grains de beauté. Certains cependant se multiplient indéfiniment et finissent par se disséminer dans l'organisme, sous forme de métastases ; c'est le dangereux mélanome.

Il existe aussi, chez l'adulte, des mitoses de réparation. C'est le cas des os fracturés. La réparation spontanée d'une fracture implique une reprise de la multiplication des cellules osseuses ainsi qu'un remodelage de la région réparée. Il est cependant rarement parfait : un cal plus ou moins volumineux se forme à l'endroit de la fracture.

Mais l'intégration aux besoins de l'organisme de l'activité de cellules fort éloignées les unes des autres implique la médiation d'un milieu liquide continu, substitut du milieu liquide ancestral, où la vie est apparue. C'est le *milieu intérieur,* dont une partie baigne les cellules et l'autre circule dans les vaisseaux. Outre qu'il nourrit les cellules et évacue les déchets de leur métabolisme, le milieu intérieur reçoit, véhicule et transmet les hormones qui permettent aux cellules de communiquer, où qu'elles soient dans l'organisme.

La sève des plantes équivaut au sang des animaux, mais point de cœur chez les végétaux. C'est une « pompe chimique » racinaire qui propulse la sève dans les vaisseaux, au moins tant qu'il n'y a pas de feuilles. C'est ainsi qu'au printemps un sarment de vigne fraîchement coupé « pleure sa sève ». Plus tard, lorsque les feuilles sont mises, la plante laisse le soleil aspirer la sève par transpiration foliaire, une façon élégante d'économiser l'énergie. L'évaporation au niveau des feuilles sert en outre à refroidir celles-ci, chauffées par le soleil. Ne contenant pratiquement que des sels minéraux, cette « sève montante » est encore appelée « sève brute ». Chargée des produits de la photosynthèse, la sève « redescend » dans une seconde catégorie de vaisseaux : elle est devenue « sève élaborée ».

Point non plus d'espace pour une « lymphe végétale » car la plupart des cellules sont jointives. Le milieu intérieur interstitiel des plantes imbibe simplement les parois cellulosiques des cellules.

Le développement qui suit ne concerne que le milieu intérieur des animaux.

4.3.1. Les hormones et la transmission de l'information par le milieu intérieur

L'eau, douce ou salée, est l'environnement naturel des cellules. Un animal aquatique organisé, qui compte des myriades de cellules regroupées en tissus au sein d'organes morphologiquement individualisés, n'expose au milieu liquide extérieur que ses cellules de revêtement. S'y substitue, pour toutes les autres, un milieu intérieur liquide indispensable aux échanges trophiques et informatifs. Les cellules d'un animal terrestre ne disposent plus que du milieu intérieur pour leurs échanges de substances dissoutes, Le milieu intérieur le plus complexe est celui des vertébrés. Au plus près des cellules, la *lymphe interstitielle* (du latin *lympha*, eau) leur livre nourriture et signaux hormonaux et les débarrasse de leurs déchets. La lymphe des vertébrés est ce liquide jaunâtre que l'on voit sourdre d'une peau brûlée. Mû par le cœur, le sang circule dans un système clos de vaisseaux – les artères, veines et capillaires. Un second compartiment du milieu intérieur endigué, à circulation lente, est canalisé par les vaisseaux lymphatiques qui, étant incolores, passent généralement inaperçus. Mais qu'une plaie au pied s'infecte et un vaisseau lymphatique enflammé se signale comme un fil rouge conduisant du pied à l'aine, qui devient douloureuse lorsque l'infection atteint un ganglion lymphatique. Le système lymphatique est en effet le siège principal de la défense immunitaire systémique.

Le milieu intérieur le plus simple est celui des insectes, chez qui le sang se confond avec la lymphe, d'où son nom d'*hémolymphe*. Répandue autour des organes, elle pénètre aussi dans un unique et long « cœur-vaisseau » ouvert, dont les contractions la propulsent d'arrière en avant et la libèrent dans le corps.

*

Les travaux fondateurs de la physiologie du milieu intérieur, qui portent sur la fonction glycogénique du foie, sont dus à Claude Bernard, le concepteur de l'homéostasie. Cette branche de la physiologie animale a été, depuis le XIXe siècle, nourrie par les observations cliniques chez l'homme et par l'expérimentation sur l'animal : le chien, le chat, le lapin, la grenouille et d'autres ont payé un lourd tribut à la physiologie des vertébrés.

La démarche expérimentale de la découverte de la régulation de la glycémie, dans le prolongement des travaux de Claude Bernard, est un cas d'école.

Tout est parti du symptôme le plus immédiatement révélateur du diabète : l'urine surabondante (du grec *diabêtês*, qui traverse). L'eau bue semble traverser l'organisme sans s'arrêter. Au XVIIe siècle, le médecin Thomas Willis distingue une catégorie particulière de diabète caractérisée par la présence de sucre dans l'urine : il compare le goût de l'urine à celui du *sucre de miel.* On opposera par la suite le « diabète sucré », d'origine pancréatique, au « diabète insipide », d'origine hypophysaire.

Un siècle plus tard, Thomas Cowley, médecin et ancien chirurgien en chef des armées de la Jamaïque, publie dans le *Journal de médecine de Londres* (volume IX, 1788), un long article circonstancié concernant l'*Observation singulière sur un diabétès* (traduit par Monsieur Affolant).

Alain Holford, âgé de trente-quatre ans, robuste, d'une bonne constitution, et accoutumé à une vie libre et aux violens exercices du corps, fut attaqué de diabétès en décembre 1787 ; mais la cause de la maigreur et de la faiblesse extrêmes qui suivirent graduellement, resta ignorée jusqu'au 20 mars 1788. A cette époque, on trouva son urine sucrée, et susceptible de fermenter avec la levure. Deux livres de liquide, soumises à l'évaporation, donnèrent six onces d'extrait noir sucré, exactement semblable à cette préparation de mélasse que les confiseurs font pour les enfans, et qu'on appelle vulgairement "coverlid".. [...] *Dans les trois derniers jours de sa vie, la quantité des urines était considérablement augmentée et il ne pouvait presque les retenir..*

Il s'agit là des symptômes classiques du diabète sucré ; cependant, l'excès de diurèse survient généralement beaucoup plus tôt.

Les analyses, avec les faibles moyens de l'époque, révélèrent que « *l'extrait était du sucre uni à une matière gommeuse et coagulable, toutes substances qui doivent rester dans le corps pour le nourrir, et qu'il passoit peu de matières excrémentielles à travers les reins, à l'exception d'une surabondance d'eau, servant de véhicule à cette matière nutritive* ».

Cawley constate que l'urine ne contient que des substances utiles à l'organisme, et que la diurèse surabondante ne sert nullement à éliminer des substances toxiques. Observation fort juste, à cette restriction près que les techniques d'analyse n'auraient pas permis de les détecter à faible concentration.

À l'autopsie, Cawley a noté que « *le foie était beaucoup altéré* » ; par contre, il ne découvrit « *rien de particulier* » concernant les reins. Les fonctions de ces deux organes commençaient à être connues, à la différence du pancréas, dont on savait seulement qu'il était annexé au tube digestif. Or, cet organe « *était plein de calcules fortement enchâssés dans sa substance* [...] *et l'extrémité droite du pancréas était très dure, et semblait squirreuse* ».

Les altérations du foie et/ou celles du pancréas étaient-elles la cause ou la conséquence du diabète sucré ?

« Ne pourrions-nous donc pas regarder la maladie du foie comme une complication dans le cas de M. Holford, et n'en pourroit-on pas en dire autant de l'état calculeux du pancréas ? »

Cowley se garde de confondre cause et conséquence. Pour trancher, il tente de s'appuyer sur la *méthode curative*, une sorte de contre-épreuve puisqu'un médicament actif sur un organe doit guérir, ou à tout le moins améliorer, l'état du malade, si l'organe visé est bien en cause. Or les potions qui étaient alors administrées (« *les toniques, les astreigens, les aromatiques, les agglutinatifs, les absorbans et les opiats* »), d'effet très général, ne pouvaient lui être d'un grand secours. Cependant, il en conclut (imprudemment) que la méthode curative serait d'accord avec « *l'idée que le diabète est une maladie des reins* ».

On ne peut guère reprocher à Cowley d'être passé à côté de la solution... L'hypothèse de l'origine pancréatique du diabète sucré s'est imposée au XIXe siècle, sur des arguments anatomiques (altérations du pancréas chez les diabétiques), et histologiques à la suite des travaux de Paul Langerhans, découvreur de la double nature du pancréas. Il montre, en 1869, que des îlots de cellules (qui porteront son nom) sont dispersés dans la masse des tubes sécréteurs du suc digestif qui se déverse dans l'intestin. Or, le diabète sucré est toujours associé à une altération des îlots de Langerhans.

La preuve d'une relation de cause à effet entre ceci et cela a été administrée simultanément à la fin du XIXe siècle, par von Mering et Minkowski d'une part, Hédon d'autre part. Les expériences d'Édouard Hédon sont encore citées comme un modèle de méthode expérimentale en physiologie animale (figure 59). Hédon met à profit une particularité anatomique du pancréas chez le chien, à savoir l'existence d'un segment terminal autonome du point de vue de la vascularisation. Hédon isole cette partie et la transpose sous la peau avec son artère et sa veine, et procède ensuite à l'ablation du reste du pancréas. Les symptômes habituels du diabète n'apparaissent pas. Ils ne surviennent que si les deux vaisseaux sont clampés ; mais si la circulation est rétablie, ils disparaissent. Le clampage supprime une fonction pancréatique qui s'exerce par l'intermédiaire du sang, alors que la restitution de la circulation la rétablit. C'est ce couple d'expériences « épreuve/contre-épreuve » qui établit la réalité d'une fonction e*ndocrine* (du grec *endon*, dedans, et *krinein,* sécréter) du pancréas.

La substance secrétée dans le milieu intérieur est *l'insuline,* une hormone protéique, qui a pu être isolée (par Banting et Best en 1921), séquencée (par Sanger (prix Nobel en 1958), synthétisée chimiquement (1965), puis obtenue par manipulation génétique.

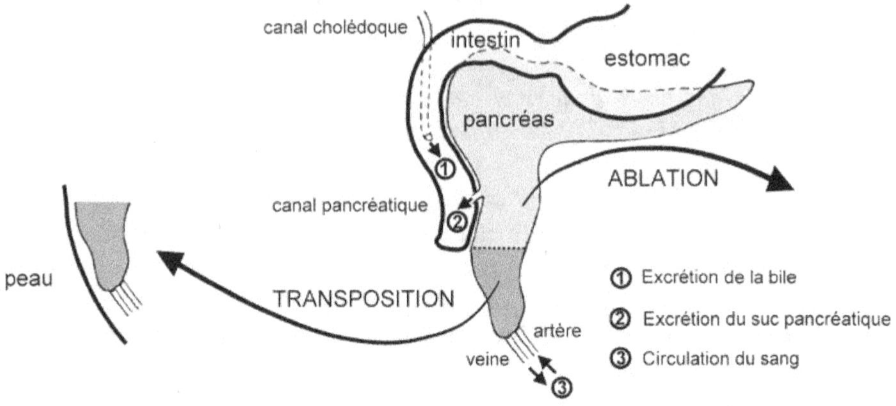

FIGURE 59. PRINCIPE DES EXPERIENCES DE HEDON

Le mécanisme biochimique de la régulation de la glycémie est maintenant assez bien connu. Il implique de nombreux acteurs : diverses cellules hormonales (hypophysaires, thyroïdiennes, pancréatiques) et diverses cellules cibles (adipeuses, musculaires, hépatiques). Mais le dialogue principal a lieu entre la fonction endocrine du pancréas et la fonction glycogénique du foie.

Les îlots de Langerhans comportent deux types de cellules endocrines : les cellules β productrices de l'insuline et les cellules α productrices du glucagon. Ces deux hormones ont des effets antagonistes : l'insuline tend à faire baisser la teneur en glucose du sang en favorisant notamment son stockage par le foie alors que le glucagon produit l'effet inverse.

En l'absence d'insuline, le glucose ne peut entrer ni dans le foie ni dans les cellules consommatrices ; il s'accumule dans le sang, avant d'être éliminé par les reins lorsque la glycémie dépasse un certain seuil. L'excrétion urinaire du glucose mobilise une grande quantité d'eau, expliquant l'excès de diurèse. Pendant ce temps, les cellules privées de glucose crient famine. L'organisme en fabrique néanmoins à partir des graisses et des protéines, toujours sans effet. L'organisme perdant ses protéines constitutives, le « diabète sucré » est aussi le « diabète maigre ». Thomas Cowley pensait à juste titre que les reins se bornaient à éliminer *« toutes substances qui doivent rester dans le corps pour le nourrir »*. Il s'agissait du glucose, cette source d'énergie indispensable aux cellules, toujours inutilisable mais sans cesse produite et sans cesse éliminée.

La présence de sucre dans l'urine apparaît clairement comme la conséquence d'un excès de sucre dans le sang, lui-même conséquence de l'incapacité des cellules affamées à l'absorber et elle-même responsable de la dénutrition progressive de l'organisme ; en l'absence d'insulinothérapie, voilà en un tableau clinique redoutable, enclenché par le simple défaut d'une toute petite protéine...

À l'inverse de l'insuline, le glucagon favorise la libération de glucose dans le sang. Cet effet, rapide et bref, est longtemps passé inaperçu car la défaillance des îlots de Langerhans, cause du diabète sucré, fait toujours pencher la balance du côté de l'accroissement de la glycémie.

Hédon n'avait pu observer l'action transitoire du glucagon, car le segment de pancréas transposé sous la peau contient très peu de cellules α productrices du glucagon.

Dans les conditions physiologiques normales, l'action balancée de l'insuline et du glucagon garantit la précision des corrections que le foie opère sur la glycémie, amortissant ainsi ses variations. Chacun des acteurs tempère en continu l'action de l'autre. C'est comme l'action antagoniste du biceps et du quadriceps, qui harmonise les mouvements de l'avant-bras, ou comme le contrepouvoir en politique, lorsqu'il existe... C'est en intégrant à tout moment les deux signaux hormonaux antagonistes, c'est-à-dire en « pesant » leur influence respective, que le foie ajuste au mieux son niveau d'activité de stockage ou de libération du glucose, selon que ce dernier se trouve dans le sang en excès ou en déficit.

La figure 60 résume le mécanisme de la boucle de rétroaction qui préside, chez les mammifères, à la régulation de la glycémie. Le principe de base est le même pour la régulation de la glycémie et pour la régulation du pool intracellulaire de la méthionine chez le colibacille, résumé par la figure 34 et généralisé par le schéma de la figure 35. Le rétrocontrôle comporte trois étapes.

1. La concentration fluctuante de la substance soumise à régulation (glucose sanguin *versus* méthionine cytoplasmique) est enregistrée comme *signal* par des *capteurs* (cellules α et β des îlots de Langerhans *versus* enzyme allostérique de la biosynthèse de méthionine).
2. Ce signal déclenche le *système de commande* de la correction (modulation de la secrétion d'insuline et de glucagon *versus* action du commutateur *on/off* de l'activité de l'enzyme), qui agit sur les cellules effectrices.
3. Le *système effecteur* (métabolisme hépatique des glucides *versus* activité enzymatique), réalise l'action correctrice.

Mais, appliqué à la dimension d'un être organisé, le rétrocontrôle met en œuvre les moyens de communication propres à la vie sociale des cellules, à savoir le sang (et accessoirement les nerfs dans le cas de la régulation de la glycémie). Il en découle une différenciation fonctionnelle des rouages du système régulateur, impliquant un système de médiation – dans ce cas essentiellement hormonal – entre le signal et sa réception. De ce point de vue, la régulation de la biosynthèse de la méthionine chez le colibacille apparaît indifférencié, puisque l'enzyme allostérique de début de chaîne est à la fois le capteur du signal, son transmetteur, par le changement de conformation de l'enzyme, et enfin l'effecteur, c'est-à-dire le site de l'activité enzymatique.

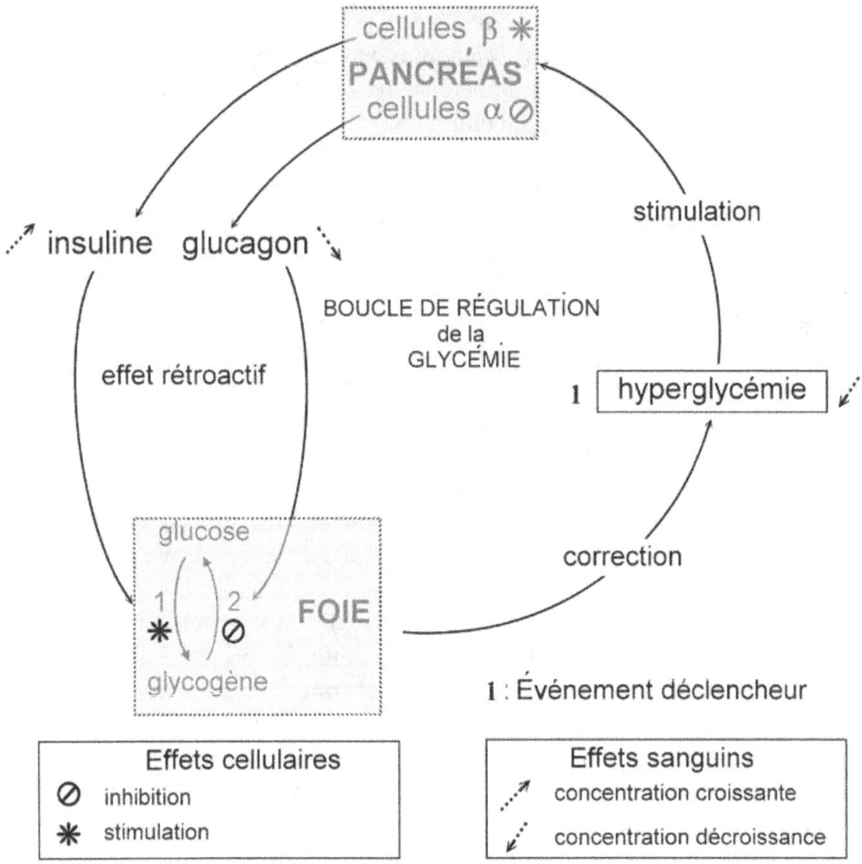

FIGURE 60. MECANISME DE LA CORRECTION D'UNE HYPERGLYCEMIE

Le sucre sanguin agit directement sur les cellules β (écrétrices de l'insuline) et sur les cellules α (sécrétrices du glucagon). L'insuline et le glucagon sont deux petites protéines (respectivement 51 et 29 acides aminés).
Un accroissement de la glycémie stimule la sécrétion de l'insuline et inhibe la sécrétion du glucagon. Le métabolisme glucidique des cellules hépatiques répond aux variations des teneurs sanguines de ces hormones par un accroissement du stockage du sucre sous forme de glycogène (1) et un abaissement de la libération du glucose à partir du glycogène (2). Ces deux effets conjugués entraînent une absorption accrue du glucose sanguin par les cellules hépatiques et une diminution consécutive de la glycémie.
Une hypoglycémie aurait les effets inverses.

N'ont été envisagés que les rôles du foie et du pancréas endocrine. Le système de régulation est en réalité plus complexe. Sont aussi impliqués :
1. d''autres hormones, comme l'hormone thyroïdienne,
2. le système nerveux comme capteur et transmetteur accessoire du signal glycémique,
3. de nombreuses catégories cellulaires en tant qu'effecteurs,

*

Tout système biologique, quel que soit son degré de complexité – organisme unicellulaire, cellule intégrée dans un organisme pluricellulaire, organisme pluricellulaire considéré dans son ensemble –, préserve en permanence les paramètres physico-chimiques qui définissent son identité par rapport au milieu. Au prix d'une dépense d'énergie et grâce à des mécanismes régulateurs, tout organisme corrige l'« hémie » des substances soumises à régulation. Dans le cas des substances qui traversent l'organisme sans être modifiées, comme le sodium, les fluctuations résultent du fait que les flux entrants discontinus (par voie digestive) n'égalisent pas à tout instant les flux sortants continus (notamment par voie urinaire). C'est le cas aussi des métabolites, comme le glucose, à ceci près qu'on doit prendre en compte les flux d'utilisation, les substances absorbées n'étant pas éliminées, mais métabolisées.

L'exigence de régulation pour de nombreuses substances présentes dans le milieu intérieur prend un tour d'une grande complexité chez les animaux, plus particulièrement chez les mammifères. C'est en explorant la physiologie canine et la physiologie humaine que Claude Bernard a dégagé le concept global d'*homéostasie* du milieu intérieur, qui intègre de nombreux mécanismes de régulation appliqués à divers paramètres physiques (comme la pression artérielle) ou chimiques (comme la glycémie). La composition hydrominérale du milieu intérieur est remarquablement stable, en dépit des inévitables fluctuations dues au caractère discontinu de l'absorption de l'eau et des ions. Les taux sanguins des ions chargés positivement – sodium, potassium, calcium, magnésium – font l'objet d'un contrôle strict. Par exemple, le taux sanguin de calcium ne s'écarte pas, dans les conditions physiologiques, de plus de 3 mg autour du « chiffre de référence » de 100 mg/l. Qu'il descende en dessous du seuil admissible et la crise de *tétanie* menace. Le respect d'une marge de tolérance aussi étroite est indispensable à l'activité électrique délicate de la membrane cellulaire. En quoi consiste-t-elle ? Les ions porteurs de charges électriques positives, qui se répartissent de façon inégale de part et d'autre de la membrane, engendrent un « potentiel de membrane » de base dont la déstabilisation temporaire induit une onde électrique, prélude au changement d'état fonctionnel de la cellule. Un exemple spectaculaire est l'« onde calcique », qui envahit la membrane de l'œuf vierge à partir du point de pénétration du spermatozoïde et enclenche l'embryogenèse. L'« onde sodo-potassique » qui court à la surface de l'axone d'un neurone est le vecteur du message nerveux. Si ce dernier dessert la synapse d'une cellule musculaire (le capteur), il induit aussi une onde électrique membranaire, qui provoque la réponse des protéines contractiles (l'effecteur). Cette conversion de l'énergie nerveuse électrochimique en énergie mécanique est une *transduction*.

*

La constance du milieu intérieur est une condition de la vie libre.

Claude Bernard

La vie est née dans l'eau à l'état liquide, dont les propriétés physicochimiques autorisent les échanges bidirectionnels de matière et d'énergie indispensables au maintien de ce « scandale thermodynamique » que représente la « préservation de la différence ». Dans l'eau douce ou l'eau de mer, les êtres unicellulaires ou paucicellulaires (du latin *pauci*, peu) sont soumis aux fluctuations incontrôlables d'un milieu immensément grand. Par contre, un poisson n'expose au contact du milieu que les cellules qui le revêtent ; toutes les cellules, y compris les cellules de revêtement par leur face interne, effectuent leurs échanges avec le milieu intérieur. Les animaux qui ont conquis le milieu terrestre au cours de l'ère primaire ont été confrontés au risque mortel de perdre leur eau au contact de l'atmosphère, dont ils ont dû se protéger, ne réalisant avec elle que les échanges de gaz respiratoires unidirectionnels (dioxygène entrant, dioxyde de carbone sortant). Tous les échanges bidirectionnels effectués par les cellules ont lieu avec le milieu intérieur, substitut du milieu extérieur ancestral.

Que ce soit dans l'eau ou dans l'air, le milieu intérieur, de volume restreint, est susceptible d'être contrôlé par l'organisme. Il est agréable de se baigner dans l'océan, tant que l'eau n'y est pas trop froide. Pour s'y baigner en toutes saisons, il faudrait pouvoir chauffer l'océan. Malheureusement pour l'homme – heureusement pour la vie marine –, cela ne se peut. Mais ce qui est impossible aux dimensions d'un océan le devient aux dimensions humaines d'une piscine. L'organisme de mammifère ou d'oiseau procure à ses cellules l'équivalent d'une piscine couverte et chauffée, ce qui représente pour elles un degré de liberté écologique supplémentaire. Ce que l'homme fait pour son confort en chauffant son appartement, l'organisme « à sang chaud » le fait pour le confort de ses cellules en pratiquant l'*homéothermie* (du grec *thermos*, chaud). Une température physiologique garantie hiver comme été, voilà qui donne aux cellules et par extension à l'organisme la possibilité de rester actifs quelle que soit la température extérieure, alors qu'un animal « à sang froid » – ou *poïkilotherme* (du grec *poïkolos*, changeant) – s'endort inéluctablement lorsque la température s'abaisse en deçà de ce que son métabolisme tolère. En dehors des périodes de fièvre, un homéotherme stabilise sa température dans une étroite fourchette. Ce peut être « 37,2 le matin », le plus souvent moins...

Cependant l'homéothermie, considérée dans le cadre global de l'évolution, est un acquis historiquement tardif du vivant, qui ne concerne que les mammifères et les oiseaux. On peut y ajouter l'« homéothermie sociale » des abeilles qui réchauffent leur ruche pendant l'hiver, en consommant leur miel.

Quant aux commensaux et parasites internes des homéothermes, qui vivent dans la piscine privée de leur hôte, ils bénéficient de sa tiédeur programmée sans avoir à fournir eux-mêmes le moindre effort de chauffage.

Chaque degré supplémentaire de « liberté homéostatique » conquis par le vivant est un élément de confort supplémentaire gagné sur les incertitudes écologiques. Mais tout gain de confort de ce type a un coût énergétique, payé par le milieu.

La consommation énergétique de l'homme moderne apparaît à cet égard comme un luxe écologique. Je ne dis pas « gaspillage » car il est dans les racines animales de l'homme de consommer autant qu'il se peut, tant que les fonctions vitales ne sont pas menacées. Seuls l'homme et les animaux domestiques, qui n'ont plus à courir pour fuir ou chercher leur nourriture, ont le loisir de devenir obèses. Pour s'en tenir à l'homéothermie humaine, à savoir l'« homéothermie biologique » augmentée d'une « homéothermie sociale » beaucoup plus gourmande, voici quelques chiffres « à la louche » qui donneront simplement un ordre de grandeur de son coût. Prenons comme base de comparaison l'économie de survie ayant précédé l'usage du feu.

1. La consommation d'énergie calorifique était alors exclusivement biologique ; disons, pour fixer les idées, un mégajoule en une heure.
2. Dès l'âge de pierre, l'usage du feu a dû entraîner un doublement de cette dépense initiale, soit deux mégajoules en une heure.
3. L'homme d'un pays développé consomme environ deux cents mégajoules par heure pour chauffer sa maison individuelle de cent mètres carrés. La consommation de chaleur culturelle est supérieure d'un facteur cent à la consommation biologique !

*

L'organisme de l'homéotherme est amené constamment à composer entre la sécurité que confère l'homéostasie sophistiquée et la nécessité de s'adapter aux diverses situations que lui imposent les rythmes biologiques et/ou les circonstances écologiques.

Les cycles de reproduction illustrent au mieux les contraintes génétiquement programmées que subit l'organisme, généralement accordées aux cycles saisonniers. Ce sujet a été abordé à propos du cycle sexuel de la femelle de mammifère dans mon précédent ouvrage, *L'homme au miroir de la science*, édité chez L'Harmattan. Un chef d'orchestre neuroendocrinien, le complexe hypothalamo-hypophysaire, dialogue avec la composante endocrinienne de l'ovaire. Pendant les phases pré-ovulatoire et post-ovulatoire du cycle sexuel, les taux des hormones hypophysaires qui contrôlent le cycle ovarien sont stabilisés à des « valeurs de base » discrètes, qui résultent d'un rétrocontrôle négatif. Mais il se produit au moment de l'ovulation (à mi-cycle) un accroissement explosif de ces taux – le *pic ovulatoire* – qui résulte d'un rétrocontrôle positif un peu comparable à ce qui se passe lors d'un krach boursier. Le pic ovulatoire prépare l'appareil génital à la fécondation, puis à la gestation.

Les événements de la vie quotidienne sont fortement marqués par les circonstances. Qu'un oiseau ou un mammifère s'apprête à fuir ou à attaquer et son organisme se prépare à l'effort, sur l'incitation de la fameuse « décharge d'adrénaline », qui induit une irrigation accrue des organes prioritairement sollicités : les muscles, le cœur et le cerveau. Grâce à un système de distribution élaboré, ces organes s'en trouvent inondés de sang. Le cœur bat plus vite et la pression artérielle augmente. Une physiologie intégrée des fonctions, c'est à tout moment de subtils compromis entre les exigences contradictoires de l'homéostasie et de l'adaptation.

4.3.2. Le message nerveux et la transmission de l'information par les neurones

Lorsque survient un événement impliquant une réponse rapide, l'organisme animal privilégie la communication nerveuse. S'il doit faire face à un événement extrinsèque, comme l'entrée dans le champ de perception d'une proie ou d'un prédateur, c'est préférentiellement le système nerveux central, c'est-à-dire l'axe cérébrospinal et ses nerfs, qui est mobilisé. Par une cascade de relations causales, le rythme cardiaque s'accélère, la pression artérielle augmente, le débit sanguin dans les organes sollicités augmente, les cellules au travail reçoivent une quantité supplémentaire de dioxygène et de glucose. Parallèlement, l'augmentation de la pression artérielle doit rester sous contrôle, dans le cadre général de l'homéostasie. Cette fonction relève de la compétence d'un *système nerveux neurovégétatif* à deux composantes (*orthosympathique* et *parasympathique*). C'est le système nerveux « de l'intendance », qui œuvre dans la discrétion anatomique comme dans la discrétion fonctionnelle. Les centres sont localisés dans le système nerveux central (bulbe rachidien et moelle épinière) et non pas dans un organe autonome ; les nerfs sont de fins filaments gris, à l'image du nerf parasympathique *pneumogastrique* dont les rameaux innervent tous les organes du thorax et de l'abdomen et qui prend « vaguement » naissance au niveau du bulbe rachidien sous forme de plusieurs racines confluentes, d'où son autre désignation commune de *nerf vague*. L'expression lapidaire due au chirurgien René Leriche, à savoir que la santé est « *la vie dans le silence des organes* », illustre au mieux la discrétion fonctionnelle du système neurovégétatif.

Pour en revenir à la régulation de la pression artérielle sous le double aspect des variations qu'imposent les circonstances de la vie et de leur contrôle modérateur, le système neurovégétatif agit sur deux effecteurs : le cœur, dont l'activité joue sur le débit sanguin, et les vaisseaux contractiles (principalement les petites artères) dont les variations de calibre opposent une résistance plus ou moins grande à ce débit. Ce second facteur, très décentralisé, est trop complexe pour être analysé ici. Par contre, le contrôle de l'effecteur cardiaque peut être résumé à l'aide du schéma de la figure 61. Le système de contrôle de l'effecteur cardiaque ne porte que sur le niveau d'activité du muscle cardiaque, étant donné que le fonctionnement du cœur est automatique.

Quel est le principe de la régulation nerveuse de l'activité cardiaque ? Les centres régulateurs sont en activité permanente. Leur *tonus* a été mis en évidence chez l'animal par la section des nerfs qui desservent l'effecteur cardiaque. La section de la branche cardiaque du nerf vague provoque une accélération cardiaque, qui résulte de la suppression d'une action modératrice permanente issue du centre nerveux parasympathique. Dans un second temps, la section du nerf orthosympathique cardiaque provoque un ralentissement cardiaque, par suppression de l'action stimulatrice du centre orthosympathique cardiaque. Le tonus des centres régulateurs consiste en un rythme basal des impulsions électriques qu'ils envoient dans leurs nerfs respectifs. Supposons que l'événement initial soit une élévation de la pression artérielle, due par exemple à un effort musculaire important (1). Elle provoque une distension de la paroi des artères, détectée par des capteurs localisés sur l'aorte et les carotides (I). Leur stimulation se traduit par l'apparition d'une salve d'impulsions dans les nerfs sensitifs ciblés sur les centres neurovégétatifs localisés dans le bulbe rachidien (II), qui stimule le centre parasympathique et inhibe le centre orthosympathique : le rythme de production des impulsions s'accélère dans le premier et se ralentit dans le second. Le résultat est une modération de l'activité cardiaque (III).

On retrouve dans ce mécanisme nerveux le même système de commandes antagonistes que dans la régulation hormonale de la glycémie. Par le jeu balancé de leur taux d'activité, les deux « frères ennemis » neurovégétatifs, le stimulateur et le modérateur, ajustent en permanence l'activité du muscle cardiaque dans la double exigence de satisfaire l'activité physique du moment tout en maintenant la pression artérielle à un niveau « raisonnable ». Une autre propriété d'un système de régulation biologique est l'*amplification énergétique* qui se produit à la jonction neuromusculaire. Plus importante pour un « travail de force » que pour le « travail manuel d'écriture », elle s'accroît avec l'intensité du travail fourni. La commande assistée, fondée sur une rétroaction accompagnée d'une amplification énergétique, est une invention du vivant, pleinement exploitée dans l'activité mécanique animale.

L'homme ne fera qu'en prolonger l'usage par des outils. Au summum de sa puissance opératoire, il lui suffira d'appuyer sur un bouton pour lancer une fusée dans l'espace...

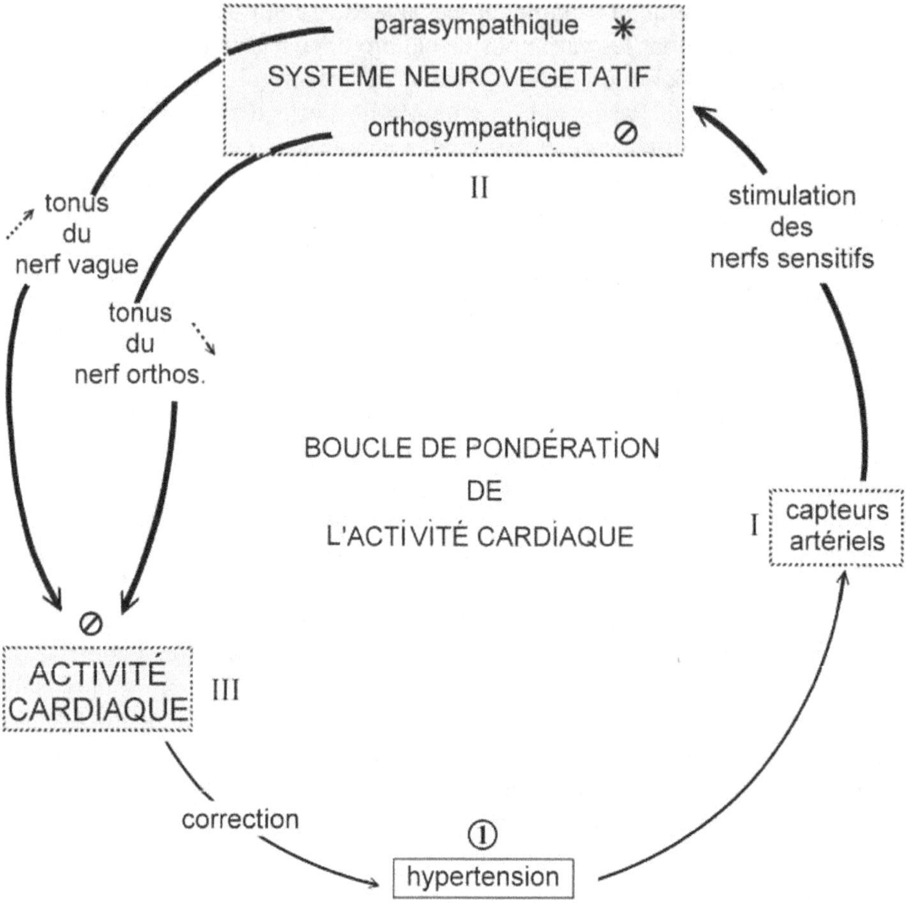

① : Événement déclencheur
I : Capteurs tenso-réceptifs
II : Centres nerveux régulateurs
III : Effecteur cardiaque

Les flèches épaisses symbolisent la conduction nerveuse.

FIGURE 61. MECANISME D'UNE MODERATION DE L'ACTIVITE CARDIAQUE

Contrairement à ce qui se passe dans la régulation de la glycémie, la détection des variations de la pression artérielle est dévolue à des capteurs périphériques (I) différents des cellules de contrôle (II).

Les figurés utilisés pour ce schéma sont les mêmes que ceux utilisés pour la figure 57. La légende ne précise le sens que des éléments propres à cette régulation nerveuse.

4.4. Les atouts génétiques de la compétition chez les êtres organisés

Darwin désignait les « petites variations » qui affectent continûment les êtres vivants comme le substrat de la sélection naturelle mais n'en connaissait pas l'origine. Un siècle plus tard, la preuve de leur source exclusivement génétique était acquise. Elles sont engendrées par des erreurs de réplication qui se produisent au sein du génome dans les cellules en cours de division. Des erreurs d'importance variable, allant du simple appariement incorrect de nucléotides sur un site élémentaire de l'ADN (mutation ponctuelle) jusqu'à la perte ou l'ajout d'un morceau de chromosome, voire, chez les eucaryotes, la perte ou l'ajout d'un chromosome.

Chez les êtres organisés, de telles erreurs se produisent lors de la multiplication des cellules à l'intérieur d'un organisme. Il n'est pas rare de voir apparaître sur un végétal une feuille ou partie de feuille dépigmentée, une fleur ou partie de fleur différemment colorée. Cette *mutation somatique* n'est pas transmissible à la génération suivante, sauf si on réussit à multiplier la partie modifiée par reproduction végétative. Par contre, les *mutations germinales*, qui affectent les cellules productrices de gamètes, se transmettent d'une génération à l'autre, chez les animaux comme chez les végétaux. Elles passeront au crible de la sélection naturelle les nouveaux caractères qu'elles induisent.

Le mécanisme cytologique du réassortiment des gènes, au sein du génome nouveau issu de la reproduction sexuée, se fonde sur les jeux complémentaires de la méiose et de la fusion des gamètes dans le zygote. Ils s'exercent sur un nombre de gènes notablement plus grand que chez les bactéries. Malgré le séquençage du génome chez un nombre croissant d'espèces, on ne peut encore donner qu'un ordre de grandeur. À titre d'exemples :

– environ 26 000 chez l'arabette rameuse, une petite crucifère ;
– environ 19 000 chez la mouche du vinaigre ;
– entre 20 000 et 30 000 chez l'homme.

Le génome humain est environ sept fois plus grand que le génome du colibacille. Seulement sept fois, peut-on penser, au regard du gouffre de complexité qui sépare les deux espèces... D'autant plus que nombre de gènes résultent de la duplication réitérée d'un gène originel, tous les gènes apparentés présentant des similitudes sur une partie plus ou moins étendue de leurs séquences. Cette découverte est l'un des apports majeurs de la technique de séquençage de l'ADN, appliquée tous azimuts à un nombre croissant d'espèces vivantes. Un ensemble de gènes homologues forme une *famille.*

Plus que le nombre, c'est la hiérarchie des gènes qui permet à ceux de rang élevé d'agir à travers des « cascades de délégation », dont la complexité confondante a été évoquée à propos de l'embryogenèse animale.

4.4.1. Génétique et développement

La première famille de gènes intervenant dans le développement a été identifiée à la faveur de mutations remarquables touchant l'architecture du corps (figure 62). Dès 1894, William Bateson avait signalé l'existence, chez les insectes, d'individus porteurs d'appendices de constitution normale mais mal placés. En 1915, Calvin Bridges décrit, dans le laboratoire de Morgan, une drosophile munie d'une paire d'ailes surnuméraire (mutant *bithorax*). Quant au célèbre mutant de drosophile affichant des pattes à la place des antennes (mutant *antennapedia*), il a été créé en 1948 dans le laboratoire du généticien Edward B. Lewis par une technique de mutagénèse. Deux « erreurs d'architecte », qui reviennent par exemple à mettre une baignoire dans la cuisine. Or, ces mutations qui induisent une faute de positionnement d'une partie du corps sont souvent dues à la défectuosité d'un seul gène. Elles révèlent l'existence de gènes contrôlant l'architecture de l'organisme, qui ont reçu le nom savant de *gènes homéotiques* (du grec *homoios*, égal) – ou *homéogènes*. Tous possèdent une même séquence d'ADN appelée *homéoboîte,* instruisant une séquence d'acides aminés – l'*homéodomaine* – commune à toutes les *homéoprotéines*. L'homéodomaine confère à ces dernières l'aptitude à se lier à d'autres gènes dont elles stimulent la transcription. On appelle *facteurs de transcription* ces protéines qui agissent indirectement sur la morphogénèse, en contrôlant l'activité de *gènes réalisateurs*. Les homéogènes sont maintenant universellement désignés sous le vocable de *gènes HOX* (dérivé du mot anglo-saxon *homéobox*). Dans la suite de ce texte, les différentes désignations seront utilisées indifféremment en fonction du contexte. Edward Lewis, nobélisé en 1995, a effectué d'importants travaux sur le « complexe bithorax ».

Les gènes architectes agissent sur un embryon déjà divisé, selon l'axe antéropostérieur, en segments préfigurant les segments de l'adulte. La phase initiale de l'embryogénèse qui équivaut, chez les amphibiens, à la transformation de l'œuf en blastula, présente les mêmes caractères généraux : nombreuses divisions qui partagent le cytoplasme ovulaire, à taille constante de l'embryon, en blastomères qui demeurent morphologiquement indifférenciés. Cependant, la géométrie de la segmentation (attention ! il s'agit, dans le cas des insectes, de la division du zygote en cellules et non de la division ultérieure du corps en segments) diffère profondément chez les amphibiens et les insectes. L'œuf, au lieu d'être sphérique, a la forme d'un tonnelet arrondi aux deux bouts (figure 64). Mais, dans les deux cas, les ARN messagers et certaines protéines se distribuent en gradient selon le futur axe antéropostérieur de l'embryon. Il revient à Christiane Nüsslein-Volhard et Eric Wienschaus d'avoir élucidé *le contrôle génétique des phases précoces du développement embryonnaire* de la drosophile, selon l'énoncé du prix Nobel qui leur a été décerné la même année qu'à Edward Lewis. Le prix Nobel de 1995 récompense donc les travaux fondateurs sur le développement embryonnaire de la drosophile, depuis la phase initiale correspondant à la segmentation de l'œuf d'amphibien jusqu'au début de la morphogenèse, correspondant à la gastrulation. L'analyse de la seconde phase sera traitée d'abord à cause des effets morphologiques spectaculaires de ses dysfonctionnements (figure 62). Ceux qui affectent la phase initiale se manifestent plutôt dans la discrétion de la biochimie, et sont donc d'approche plus ardue. Il n'en sera fait état que sous forme de généralités.

*

C'est donc sur le modèle expérimental de la drosophile, dont l'architecture corporelle repose sur une segmentation du corps et des appendices en articles distincts facilement repérables, que le concept d'homéogène a pris corps. Huit homéogènes ont été identifiés, regroupés sur un segment du chromosome 3 : ils forment une *famille de gènes* dont le voisinage et les affinités de séquence suggèrent fortement une origine commune (figure 62).

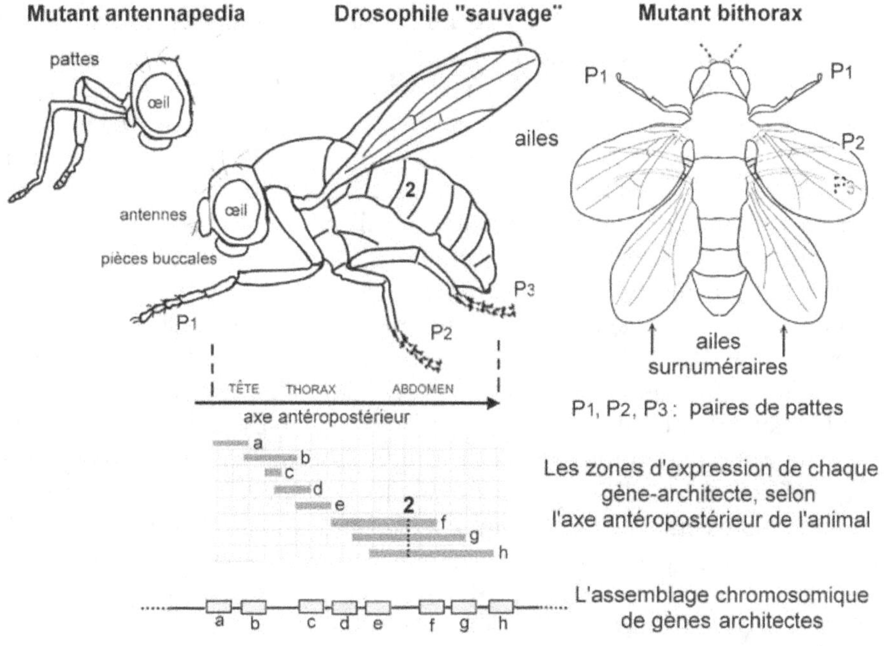

FIGURE 62. GENES-ARCHITECTES DE LA DROSOPHILE

Chaque bande grise correspond à la région du corps où un homéogène donné est actif. Ainsi, trois gènes homéotiques confèrent ensemble l'identité des premiers segments abdominaux, par exemple le segment 2.

Le mécanisme de la genèse d'une famille de gènes qui est le plus communément proposé est un événement génétique rarissime: la *duplication*. Elle résulte d'un appariement incorrect de chromosomes homologues (figure 63).

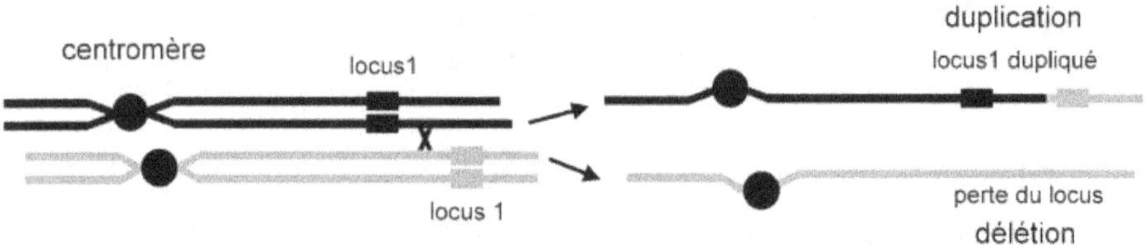

FIGURE 63. PRINCIPE DE LA DUPLICATION D'UN GENE

Il arrive exceptionnellement qu'un crossing over n'ait pas lieu exactement en un point homologue sur deux chromatides appariées. L'une des chromatides reçoit les deux gènes alors que l'autre n'en garde aucun. Seul le gamète porteur du locus dupliqué est viable.

Un seul des deux gènes suffit à assurer la fonction qui lui est assignée. Dans le cas d'un homéogène, essentiel au développement, il est soumis à une pression sélective drastique qui élimine les mutants défectueux. La séquence est en conséquence conservée fidèlement à travers les générations. Quant à son homologue, il peut muter sans dommage pour la cellule, le gène intact supportant alors seul la pression sélective. Dès lors, le gène qui a commencé à muter peut accumuler d'autres mutations au fil des générations. Il arrive qu'il perde sa fonction, auquel cas il devient un pseudogène gardant sa place dans le génome. Mais il arrive qu'il en acquière une autre. Les familles de gènes montrant en leur sein une différenciation fonctionnelle abondent. En voici deux exemples. Deux familles de gènes de quelques unités chacune, situées sur deux chromosomes différents, président à la synthèse des hémoglobines qui se succèdent au cours du développement d'un individu. Deux familles de gènes, situées aussi sur deux chromosomes différents, sont impliquées dans la synthèse des anticorps, ces protéines produites par des globules blancs et chargées de détruire les corps étrangers s'étant introduits dans l'organisme (par exemple des microbes). La plus petite comporte environ quarante gènes, la plus grande en comporte le double.

Pour en revenir aux gènes HOX, leur succession sur le chromosome correpond curieusement à la succession antéropostérieure des segments corporels dont ils fixent l'identité. C'est une combinaison particulière de gènes HOX (de un à trois) qui pilote, chez les insectes, la différenciation morphologique des segments et de la paire d'appendices que certains portent en position latéro-ventrale, comme les trois paires de pattes annexées aux segments thoraciques. Quant aux deux paires d'ailes, situées en position latéro-dorsale sur les deuxième et troisième segments thoraciques, elles apparaissent comme surajoutées aux autres appendices; les insectes primitifs en étaient dépourvus L'embryologie montre que la tête résulte de la coalescence de quatre segments, le premier portant les antennes et les trois autres portant les pièces buccales. Chez les mouches, la seconde paire d'ailes est remplacées par des « balanciers » à fonction gyroscopique et les trois paires de pièces buccales sont fortement modifiées.

*

L'activité morphogène des gènes-architectes se borne donc à fixer l'identité de chaque segment du corps en fonction de sa position selon l'axe antéropostérieur. Le rôle de ces gènes d'*identité segmentaire* consiste seulement à stimuler ou à inhiber les *gènes réalisateurs* directement morphogènes. L'intervention des gènes architectes est elle-même précédée d'une cascade initiale comparable à l'induction primaire qui a été établie chez les amphibiens (figure 53). Dans les deux cas, la polarité antéropostérieure dépend de la distribution d'ARN messagers présents dans le cytoplasme maternel. Dans les deux cas, elle se déroule au niveau biochimique, en l'absence de toute différenciation cellulaire. Mais, chez les insectes, elle se conclut par la division du corps en segments, sous l'action de *gènes de segmentation*, encore dépourvus d'identité propre. Ils contrôlent la division du corps en trois parties puis la segmentation de chacune d'elles (figure 64).

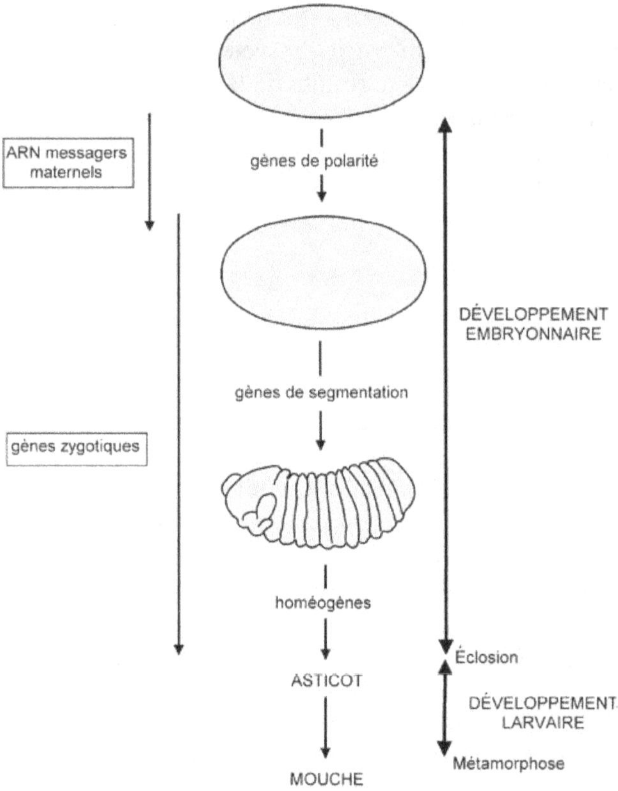

FIGURE 64. CYCLE VITAL DE LA DROSOPHILE

*

Depuis quelques années, la génétique du développement progresse de façon fulgurante. L'identification d'une homéoprotéine permet d'en découvrir d'autres, et de remonter jusqu'à l'ADN, dans un même génome ou dans des génomes d'autres espèces. La première voie conduit à une connaissance de plus en plus fine du déterminisme génétique de l'embryogénèse, la seconde à détecter d'éventuelles parentés entre gènes provenant de taxons différents. Deux techniques de manipulation de l'ADN *in vitro* nées dans le dernier quart du XXe siècle, la technique d'amplification exponentielle de l'ADN permettant d'obtenir un grand nombre de copies d'un gène (actuellement de l'ordre du milliard en une heure !) et la technique de séquençage permettant de le lire, aujourd'hui largement automatisées et informatisées, sont à la source de cette révolution. De plus, le marquage des copies par une substance radioactive ou fluorescente permet de les utiliser comme sondes pour l'exploration *in situ* des séquences apparentées.

C'est ainsi qu'on a découvert chez la souris des gènes homologues des gènes HOX de la drosophile (figure 65). Ils sont regroupés en quatre complexes comparables à celui de la drosophile, situés sur quatre chromosomes différents. Chacun comporte treize locus HOX, au lieu de huit. Mais certains gènes ont perdu leur fonction, si bien qu'il n'y a chez la souris que trente neuf gènes HOX au lieu des cinquante-deux possibles (figure 65). Ce nombre vaut pour la plupart des vertébrés.

Le corps de la souris n'étant pas morphologiquement segmenté, la correspondance entre les fonctions des différents gènes HOX et la régionalisation antéropostérieure est moins commode à établir chez celle-ci que chez la drosophile. Cependant, l'anatomie révèle que différents organes, comme les vertèbres, ont une disposition segmentaire. Or, le premier gène HOX intervient dans le positionnement de la première vertèbre cervicale. Cela tient à ce que la tête de la souris n'a pas la même signification que la tête de la drosophile : elle n'est pas formée de segments coalescents.

Une récente découverte, faite au laboratoire du professeur Dubrule à Genève, illustre comment un gène homéotique dupliqué peut acquérir une fonction nouvelle au cours de l'évolution. Les gènes HOX D13 contrôlent la formation des doigts chez la souris. Or l'apparition de ces organes au cours de l'évolution semble étroitement liée à la conquête du milieu terrestre. Les nageoires des poissons ne se terminent pas par des doigts... Voilà donc des gènes HOX présents chez les poissons, mais qui se sont mis à piloter la formation des doigts, dont les poissons sont dépourvus. Et ce n'est pas tout. Certaines malformations des doigts chez la souris, provoquées par un dysfonctionnement des gènes D13, affectent aussi le pénis. Or le pénis des mammifères est sans équivalent chez les autres vertébrés terrestres. Il dérive, comme le clitoris de la femelle, d'un bourgeon embryonnaire, le tubercule génital.

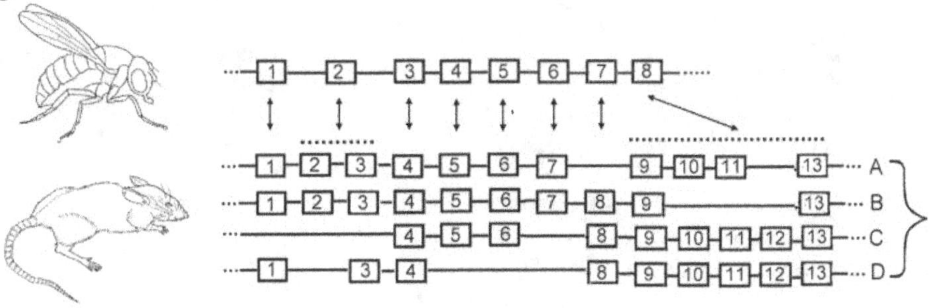

FIGURE 65. HOMEOGENES DE LA DROSOPHILE ET DE LA SOURIS

Les numéros et les flèches indiquent les homologies entre les gènes HOX de la drosophile et ceux de la souris.

L'explication qui semble la plus convaincante est une duplication réitérée du génome entier. Le phénomène du doublement des chromosomes est fréquent chez les plantes. Il existe ainsi des variétés de blé à 28 chromosomes, contre 14 pour les variétés « normales ». Ce doublement s'explique par l'absence de ségrégation des chromosomes au cours d'une division. Le colza (*Brassica napus*, 38 chromosomes) est une espèce hybride née de la rencontre entre un gamète de la navette des champs (*Brassica rapa*, 20 chromosomes) et un gamète de chou sauvage (*Brassica oleracea*, 18 chromosomes). Leur fusion a été suivie d'une division incomplète qui a rassemblé les deux génomes en un seul.

Chez un petit poisson d'aquarium, le danio rayé, et quelques autres, il y a huit complexes HOX au lieu de quatre (figure 66) ! Cette dernière duplication se serait produite il y a (seulement !) trois cent soixante millions d'années (figure 66). Le petit groupe de poissons qui a bénéficié du doublement des gènes homéotiques n'en a apparemment pas tiré un avantage sélectif majeur... La redondance ne suffit apparemment pas. Par contre, l'émergence et le succès évolutif des vertébrés sembleraient corrélés aux deux doublements de génome que cet embranchement a connus successivement au cours de son histoire. Le premier serait concomitant de l'apparition des vertébrés, le second de l'acquisition de la mâchoire.

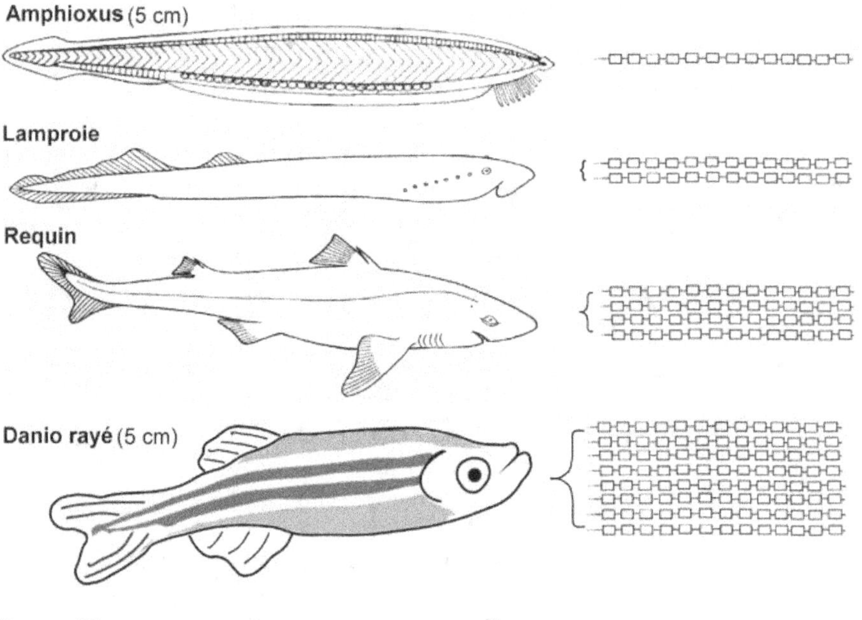

FIGURE 66. DUPLICATION REPETEE DE COMPLEXES D'HOMEOGENES CHEZ LES VERTEBRES

4.4.2. Développement et évolution

Parmi les « chaînons manquants » qui jalonnent l'histoire de la vie figure un petit animal des côtes bretonnes, l'*amphioxus*, image évolutive figée dont les très lointains ancêtres apparaissent il y a cinq cent quarante millions d'années environ. Il possède un axe squelettique interne formé de disques turgescents empilés : la *corde dorsale* (figurée ci-dessus). Chez les vertébrés, les vertèbres s'organisent autour d'une corde dorsale qui apparaît de façon plus ou moins fugace au cours du développement. Le trou central des vertèbres de poisson marque la position de la corde dorsale après qu'elle s'est résorbée. Le super-embranchement des *Cordés* (ou *Chordés*) rassemble l'amphioxus (seul survivant de son groupe) et l'embranchement des Vertébrés. L'amphioxus possède aussi, comme les vertébrés, un système nerveux tubulaire dorsal (non figuré sur le dessin ci-dessus) mais dépourvu de cerveau. Enfin, la musculature de la paroi du corps apparaît formée de chevrons emboîtés, qu'on retrouve aussi chez les poissons. La segmentation de certains organes internes, comme la musculature pariétale ou les vertèbres, est un caractère du super-embranchement des Cordés. Du point de vue génétique, l'amphioxus possède un seul complexe HOX, déjà pourvu de treize gènes.

Vers cinq cent trente millions d'années eu lieu l'« explosion cambrienne » des paléontologues, ainsi nommée parce qu'en plusieurs endroits du monde les roches de cet âge recèlent les restes d'une faune diversifiée, inconnue dans les terrains plus anciens. Les premiers vertébrés attestés, qui se présentent sous la forme de fossiles de quelques centimètres ressemblant à s'y méprendre à de petites lamproies (faune de Chengjiang en Chine méridionale), datent de cinq cent vingt millions d'années environ. Ils appartiennent au groupe primitif des « poissons sans mâchoire », ou *Agnathes* (du grec *a*, privatif, et *gnathos*, mâchoire). Or, les lamproies actuelles ont déjà deux complexes HOX. Il est tentant de relier l'émergence des vertébrés à la première duplication du complexe HOX.

Vers quatre cents millions d'années, les « poissons à mâchoire », ou *Gnathostome*s (du grec s*toma*, bouche), apparaissent puis prospèrent dans les marécages et en milieu marin. Deux branches de cette souche en divergent : les « poissons cartilagineux », représentés actuellement par les requins et les raies, et les « poissons osseux », qui ont connu une évolution radiative remarquable, tant en milieu marin qu'en eau douce. L'apparition de la mâchoire coïnciderait avec la seconde duplication du génome. La troisième duplication du génome – celle du danio rayé – apparaît comme un avatar anecdotique au regard des orientations majeures de l'évolution animale. Par contre, les quatre complexes HOX acquis par les poissons deviendront le support génétique commun de la construction de corps dans les groupes de vertébrés à venir.

À partir du carbonifère, les événements se précipitent. Des poissons d'eau douce (« à nageoires charnues »), dont le *cœlacanthe* est un représentant attardé, entreprennent la sortie des eaux. Les quatre nageoires paires se transforment en membres marcheurs à trois segments articulés et terminés par des doigts ; les premiers amphibiens sont en train de naître. Bientôt les premiers reptiles s'affranchiront du milieu aquatique pour leur reproduction, à la fin de l'ère primaire. Ils vont effectuer une évolution radiative impressionnante responsable du foisonnement des dinosaures à l'ère secondaire. Certains feront retour à la vie aquatique, d'autres apprendront à voler. Avant de disparaître, d'autres dinosaures auront donné naissance aux oiseaux, qui domineront le ciel à l'ère tertiaire. Quant aux mammifères, issus d'une autre branche de reptiles ancestraux, ils deviendront à l'ère tertiaire les vertébrés dominants des écosystèmes terrestres. Comme chez les dinosaures, certains mammifères feront retour à la vie aquatique et d'autres apprendront à voler.

Pour remonter le cours de l'évolution jusqu'au plus près des origines de la vie animale, les généticiens interrogent maintenant les embranchements primitifs (figure 67). Les éponges sont à peine des animaux. Un corps dépourvu de forme précise et de symétrie, l'absence de motilité, un régime alimentaire exclusivement microphage : il manque aux éponges la plupart des attributs de la vie animale. Leurs cellules de forme et de constitution très particulières désignent un embranchement à l'écart des grands courants de l'évolution.

Il n'en est pas de même de l'embranchement des *Cnidaires*, les « animaux fleurs » des auteurs anciens, comprenant notamment les coraux, les anémones de mer, les méduses. La forme de leur corps est bien définie et la polarité antéropostérieure établie. On a trouvé dans leur génome au moins deux gènes présentant des affinités avec les homéogènes des êtres organisés plus évolués, l'un ayant valeur de signal d'antériorité spatiale, l'autre de postériorité. C'est probablement aux Cnidaires que devaient appartenir les ancêtres de tous les Métazoaires. Les données concernant les embranchements d'« invertébrés » s'accumulent, sans pour autant qu'il s'en dégage encore, sur le plan de l'évolution, une corrélation claire entre statut organisationnel décrit par la zoologie et équipement HOX décrit par la génétique. Chez tous, une famille de quelques gènes HOX liés sur un chromosome ou indépendants sur des chromosomes différents est née de quelques duplications des gènes ancestraux et il est possible d'établir des correspondances entre les gènes HOX des différents embranchements. C'est donc l'unité qui prévaut sur la diversité. Rien de comparable en effet aux duplications des complexes HOX qui ont jalonné l'histoire des Chordés et qu'on est tenté de raccorder à des événements majeurs ayant marqué leur organisation. Le cas du danio rayé incite à la prudence. Mais s'il y a bien corrélation, les accidents génétiques ponctuels trouveraient leur place dans les mécanismes de l'évolution, à côté du continuum des petites variations génétiques chères à Darwin.

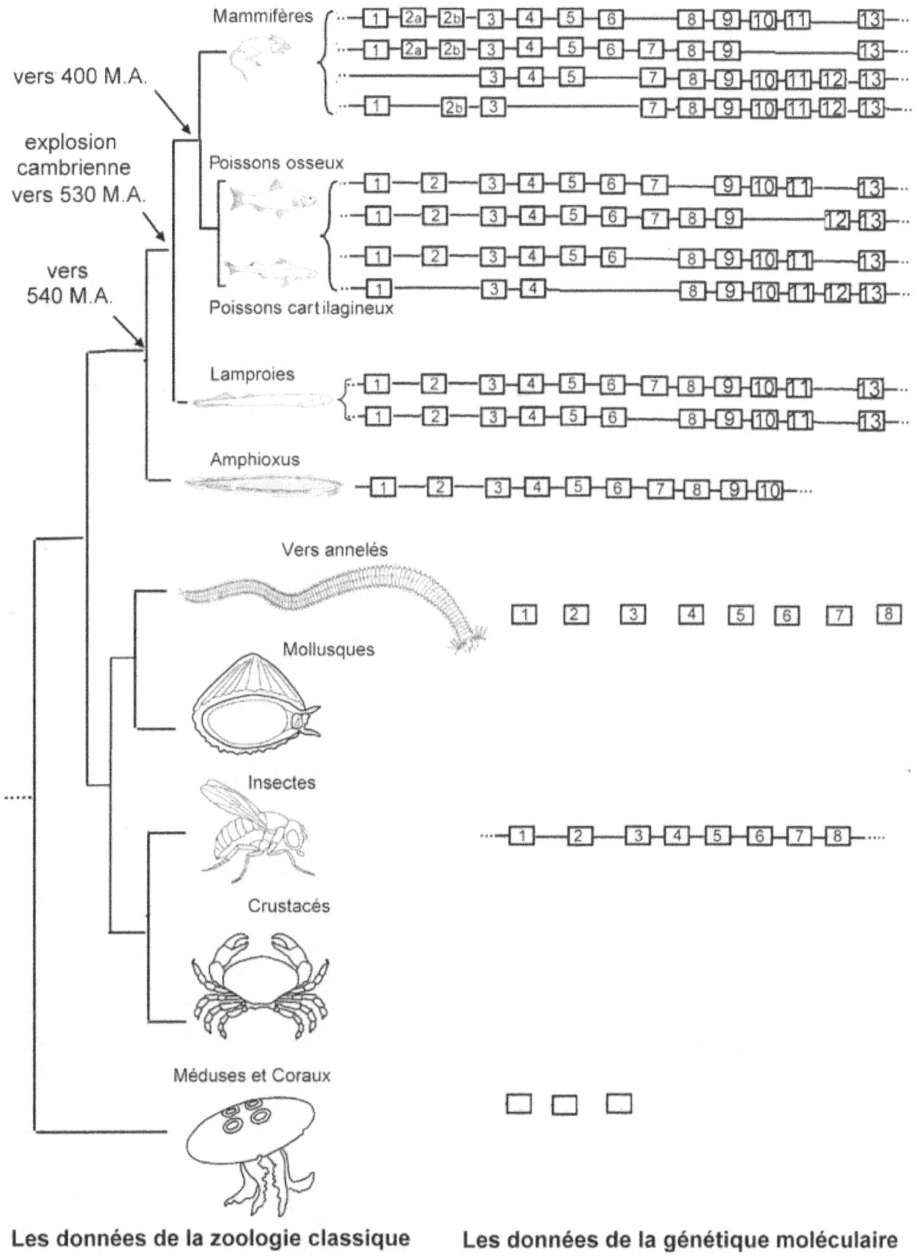

Figure 67. Aperçu sur les filiations de quelques embranchements majeurs

Dans le cas des invertébrés, hormis celui de la drosophile, la figure se borne à indiquer sans souci d'exactitude la présence de gènes HOX (ou pré-HOX) chez les cnidaires et les annélides, simplement pour évoquer les duplications des gènes ancestraux.

Epilogue

Le retour aux sources

L'homme ne commande à la nature qu'en lui obéissant.
Francis Bacon

Homo sapiens a tout lieu d'être fier de son génie créateur. Après avoir étendu, avec l'outil, les champs de sa pensée et de son action, il se met depuis peu à amplifier encore son pouvoir sur la nature dans ces nouveaux outils qui prennent en charge des pans entiers de l'intelligence humaine : l'ordinateur et sa capacité d'analyse et de calcul, les émetteurs hertziens et leur aptitude indépassable à transmettre l'information. Pour en arriver là, *Homo sapiens* a dû étudier la nature pour comprendre les mécanismes des transferts d'électrons et de propagation des ondes hertziennes ; il a dû obéir aux lois qu'il entreprenait d'apprivoiser.

La révolution biologique qui s'annonce à l'orée de ce troisième millénaire tient du prodige, si l'on retire à ce mot la connotation d'événement merveilleux susceptible d'imprégner l'imaginaire. L'ADN ne devient-il pas, chez certains, un mot magique inspirant la crainte autant que l'admiration ? L'ADN est déchiffré ! Chacun pourra bientôt lire les pages de son génome, qui scelle le destin beaucoup plus sûrement que les lignes de la main ! Qui peut ignorer les verdicts décisifs de l'ADN, comme la survenue à tel âge de telle maladie, inscrite à tel endroit de mon chromosome 17 ! Mais tout n'est pas écrit dans l'ADN, car cette molécule ne cesse de déléguer ses pouvoirs de programmateur dès que le zygote entame son développement. Et la marge d'épigénèse s'accroît en même temps que la complexité de l'être vivant. Pour ce qui concerne *Homo sapiens*, aucun de ses vingt mille à trente mille gènes n'est en mesure d'agir directement sur les innombrables connexions neuroniques qui sous-tendent le comportement humain. Là est la part de liberté de l'homme par rapport au déterminisme génétique.

Pour conjurer la crainte mystique de l'inéluctable, il convient de remettre l'ADN à sa place, en soi considérable... C'est une molécule, certes une grosse molécule compliquée, mais qui obéit aux lois de la chimie et de la sémantique. Partout à travers le monde, des chercheurs se mettent à la lire dans la gamme inépuisable des espèces, un peu comme Leeuwenhoek découvrait sous la lentille de son microscope la face cachée du vivant. La quête des parentés entre les espèces rebondit sur ce nouveau et très riche outil disponible pour la recherche : la génomique. On commence à interroger les génomes des ancêtres les plus lointains, à travers les espèces actuelles, comme l'amphioxus ou le cœlacanthe, qui livrent dans leurs traits archaïques des images plus ou moins fidèles des fameux « chaînons manquants » de l'évolution. Déjà, les données de l'analyse génomique confirment (ou parfois infirment) et précisent les acquis de la zoologie et de la botanique classiques. Elles valident surtout de façon éclatante le concept d'unité du vivant.

Er l'homme dans tout ça ? Les sectateurs du créationnisme radical lui attribuent une place à part. Ils prétendent que le Créateur lui accorda un traitement de faveur (doublé d'une malédiction) en le dotant de l'Intelligence et en lui offrant la Nature en usufruit. Cette idée de subordination de la nature à l'homme semble être bien antérieure à la rédaction de la Tora. On trouve des traces graphiques de cette audace dans le symbolisme de l'« homme, maître des animaux », un thème récurrent des vieilles civilisations orientales, depuis la vallée de l'Indus jusqu'à l'Égypte ancienne en passant par Sumer et, peut-être, par Mycènes.

Or, il n'est plus à démontrer que l'homme moderne est une espèce particulière de vertébré, dûment cataloguée avec ses noms de genre et d'espèce : *Homo sapiens*. Quid de son intelligence ?

Les données archéologiques témoignent qu'elle ne lui est pas entrée tout de go dans la tête, qu'elle a mûri dans un rameau de Primates lors des derniers millions d'années, et qu'elle se prolonge maintenant dans les outils électroniques de la « cybernétique » et de l' «'intelligence artificielle ». Il s'agit de disciplines consistant en formalisations mathématiques de processus biologiques. En s'inspirant des circuits neuronaux pour créer des circuits électroniques « intelligents », et des organes sensoriels pour créer les interfaces entre l'ordinateur et son milieu, l'homme tente de simuler les traitements complexes de l'information réalisés par le cerveau cognitif, ainsi que les échanges de données et de résultats permettant aux acteurs (machines et êtres humains) d'interagir. Quant à la cybernétique (du grec *kubernan*, diriger), elle plagie dans les machines les boucles de rétroaction qui asservissent une fonction au projet de son pilote. Ainsi, la boucle de régulation qui permet de piloter la position d'un bateau par rapport à un point fixe du fond marin, indispensable lors des forages de grande profondeur, est comparable dans son principe à la boucle de la glycémie. La conduite assistée, qui permet de tourner le volant sans effort, et la conduite automatisée, qui remplace le conducteur par un pilote automatique, apparaissent comme des prothèses cérébro-musculaires. Dans le premier cas, il s'agit d'un système cybernétique mixte homme/machine, cette dernière permettant seulement d'effectuer l'amplification énergétique qui soulage l'effort du conducteur. Dans le second cas, c'est le système mécanique qui commande et agit à la fois, un automatisme évoquant la régulation cardiaque.

La boucle de rétroaction de l'activité cardiaque s'inscrit, avec beaucoup d'autres, dans le contrôle autonome de la physiologie animale, dont le système de régulation est essentiellement d'ordre neurovégétatif. Quant au système nerveux central, il contrôle les mouvements qui donnent son sens au comportement animal, qui le finalisent. Sous l'angle de la cybernétique, l'organisme animal peut se définir comme une machine intégrée d'une haute complexité, focalisée sur l'asservissement du milieu, dont elle capte l'énergie... en en consommant une partie pour se mouvoir.

C'est en obéissant aux lois de la mécanique que la composante animale de l'homme assure son autonomie.

Mais les boucles de rétroaction sont bien antérieures à la vie animale ; elles sont, de façon beaucoup plus générale, apparues avec la vie. L'aventure a commencé il y a plusieurs milliards d'années avec l'apparition de la première machine d'asservissement énergétique du milieu : la cellule bactérienne. Il s'agit de boucles biochimiques élémentaires intégrées, fondées sur le principe thermodynamique des réactions couplées, où les transferts d'énergie sont pris en charge par des molécules fonctionnant comme « petite monnaie » tel l'ATP.

C'est en obéissant aux lois de la thermodynamique chimique que la « composante bactérienne » de l'homme a acquis son autonomie.

Le programme génétique qui coordonne l'activité biochimique de la cellule bactérienne est déjà suffisamment complexe pour remplir une cinquantaine de pages imprimées recto-verso sur feuilles A4... Le colibacille compte déjà plus de cinq mille gènes. Les bactéries ont déjà tout inventé au plan biochimique : les protéines pour agir et l'ADN pour en contrôler le fonctionnement. De ce point de vue, rien de fondamental n'a changé jusqu'à aujourd'hui. Les premiers écosystèmes se sont construits sur une production primaire d'origine bactérienne. Invisibles à l'œil d'un observateur précambrien, ils étaient sans doute épars et d'extension limitée à la surface du globe, car inféodés aux sources minérales dispersées de l'énergie, comme les sulfures des émanations volcaniques. C'est encore des bactéries qui ont entrepris, il y a environ deux milliards et demi d'années, d'exploiter par photosynthèse l'énergie du Soleil, autorisant ainsi l'extension géographique des écosystèmes. Plus tard, les végétaux ont amélioré et standardisé la photosynthèse dans leurs chloroplastes, qui seraient encore des bactéries, sédentarisées dans des cellules eucaryotes !

Les algues, puis les plantes, ont supplanté les bactéries bleues dans leur fonction de mères nourricières des écosystèmes. Les plantes ont ajouté une fonction d'architecte à celle de production primaire, en s'élevant grâce à leurs patients mouvements de croissance. Les premières grandes forêts attestées datent de l'âge carbonifère ; l'ère industrielle a pris son essor grâce au charbon formé à partir des débris végétaux des forêts fossiles, accumulés, fermentés et enfouis au cours de centaines de millions d'années. Parce qu'elles fournissaient à la fois le gîte et le couvert, les plantes ont ouvert le milieu terrestre aux écosystèmes.

C'est en obéissant aux lois de la pesanteur que les plantes ont conquis la troisième dimension en milieu terrestre.

Homo sapiens, ce maître autoproclamé de l'univers, serait bien inspiré de diluer son arrogance dans une certaine dose de modestie, car les capacités hors norme de la « nature humaine » n'auraient pu s'épanouir sans le fonds commun de la « nature animale » vieux d'un demi-milliard d'années et celui, beaucoup plus ancien encore, de la « nature bactérienne ». Celle-ci a créé le pain quotidien, les moyens de le rompre, avec les enzymes, et les moyens d'en transmettre la recette, avec l'ADN. Celle-là a créé le mouvement, qui permet de chercher sa pitance, de rencontrer un partenaire sexuel et de chasser les intrus. Exploité par les muscles, le génie créateur du cerveau humain est en germe dans le cerveau et les muscles des mammifères. Il prolonge le génie créateur du vivant qui, depuis les origines, défie toujours plus le hasard dans cet îlot cosmique de complexité qu'est la biosphère terrestre. Je fais le rêve démesuré, et cependant rationnel, de remonter en ligne directe le chemin pris par les ancêtres de mon espèce le long de l'arborescence du vivant, jusqu'à atteindre ma souche bactérienne...

Tout être vivant appartient à une *communauté de reproduction* qui définit son espèce, et c'est la prospérité de l'espèce qui porte la réussite écologique. Or, la réussite de l'espèce passe nécessairement par la réussite individuelle d'un nombre suffisant de reproducteurs, qui se fait aux dépens des maladroits, des faibles ou des malchanceux. Un vrai dilemme, dont les termes sont résumés dans une version originale de la métaphore de l'œuf et de la poule, dont j'ai malheureusement oublié l'auteur, à savoir : « *Est-ce la poule qui a inventé l'œuf pour faire une autre poule, ou l'œuf qui a inventé la poule pour faire un autre œuf ?* » Est-ce l'individu (la poule) ou l'espèce (l'œuf) qui prévaut ? Ni la poule ni l'œuf (encore moins l'œuf) n'est en mesure de se poser la question.

Il n'en est pas de même d'*Homo sapiens,* qui connaît, en tant qu'espèce, une réussite éclatante, mais dont le succès écologique se paie au prix fort de la foule innombrable des « damnés de la Terre ». Or, les sociétés modernes exaltent l'individuation de l'être humain, dont elles proclament volontiers les « droits imprescriptibles ». Hélas, les progrès économiques qui nourrissent l'essor de notre espèce vont à l'encontre de ces bonnes intentions. Ceux qui le peuvent consomment à tout-va, mais ne sont-ce pas les mêmes qui déversent leurs toxiques dans les pays pauvres ? Bien que l'individu humain puisse avoir pleine conscience du paradoxe, il est à craindre que le moteur économique assurant l'essor de son espèce échappe à sa maîtrise individuelle.

Le maître des animaux (mode pastoral)

Sceau-cylindre d'Uruk (Mésopotamie) musée de Berlin

Figure de Pierre Amiet, *La glyptique mésopotamienne archaïque*, 1961, CNRS

Le maître des animaux (mode dominateur)

Couteau du Gebel el-Arak (Egypte)

musée du Louvre

THEME ORIENTAL DU « MAITRE DES ANIMAUX »

Les deux documents sont datés de la fin du quatrième millénaire.
Le sceau-cylindre appartient à la civilisation de Sumer, dans le sud de la Mésopotamie.

Le couteau du Gebel el-Arak, appartient à la civilisation égyptienne dite « prédynastique », c'est-à-dire antérieure aux premiers pharaons. Le manche en ivoire est sculpté en bas-relief sur ses deux faces, où le décor est disposé en registres superposés. Sur l'une des faces, le thème graphique du « maître des animaux » (proche et moyen-oriental) occupe le registre supérieur.

Lexique des principaux mots techniques

Entre parenthèses : numéro de la page où le mot est présenté

anabolisme (137)
analogie (anatomie comparée) (94)
anaphase (de la mitose) (78)
anatomie (46)
Annélides (embranchement) (177)
anticorps (immunologie) (65)
antigène (immunologie) (65)
archentéron (embryogénèse) (192)
ARN de transfert = ARNt (70)
ARN messager = ARNm (70)
ARN ribosomal = ARNr (70)
Arthropodes (embranchement) (177)
autotrophie (132)
axone (du neurone) (48)
bactérie (16)
bactérie bleue (12)
bactériophage = phage (72)
biocatalyseur = enzyme (56)
blastocèle (embryogénèse) (192)
blastopore (embryogénèse) (192)
blastula (embryogénèse) (192)
brin codant (de l'ADN) (84)
capside virale (72)
carte factorielle (génétique) (82)
caryotype (38)
catabolisme (137)
centromère (du chromosome) (39)
chiasma (182)
chlorophylle (142)
Chordés (super-embranchement) (229)
chromosome (38)
chromosomes homologues (39)
codon (de l'ADN) (85)
collatérale (du neurone) (48)
convergence (anatomie comparée) (32)
couche de valence (des électrons) (50)
couplage énergétique (129)
crossing over = enjambement (182)
cytologie (46)
cytoplasme (de la cellule) (37)
dendrite (du neurone) (48)
diazote (52)
diffusion facilitée (135)
diffusion libre (133)
dioxyde de carbone = gaz carbonique (5
dioxygène = oxygène moléculaire(52)
diploïde (cellule) (178)
division binaire (28)
Echinodermes (embranchement) (177)
écosystème (143)
ectoderme (embryogénèse) (177)
électron de valence (50)
électron (de l'atome) (50)
embryologie (94)
endocrine (fonction, cellule, glande) (20
endoderme (embryogénèse) (177)
énergie libre (thermodynamique) (129)
entropie (thermodynamique) (129)
eucaryote (cellule, organisme) (17)
famille (de gènes) (221)
fécondation externe (186)
fécondation interne (186)

feed-back = rétroaction (136)
gamète mâle = spermatozoïde (34)
gamète femelle = ovule (34)
gène de structure (135)
gène (ou caractère) dominant (178)
gène homéotique = homéogène (221)
gène opérateur (135)
gène (ou caractère) récessif (178)
génome maternel (190)
génome zygotique (177)
germinale (cellule) (178)
groupe de liaison (génétique) (81)
haploïde (cellule) (178)
hétérotrophie (132)
histologie (46)
homéoboîte = homéobox (221)
homéodomaine (221)
homéoprotéine (221)
homéostasie (physiologie) (163)
homéothermie (physiologie) (216)
homologie (anat. comparée) (94)
induction primaire (embryol.) (199)
induction secondaire (203)
interphase (78)
ion (50)
liaison covalente (50)
liaison de van der Waals (58)
liaison hydrogène (53)
lipide (40)
locus (d'un gène) (81)
membrane plasmique (37)
mésoderme (embryogénèse) (177)
métabolisme (40)
métaphase (de la mitose) (78)
Métaphytes (vég. pluricellulaires) (18)
Métazoaires (an. pluricellulaires) (17)
milieu intérieur (physiologie) (65)
mitochondrie (de la cellule) (40)
mitose (78)
mole (chimie) (131)
molécule polaire (52)
Mollusques (embranchement) (177)
multiplication asexuée (28)
mutant (81)
mutation génique (77)
mutation germinale (221)
mutation ponctuelle (77)
mutation somatique (221)
mycélium (des champignons) (142)
mycorhize (des champignons) (142)
neurotransmetteur (physiologie) (48)
neutron (de l'atome) (50)
noyau (de la cellule)) (37)
nucléole (de la cellule) (42)
opéron (génétique) (135)
orbitale atomique(49)
orbite atomique (49)
oviparité (29)
ovocyte (29)
ovule (34)
perméase (135)
phase photochimique (148)
phase thermochimique (148)
phéromone (66)
photon (128)
photosynthèse (12)
polysome (cellule) (69)
Procaryotes (organisme, cellule) (17)
prophase (de la mitose) (78)
Protistes (êtres unicellulaires) (176)
Protophytes (vég. unicellulaires) (18)
Protozoaires (an. unicellulaires) (18)

proton (de l'atome) (50)
réactant (chimie) (49)
recombinaison bactérienne (168)
recombinaison (de caractères) (81)
recombinaison (de gènes) (81)
recombinaison méiotique (181,182*)*
reproduction sexuée (28)
réticulum endoplasmique (41)
ribosome (de la cellule) (69)
segmentation (embryogénèse) (191)
site actif (d'une enzyme) (56)
somatique (cellule) (177)
synapse (du neurone) (48)
systématique (22)
taxinomie = taxonomie (22)
taxon (87)
télophase (de la mitose) (78)
terminaison axonique (48)
traduction (d'un gène) (84)
transcription (d'un gène) (84)
travail (thermodynamique) (129)
Vertébrés (embranchement) (93)
vitellus (188)
viviparité (29)
zygote (29)

Table des matières

Intentions 11

Prologue « Homo sapiens » en quête de ses origines 15

Chapitre 1 Et l'homme créa la biologie 21

1.1. Quand le concept de filiation anéantit les fantasmes de la génération spontanée 23

1.2. Quand le mâle et la femelle se disputent le mérite de la génération 29

1.3. Quand l'œuf et le germe évoquent, jusqu'au XIXe siècle, une auberge espagnole 31

Chapitre 2 La biologie, science unitaire du vivant .. 35

2.1. Tout ce qui vit est fait de cellules partageant le même plan général d'organisation : l'unité structurale du vivant 37

2.2. Toute cellule élabore des biomolécules géantes inconnues dans le monde minéral : l'unité chimique du vivant 49

Préliminaires 50
2.2.1. Omniprésence du carbone dans la chimie du vivant 56
2.2.2. Les protéines, matériaux et outils « à tout faire » de la cellule 60
2.2.3. Les acides nucléiques, porteurs et vecteurs de l'information génétique dans la cellule 67

2.3. Des classifications fixistes à l'arbre de la vie : l'unité d'origine du vivant 86

2.3.1. Comprendre, c'est d'abord comparer et classer 86
2.3.2. Pour comparer et classer, il faut aussi étudier les embryons 97
2.3.3. La naissance du transformisme 102
2.3.4. Darwin et la naissance des espèces par sélection naturelle 108

Chapitre 3 La dynamique du vivant 123
Préliminaires.. 126
3.1. La cellule procaryote et l'invention de la biochimie.................. 130

3.2. Le grand écart énergétique des eucaryotes................................ 140
3.2.1. Les végétaux et l'exploitation de l'énergie lumineuse........................ 141
3.2.2. Les animaux et l'exploitation de l'énergie des substances organiques 157

3.3. Complémentarité trophique des êtres vivants, à l'échelle de la biosphère comme à l'échelle des écosystèmes.................................. 161

3.4. Le problème de l'adéquation au milieu du dynamisme vital...... 164
3.4.1. Les bactéries et les avantages du nombre 164
3.4.2. Les eucaryotes et les avantages de la sexualité................................ 169

Chapitre 4 Les êtres organisés et la vie sociale des cellules 173

4.1. Le zygote, cellule mère des êtres organisés 175
4.1.1. La formation des gamètes, issus des recombinaisons méiotiques...... 175
4.1.2. La loterie génétique de la fécondation concrétisée dans le zygote 183

4.2. Les interactions sociales de proximité lors de l'embryogenèse.. 188
4.2.1. Déroulement de l'embryogenèse 189
4.2.2. Eléments d'embryogenèse expérimentale.. 193
4.2.3. Le niveau moléculaire de l'embryogenèse... 202

4.3. Les moyens de la communication à distance entre les cellules . 206
4.3.1. Les hormones et la transmission de l'information par le milieu intérieur.. 207
4.3.2. Le message nerveux et la transmission de l'information par les neurones.. 216

4.4. Les atouts génétiques de la compétition chez les êtres organisés 219
4.4.1. Génétique et développement.. 220
4.4.2. Développement et évolution 227

Épilogue Le retour aux sources... 231

Lexique.. 236

J'adresse mes remerciements aux amis qui ont contribué à améliorer ce livre :

Dominique Million et Serge Cordellier, pour s'être chargés de sa mise en forme,

Annie Luquet et Solange, mon épouse, pour avoir traqué sans concession les erreurs, les passages obscurs et les imperfections graphiques,

Michel Maillard, pour sa lecture attentive au respect de la langue ;

leur patience fraternelle me va droit au cœur .

Je remercie également Monique Berger pour la photo de couverture qu'elle m'a gracieusement offerte, ainsi que Jean-Paul Ballorain pour ses deux photos de germination.

Enfin, je sais gré à l'équipe de Biologie moléculaire du Laboratoire de biologie marine de Roscoff de m'avoir fait connaître cette enzyme des algues rouges répondant au diminutif de *iotase*...

L'HARMATTAN, ITALIA
Via Degli Artisti 15; 10124 Torino

L'HARMATTAN HONGRIE
Könyvesbolt ; Kossuth L. u. 14-16
1053 Budapest

L'HARMATTAN BURKINA FASO
Rue 15.167 Route du Pô Patte d'oie
12 BP 226 Ouagadougou 12
(00226) 76 59 79 86

ESPACE L'HARMATTAN KINSHASA
Faculté des Sciences sociales,
politiques et administratives
BP243, KIN XI
Université de Kinshasa

L'HARMATTAN CONGO
67, av. E. P. Lumumba
Bât. – Congo Pharmacie (Bib. Nat.)
BP2874 Brazzaville
harmattan.congo@yahoo.fr

L'HARMATTAN GUINÉE
Almamya Rue KA 028, en face du restaurant Le Cèdre
OKB agency BP 3470 Conakry
(00224) 60 20 85 08
harmattanguinee@yahoo.fr

L'HARMATTAN CÔTE D'IVOIRE
M. Etien N'dah Ahmon
Résidence Karl / cité des arts
Abidjan-Cocody 03 BP 1588 Abidjan 03
(00225) 05 77 87 31

L'HARMATTAN MAURITANIE
Espace El Kettab du livre francophone
N° 472 avenue du Palais des Congrès
BP 316 Nouakchott
(00222) 63 25 980

L'HARMATTAN CAMEROUN
BP 11486
Face à la SNI, immeuble Don Bosco
Yaoundé
(00237) 99 76 61 66
harmattancam@yahoo.fr

L'HARMATTAN SÉNÉGAL
« Villa Rose », rue de Diourbel X G, Point E
BP 45034 Dakar FANN
(00221) 33 825 98 58 / 77 242 25 08
senharmattan@gmail.com

Achevé d'imprimer par Corlet Numérique - 14110 Condé-sur-Noireau
N° d'Imprimeur : 83942 - Dépôt légal : décembre 2011 - *Imprimé en France*